女装工业纸样

内/外单打板与放码技术

（第四版）

鲍卫兵　编著

东华大学出版社

·上海·

内容简介

本书采用数字化、直接制图的打板方法，从工业化女装打板的角度，全面地阐述女装各种基本型、省位转移、配领配袖（插肩袖和连身袖）、特殊造型的演变规律以及外贸订单打板放码的要领，还有多款工业打板实例、放码和排料的技术、工艺单填写和参考范本等内容，是一本内容详实而实用的书。

图书在版编目(CIP)数据

女装工业纸样内/外单打板与放码技术/鲍卫兵编著
. —4 版. —上海：东华大学出版社，2020.9
ISBN 978 - 7 - 5669 - 1738 - 6

Ⅰ. ①女…　Ⅱ. ①鲍…　Ⅲ. ①女服—服装量裁
Ⅳ. ①TS941.717

中国版本图书馆 CIP 数据核字(2020)第 078024 号

女装工业纸样内/外单打板与放码技术(第四版)

编著/ 鲍卫兵
责任编辑/ 杜亚玲
封面设计/ Callen
出版发行/东华大学出版社
　　　　　上海市延安西路 1882 号
　　　　　邮政编码：200051
出版社官网 http://dhupress.dhu.edu.cn/
出版社邮箱 dhupress@dhu.edu.cn
发行电话 021—62373056
经销/ 全国新华书店
印刷/ 苏州望电印刷有限公司
开本/ 889mm×1194mm　1/16
印张/ 22　　　　字数/ 770 千字
版次/ 2020 年 9 月第 4 版
印次/ 2020 年 9 月第 1 次印刷
书号/ ISBN 978-7-5669-1738-6
定价/ 59.80 元

序　言

服装纸样技术,也称服装结构设计,习惯上也称作打板、制板、打样,不管名称怎样,均有样板的含义,它是一种将服装设计师的设计思维转化为现实产品的一种系统化技术,因此,纸样制作工作是一种具有相当的技术含量和挑战性的职业。

服装纸样是贯穿于服装工业化生产中的试样、审核、推板、排料、裁剪、缝制及后道整理等等整个过程的重要依据,也是实行标准化生产,保证产品造型和质量的重要依据。要想成为一名优秀的纸样师,首先要准确了解人体部位的结构、尺寸,熟练掌握不同款式之间的变化规律,同时还要具备面料、辅料、缝纫、整烫各方面的知识。

在不同种类的服装中,由于女性身体的起伏幅度较大,款式也千变万化,所以本书只对女装进行整理和研究,本书紧密结合人体结构,重点讲解了从基本型向时装化的演变过程和要领,只要能熟练运用省位转移、配领、配袖以及相关的变化原则与技巧,对于男装和童装之类,也有触类旁通的作用。

目前服装技术培训业内存在教学与企业中实际运用脱节的现象,有的授课老师只有学校经验,而没有工厂经验,虽然取得了正规的国家技术职称,却不能独立完成一件产品,以盲导盲,以误传误的现象相当严重,使学员结业后连面试都无法通过。作者长期以来一直工作于服装生产第一线,故而用心深入实践,一切以工厂实战经验为依据,以客户的评价为标准。秉承高效、务实的宗旨,耗费大量的时间整理和印证工厂的原始资料。本书详尽地阐述了9大基本型,19种袖型变化,25种领型变化,共计82个款式,囊括了最新梭织、针织面料的内销、外贸服装的头样、实样和放(缩)码技术,从工业化生产的角度,研究出有别于传统量体裁衣的全新观念,去除了过去繁琐的公式计算,其中还收集了不同国家、不同地区知名公司的生产制单,汇集了多家流派的服装打板技法。

服装纸样是一门综合的技术,它的各个环节有着相互交叉、错综复杂的关系,有相当多的内容是要在亲手操作中不断体会、总结中来学会的,学习纸样技术除了具备专业知识之外,还有一个"巧学,肯做,善于应用"的技巧,只有不断地改变思维,大胆尝试,细心总结,充分发挥自己的领悟能力和创造能力,才能够学以致用。要善于解放思想,善于观察事物之间的相通之处,善于体会事物的风格、格调、意境,这些都是和平时的学习、积累分不开的。

一种好的实用技术要既相对好学,又不能太繁琐,太复杂而不利于推广。但是,也不能因为简单易学而降低标准,如何把简单易学和高标准相结合,以一种新颖的形式表达出,这是作者一直在努力追求的。

鲍卫兵

目　　录

第一章　服装基本知识

第一节　打板工具

　　打板工具通常有码尺、透明胶纸、计算器、锥子、自动铅笔、橡皮擦、订书机、打孔器、剪口钳、大剪刀、软尺、美工刀等。

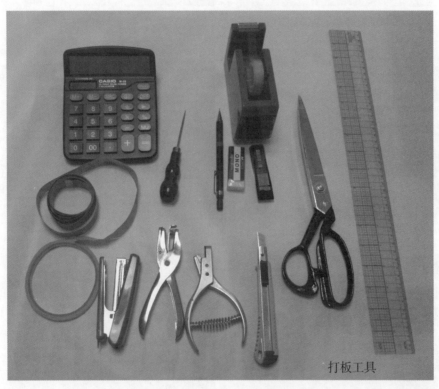

打板工具

　　码尺的使用方法。码尺,也称作格子尺,是一种通用的打板工具,各大中型文具店和缝纫设备的商行均有售,常用的码尺长 45.7cm(18 英寸)、宽 5.08cm(2 英寸),透明而柔软,一边的刻度为厘米,另一边的刻度为英寸。

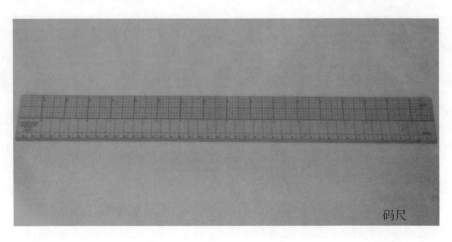

码尺

　　码尺与多种不同的手法相结合,可以方便快捷地画出直线、虚线、弧线、90度直角、45度斜角(见下图)。它取代了过去的大刀尺、曲线尺、圆规和推轮等工具,因此,码尺是一种多功能的非常实用的工具。

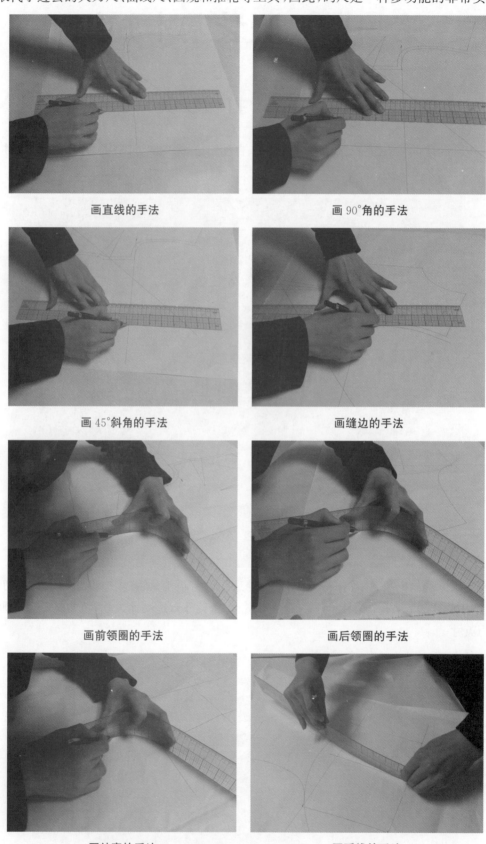

<table>
<tr><td>画直线的手法</td><td>画90°角的手法</td></tr>
<tr><td>画45°斜角的手法</td><td>画缝边的手法</td></tr>
<tr><td>画前领圈的手法</td><td>画后领圈的手法</td></tr>
<tr><td>画袖窿的手法</td><td>画弧线的手法</td></tr>
</table>

　　使用码尺画图和我们平时画图的方法是不一样的,码尺画图的手法是向前推的,初学者要遵循"笔

动尺不动,尺动笔不动"的原则,主要练习手和眼的协调性,体会、掌握手的微动力量。

用直尺画曲线和弧形线,尽量或完全不用曲线尺,是学习打板技术的必修课程和基本功,当然,如果想达到运用自如的境界,还要对袖窿的形状、袖山的形状、圆下摆、口袋等部位的造型进行深入的观察和研究,不同的造型表达不同的意境,只有把这些不同的线条造型录在眼里,映在心底,经过长期,专业的练习,做到"心中有型",下笔才能运用自如。

当熟练到一定的程度时,可以不必拘束于一些固定的规则,就可以自由地向前画、向后倒退着画或者手腕悬空都能够画出美观的图形。

第二节　人体净尺寸和规律

本书所采用的人体净尺寸的相关数据,是由广州新东方模特衣架服装道具公司提供,新东方公司在已有的人体模型制作经验基础上又经过广泛地采集人体三维数据,充分地考虑到内地和港、澳、台以及日本成年女性的体型特征,而研制开发出的大明牌人体模特,即通常所说的:"大明公仔",其中的裁剪插针人体模特在我国服装生产较集中的地区应用非常广泛。

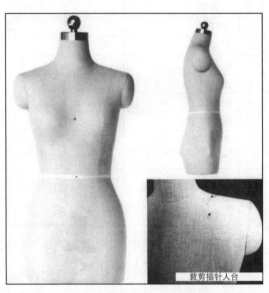

裁剪插针人台

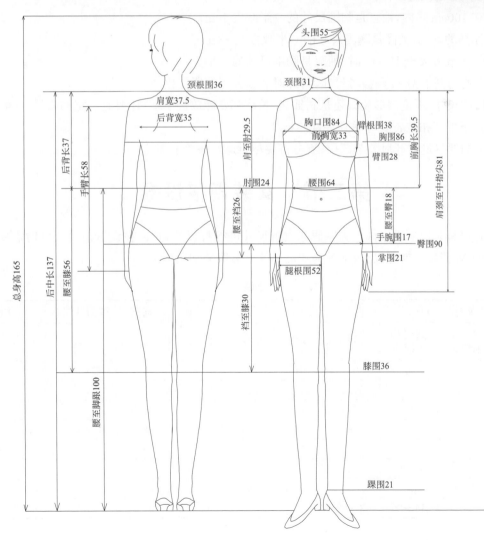

人体净尺寸

单位：cm

	高（长）度			宽度			围度	
1	总身高	165	1	肩宽	37.5	1	颈围	31
2	后中长	137	2	前胸宽	33	2	颈根围	36
3	前胸长	39.5	3	后背宽	35	3	胸围	86
4	后背长	37	4	乳宽	18	4	腰围	64
5	手臂长	58				5	臀围	90
6	肩至肘	29.5				6	臂根围	38
7	腰至臀	18				7	臂围	28
8	腰至裆	26				9	肘围	24
9	腰至膝	56				10	掌围	21
10	腰至足跟	100				11	手腕围	17
11	乳至肩颈	23.5				12	腿根围	52
12	裆至膝	30				13	膝围	36
13	颈至膝	93				14	踝围	21
14	肩颈至中指尖	81				15	胸口围	84
						16	头围	55

在上面这个表格中，可以看到人体部位尺寸的规律：

（1）臀围比胸围大4～5cm。

（2）袖窿尺寸的设置规律：

当胸围在100cm之内，袖窿是胸围尺寸的一半减去1cm；

如果是无袖的款式，袖窿是胸围尺寸的一半减去2～3cm；

当胸围等于或者大于100cm时，袖窿是胸围尺寸的一半。

（3）以上均为基本型M码参考尺寸，特殊时装款式将有所变化。

（4）袋口的尺寸，不论圆形袋口还是斜插袋，长度都要能放进手掌，还要有一定的松量，一般在12～14cm之间，最下的钮扣位置要考虑到手臂的长度。

（5）五分袖要尽量避开肘关节部位；五分裤要尽量避开膝关节部位。

第三节　女装规格设置

由于工业纸样是以标准人体作为基码来设置尺寸进行打板的，所以在设置总体尺寸时需要记住几个主要款式的M码尺寸就可以了，下表为亚洲品牌女装服装常用标准：

上装

单位：cm

部位	长袖衬衫	短袖衬衫	西装	连衣裙	背心	风衣	棉衣	弹力针织衫	档差
后中长	圆摆64 平摆56	圆摆64 平摆56	62	85	52	85	64	54	1～1.5
胸围	92	92	95	91	94	96	100	78～84	4
前胸宽	33	33	34.2	32.6	33.8	34.6	36		1
后背宽	35	35	36.6	34.6	35.6	37	38.4		1
腰围	75	75	78	73	78	82	86	74	4
臀围				96		101	105		4
摆围	96～97	96～97	98			125		86	4
肩宽	37.5	37.5	38.5	36～37	35	40	40.5	35	1
袖长	58	14～20	58～62			60～62	60～62	57	1

续表

部位	长袖衬衫	短袖衬衫	西装	连衣裙	背心	风衣	棉衣	弹力针织衫	档差
袖口	20	30.5	25.5			26	27～30	18	长袖袖口1 短袖袖口1.5
袖肥	32	32	34～35			36～38	37～40	29	1.5
袖窿	45	45	46.5	44.5	46	47	50	38～41	2
领围	38～40	38～40							1

下装　　　　　　　　　　　　　　　　　　　　　　　　　　　　单位:cm

部位	女西裤(平腰)	合体裤(平腰)	低腰裤	中裙	档差
外侧长	102	100	100	38～57	0.6～1
腰围	68	68	71～77	68	4
臀围	93	90	90～93	93	4
腿围					2
膝围	45	42	42		1.5
脚口	44	41	44		1
前裆	26(不连腰)	34.5(连腰)	24～21(连腰)		0.6
后裆	36(不连腰)	35(连腰)	35～32(连腰)		0.6

在前面这个表格中可以看到服装加放松量的规律:

上装在胸围净尺寸86cm的基础上:

衬衫	西装、外套	连衣裙	风衣	棉衣	针织衫
＋4～6	＋8	＋4～6	＋10	＋16	－4～0

下装在臀围净尺寸90cm的基础上:

裙子	裤子
＋3～4	＋3～4

（注:在实际工作中,不同的服装公司在设置规格时存在偏大和偏小的问题,这就需要根据每个公司的习惯、具体的款式特征和面料的弹性大小进行适当调节。）

第四节　工业纸样的特点

工业纸样是服装生产进入机械化批量生产时代的产物,与传统的量体裁衣的方法相对比可以看到:工业纸样是以标准人体的尺寸作为基码,根据指定的款式来制图,即头板纸样,头板纸样再经过反复的试制、修改、确认后,才能进入放码环节。所谓放码,是指按照一定的档差进行放大和缩小成其他号型。

需要注意的是头板纸样是必须要经过试制和修改的,因为所有的工业产品都是经过反复修改来达到满意效果的,最不好的做法是直接放码,这样会造成很大的失误和损失,另外有关"一板成型"的说法也是不可取的(个别有经验的师傅妙手偶得的优秀款式除外),因为如果有"一板成型,"各服装公司就没有必要设有样衣工的工种了。

那么在什么情况下不需要修纸样呢,我们分三种情况来看待这个问题:

第一,过去的中式服装(除了旗袍以外)都比较宽松,这类服装只需要考究做工,不需要太多的修改。

第二,单件的量体裁衣修改的比较少,量体裁衣是直接在面料上画线裁剪的,如果需要修改,就意味着在用料上增加成倍的成本,因为织布厂在设置布料宽度时已经充分考虑到怎样最节省材料,即使是在一个幅宽的布料上换掉一个裁片,剩下的部分就不够再做一件衣服,除非下一位顾客的同样面料正好也需要换片,否则就只能浪费掉,所以量体裁衣一般只做简单的修改。

第三,低档服装不需要修改。所谓低档服装,是指在很多地区,有些厂商把产品定位在价格低、数量大的低档消费者,他们仿制最新流行的款式,以廉价的、仿制的,甚至是库存的、过期的、回收来的布料以低劣的做工快速生产,并以最低的批发价格推向市场,这种方式自然无须在板型上做太多的琢磨,只要和原款有一点相似就可以了。

在品牌服装公司,每年都会低价处理掉一些样衣,这些样衣一般都是头板和复板,因为头板往往是试探性的,复板是需要多次试穿和修改,这类样衣是有缺陷的,服装工业化生产可以通过反复多次的修改,使产品趋于完美,而确定批量生产后,试制的成本就分散到很多的批量件数中去,变得比较微小了。

第五节　工业纸样的来源和依据

上衣板型的依据,比较权威的、占主流位置的就是日本文化式原型,日本文化式原型是日本文化女子学院在收集了大量的人体数据后,通过大量的实验,而发明出的一种服装原型,在这个原型基础上通过加、减数值的方式来绘制服装结构图,就称为原型裁剪法。我国目前的各服装高等院校都在使用和教学日本文化式原型。但是,我国最早从事服装工业生产,成衣出口的香港和深圳各个大小服装公司和工厂,却并不使用原型裁剪法,一代又一代的工厂师傅总结出一种可以在白纸上直接绘图,不需要在原型上加减数值的方法,这种方法更快速简便和务实,也更适合于工业纸样制作,为了区别原型裁剪法我们称作基本型制图法。它的特点是:

(1)它是以标准中码的人体或者人体模型为依据,同时吸收了立体裁剪法的经验;

(2)直接易记,实用精确;

(3)和其他方法相兼容而不矛盾。

为了使大家了解基本型制图法的原理,我们先从衣身的基本结构来分析。我们把 M 码的人体模型上半身到臀围线的位置表皮揭下来,或者采用立体裁剪的方法,把前、后片各分成六块的裁片复制下来,再贴到硬纸上制成模板,见下图。

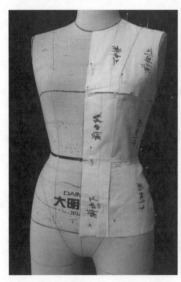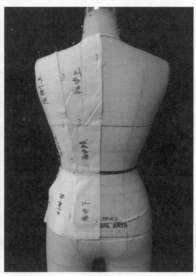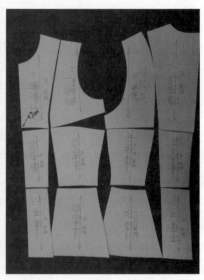

原始的图形

由于这个前、后片的两组模块是直接从人体模型上得来的,所以它所得到的数据也是精确的,为了更方便绘图,我们进行简单的整理:

(1)加入必要的放松量;

(2)合并了前、后肩省,调整了前、后肩斜;

（3）调整了胸省量；

（4）原图的胸围线和腰围线并不在一条直线上，我们调整了前后片 位置使腰围线处于一条水平线上。

整理前图形：　　　　　　　　　　　　整理后的图形：

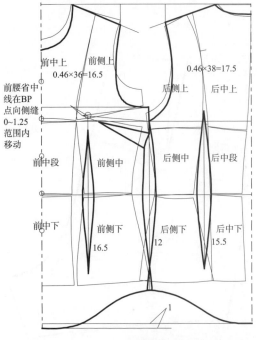

用同样的方法得到短裤的原始图形

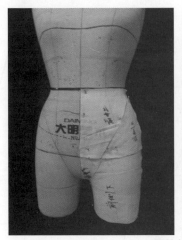
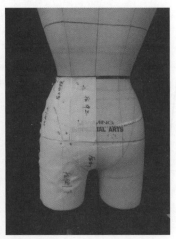

原始的图形

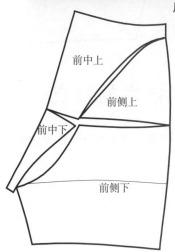
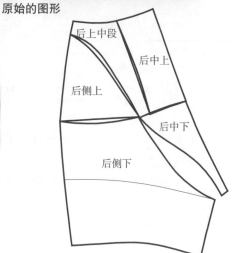

经过必要的整理：

（1）做了低腰处理；

（2）加入前、后腰省；

（3）把前裆切开一段，移到后裆。

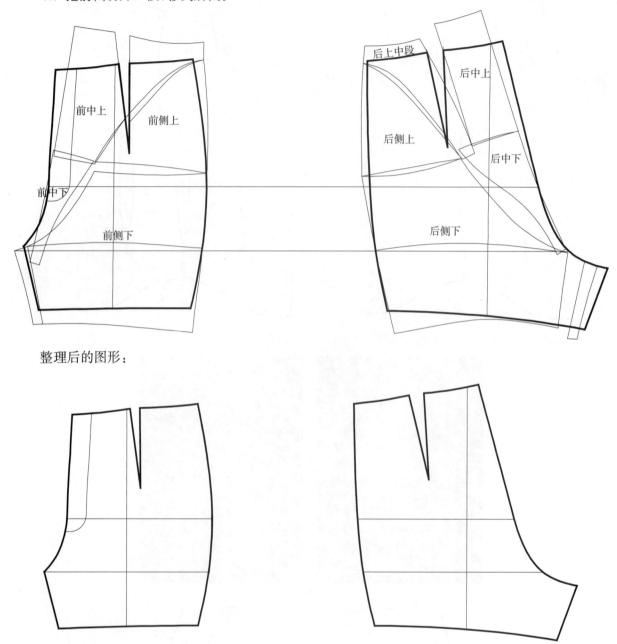

整理后的图形：

第六节 学习打板技术的难点

在实际工作中，我们发现服装绘图中的线条有着不同的属性，我们把它分为结构线、轮廓线、对称线、辅助线、坐标线、多变线和造型线。

其中多变线，如腰节线、袖窿线、领深线、连身袖的袖底线，这些线条是灵活多变的。

还有的线条属于造型线。如：门襟、下摆、口袋、驳头形状、领圈形状、领嘴形状等等，这些部位线条的细微变化都会产生不同的效果。

不同的线条造型之间的差别非常细微,由于多变线和造型线充满了不确定性,如何把握多变线和造型线是服装打板的难点,它和纸样师的眼光、经验、审美观、艺术修养有很大关系,同样一个款式,同样的布料和尺寸,由不同的纸样师来完成,结果有的显得平庸、邋遢而毫无生气,有的则令人赏心悦目,充满神韵,这就是对多变线和造型线的理解和把握程度的差别。

第七节　工业纸样的形式

服装工业化生产总体上分为内销服装和外贸服装,业内人士则简称为内单和外单。它们两者之间既有相通之处,也有各自的行业规则、操作手法和侧重点。内单较为直观,它是以国内标准 M 码体型的尺寸作为中码,在此基础上进行放大或者缩小而得到其他尺码的服装规格。所以,内单的特征就是可以通过试衣人员的试穿,能够直接看到效果和评价。而外单服装由于销往的国家和地区不同,所以往往更注重客户所要求的尺寸和质量,具体到纸样打板也是同样的原理。下面对工业纸样的三种不同的形式来详细讲解和分析。

（1）看图打板

看图打板一般是根据服装设计师提供的手绘图来进行打板。而实际上看图打板也包括了设计师所提供的照片、画册、光盘等其他资料。看图打板首先要仔细看清楚图稿,领会设计师所表达的要点。对不太明白的地方要善于和设计部人员进行交流。例如:可事先要求设计师提供面料的样片、钮扣、拉链等辅料的型号以及服装的轮廓尺寸。

看图打板还要面临的一个问题就是尺寸定位。一些品牌公司有自己的服装款式尺寸和不同季节的尺寸规格,而纸样师应尽可能根据图稿的要求,同时兼顾面料特征以及客户习惯等因素来制定合理的尺寸方案。

对于一些刚入门的朋友来讲,往往难以确定的是,怎样通过图稿和照片来确定衣长、三围和领深等尺寸,其实我们学习了人体(女性)标准 M 码尺寸以后,就知道了从腰围线到膝围线为 56cm,那么只要在图稿和照片上确定衣长是在膝围的上方还是超过了膝围,或者正好与膝围水平,就能算出连衣裙、风衣等服装的长度。

领圈的长度可以以胸高点为参照点进行定位,也可以以人台的前领窝基本深度作为参照点;领圈的宽度可以根据领子在肩缝上所占的位置比例来定位;领横则可以根据款式图中领子离开脖子的距离来确定。

（2）看样品打板

看样品打板也称驳样,即根据已有的样品(样衣)来分析完成纸样,看样打板首先要量取样品的详细尺寸,例如上衣量取的部位有:

①后中长;②后衣长;③前中长;④前衣长;⑤侧缝长;⑥前胸宽;⑦后背宽;⑧胸围;⑨腰围;⑩臀围;⑪摆围;⑫肩宽;⑬小肩;⑭袖长;⑮袖口;⑯袖肥;⑰袖窿;⑱前领圈;⑲后领圈。

在实际制图时还应考虑到面料的收缩和伸长率以及有的部位在经过缝纫后的尺寸变化。另外在商场里买了的样衣会存在一些弊病,在看样打板时应尽量保持样品整体造型的同时修正一些内在的弊病。

（3）看(工艺)单打板

看单打板是一种比较常见的打板形式,内单和外单的服装公司都会采用,工艺单是由效果图、尺寸表、客户要求的文字说明三部分组成。关于工艺单格式和看单打板的要领,我们将在第十四章外单打板技术中详细介绍。

第八节　高档时装纸样制作

随着消费者对服装档次要求的提高,工业时装纸样在制作过程中增加了坯布试制的工艺,就是将留有较宽缝边的纸样,用白坯布复制、裁剪出来,将收褶和打裥的部位简单缝制,再用大头针按照一定的顺序、规律和手法,别在人台上,这样就可以准确的检测和调试服装的总体和细节的效果。例如:服装的合体程度,分割线的部位的比例是否合理,线条是否顺畅,领子和袖子多褶和多皱的造型,同时,设计师也可以在这个坯样上进行更改构思。

坯布试制对于高档时装和出口时装非常重要。通过坯布试制可以节省面料,使完成后的纸样达到非常理想的效果,从而使款式的成功率得到极大的提高。

坯布试制有整套的技巧和手法,它和立体裁剪的方法和原理基本相通,在实际工作中,一些左右对称的款式,只要用坯布试制半边,就可以检测到具体的效果。

第九节　服装工业化生产常用机械和辅助设备

服装常用机械设备

平缝机

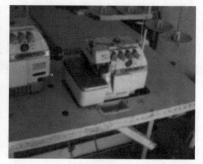
包缝机

熨斗

熨台

挑边机

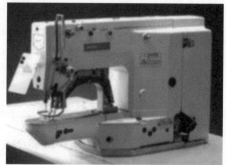
扣眼机

包边拉筒

卷边拉筒

服装专用 CAD 的硬件设备和软件

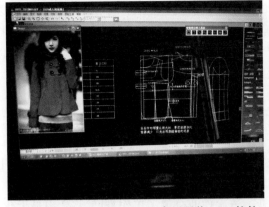
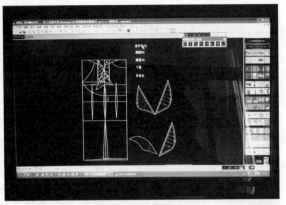

专用服装 **CAD** 软件　　　　　　　　　　　　　　　电脑绘图

读图仪　　　　　　　　　　　　　　　绘图机

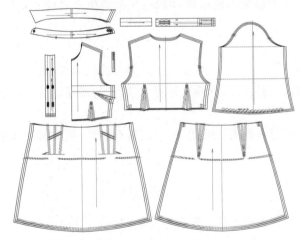
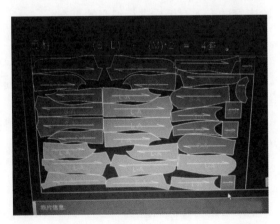

电脑放码　　　　　　　　　　　　　　　电脑排料

正确认识电脑打板 CAD 和手工之间的关系

随着服装专用 CAD 的硬件设备的降价和软件种类的增加,我国的服装 CAD 应用已经以非常快的速度普及,正确认知电脑打板和手工打板之间的关系很有必要。既不要盲目的夸大电脑打板的功能和作用,认为电脑打板会完全取代手工绘图技术,也不要像一些从事手工打板几十年的老师傅一样对电脑打板技术怀有成见,认为电脑打板没有手工效果理想,或者认为电脑打板无法做出手工立裁的效果。电子科技是人体功能的扩大和延伸,就像手机和打印机一样给人们带来方便和快捷,使经济效益达到最大化,但是手机永远不能完全取代人与人之间的语音交流,打印机也永远不能完全取代手写文字,电脑CAD打板和手工打板其实是一种互为补充,互相结合的关系。我们在实际工作中发现电脑打板可以通过打印底稿的方式和手工绘图结合,也可以通过调整屏幕比例的方式来和立裁结合,善于运用电脑打板的人,可以对手工打板有很多的启发,甚至可以用CAD绘制表格和款式图,擅长手工打板的人也可以对电脑打板软件的完善和升级提出很多建设性的宝贵意见。

第十节　制衣厂生产流程与质量管理

服装产品从开发到被消费者使用的整个过程,要经过三个主要环节,即设计、生产和销售。本书重点介绍生产环节的实际操作方面的知识和经验。

制衣行业进入工业化时代最大的特点就是流水作业。流水作业分解了工作难度,将效率最大化,创造了更大的经济效益。但是这种生产方式也对工作人员提出了新的命题和考验,就是怎样更加有效地控制、提高产品质量,避免因流水作业而产生大批量的返工和失误,这就要求工厂的技术人员、管理人员不但要精通职责范围内的业务,还要能有相当高的分析思考、统筹安排的能力。

1. 批量生产

批量生产之前要领取详细的生产通知单。现代时装为了达到标新立异的效果,许多材料和颜色的搭配是逆向思维的,不可以仅凭常规的思维和经验去推度和判断,因此,生产通知单上要有明确的款号、效果图、布样,同时要领取齐色齐码的样衣,生产通知单经主管部门确认并签字后要复印5份,分别发送到厂长、裁床操作员、组长、跟单员和后道负责人手中。

2. 复查纸样

纸样在制作过程中,由于制作人员的水平、经验、时间、情绪状态等因素的影响,往往会出现错误、混乱、错码的现象。另外,在运算、书写、打印、运输过程中也会出现错误,因此,在批量生产之前一定要由经验丰富的专人对纸样进行细心的复查。

3. 服装材料的整理

材料整理包括了面(辅)料的色牢度、弹性的测试,辅料的质量测试和缩水(所有的橡筋、拉链、织带、棉绳花边等辅料都要进行缩水处理)。

处理整理完成后要制作款式面料标记卡,这种标记卡是用硬纸做成,上面写有款号、款式图、面(里)布做的布板(样品)、日期等等。

4. 做生产板

生产板是指每次批量生产之前,由缝纫组长提前为了熟悉款式要点而完成的样衣,提前做生产板可以有效地防止发生返工现象。

做生产板是大货生产前不可缺少的一个重要环节,可是很多工厂由于货期时间紧促或者管理人员工作繁重,而常常得不到实际的执行,因而导致大批量的返工,造成成倍的损失。提取做生产板,则可以清楚地掌握每一道工序的要点,在货期紧、事务多的情况下,可以由优秀的员工或者组长助理来提前完成生产板。

5. 做样衣(单件排料)

(1) 裁板需要注意的事项:

① 裁板时布料下面要垫纸,以防止布料滑动和错位。

② 裁板用的工作台面最好是有横竖坐标的,这样以利于确定布料的横竖纱向,另外工作台最好四周留有足够的空位,这样裁板时可以从不同方向进行裁剪。

③ 如果是丝绒、条绒等有毛向的面料,一般情况下,较浅的逆毛向上裁,较深的顺毛向下裁,注意:翻领的毛向和衣身是相反的,只有立领的毛向和衣身是一致的。

④ 有弹力的针织面料、有毛向的面料和比较薄的真丝、雪纺类面料要展开裁,而不要采用对折的方式裁剪。

⑤ 裁板时要尽量准确地记录面布、里布和辅料的单件用料(注意:记录布料的宽度是已经去掉布边和针孔后的宽度,一般要减去3~4cm),同时,在档案袋上贴好与之相应的布料样品,一些对格、对条纹的面料要根据实际情况另外加20%的用料损耗。

⑥ 按照常规惯例,纸样上打并列两个刀口的均默认为后片,刀口是裁片拼合、对位的标记,刀口的深度为缝边的2/3,刀口太深会破坏裁片,太浅则难以起到识别和对位的作用,在一些缝边为搭接的款式中,不可以在裁片上打刀口,而应该采用其他的方式点位。

⑦ 当一些款式采用罗纹布、毛线布或者针织布做领子、袖口、下摆等部件时,这些弹性很大的面料会出现伸长和松散现象,样衣工要将这些部件调试到平服自然、松紧适中的状态,并记录这类面料的伸长数值。

（2）样衣组长的职责

样衣组长负责分工、领取辅料、配片、检查质量的工作,在样衣完成后负责安排开钮门、做手工、整烫、度量并记录尺寸,传达需要修改、变更的通知以及控制样衣生产的时间进度。

6. 裁剪部分需要注意的问题

（1）排料图（大货排料）

排料首先需要确定的因素:

① 幅宽,即布料宽度。计算幅宽要去掉布边和针孔位,一般需要减去3~4cm。

② 裁床长度,即我们绘制的排料图的长度,不能超过裁床台面的长度。

③ 裁床比例。裁床比例是指排料图上不同尺码的件数比例。例如S－M－L－XL四个码,按照1∶2∶1∶1的比例则表示这个排料图要按S码一件,M码两件,L码一件,XL码一件的方式排在一张排料图上。

（2）松布

面(里)布生产和卷装时,由于张力的作用,会出现伸长现象。因此布料在开裁前一般要松布不少于24个小时。

（3）色差与光差

色差是印染颜色产生的差别;光差是光线折射产生的视觉差别。

（4）排料注意事项

画排料图是一项技术要求较高的工作,排料图要由有相当经验的专业排料师傅来画制,画排料图要考虑到:

纸样的数量和质量,即复查纸样;

分辨并确定布料的正反面;

对准布料和纸样的纱向。

怎样在保证质量的前提下节省布料,怎样合理地一次性打好必要的刀口和点位标记(有的标记不可以一次性打出来,需要生产车间分片或者成对地定位);

在对裤子排料时,为了避免色差,要尽量将内档缝画在靠近布边的位置;

如果是有光差的面料,就要采用裁片的上端朝同一个方向,不可调头的摆放方式;

对条、对格的布料要用长钢针定位;

对于某一个部位需要有固定花形的裁片,可采用减少层数或者在布料上直接画样裁剪的方式;

对于一些特殊的布料,如薄而轻的真丝、有倒顺毛向和倒顺图案的布料、有较长绒毛的面料及皮毛、皮革等等,要采取科学合理的排料方案,结合实际工作经验进行排料和裁剪。工业化生产的裁剪层数都比较多,为了避免重大的失误,排料图完成后要认真检查,确定没有错排和漏配现象后才可以进行裁剪。

(5)床尾线齐头

从下面这张排料图中可以看出,这个款共有五个码,分别是 34、36、38、40、42,分三段来排料,每一段的最后的床尾线都是平齐的,也就是所谓的齐头,是否能够把床尾线排成齐头,是衡量排料图是否合理、是否省料的基本标准之一,也是衡量一个排料师傅技术水平高与低的基本标准之一。

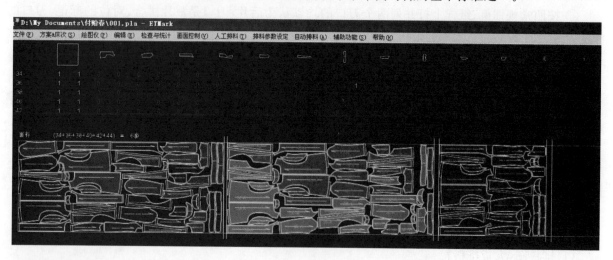

(6)分包

裁剪后的裁片分包应该遵循"打开为面"的原则,就是把最上一层裁片的正面包在里面,这样车工在打开包装袋的时候,包裹在最里面的那一层一定是正面,这样既节省时间,又避免了弄错布料正反面的情况。

7. 特种工艺

服装的特种工艺一般由专业的工厂用特种的机器设备来制作完成的。如:人字车迹,贴布绣花,米粒绣花,机械压褶、压皱,机械压线褶,打揽,对丝,印染,扎染等等。

8. 车缝部分

车缝部分是技术要求比较高的部分,也是最容易出现各种问题和差错的部分,因此车缝部门一定要本着一丝不苟、耐心细致的态度做好每一道工序,尽最大可能将问题发现并解决在缝纫阶段。

① 现场管理

质管人员应每天准时到达生产车间,督促员工上班时要先擦净机器上的油污,下班时缝纫机的压脚下面要放置垫布,并督促搞好车间内的卫生。

② 中烫

中烫是指生产过程中的整烫裁片工艺。中烫在黏衬时熨斗应由上向下,由中间向两侧垂直操作。并控制好适当的温度,施加一定的压力和湿度,这样可以排出布料和黏合衬之间的空气,使黏合平服、自然。

缝纫过程中,全件的缝边宽度要以纸样为准,不可有宽窄不一的现象,拼缝要求顺直,针迹无松散、拉爆现象,要按照公司或者客户要求调好缝纫机的针距,使用粗线时衣服的正面不可接线,可在反面留线头打结。

在缝制夏季比较薄的面料时,生产车间要统一换成小号的机针和针板。

在缝制针织、丝绒类有弹性的面料时,要换成小间距的压脚和小孔针板。

③ 裤子和裙子下装类生产常见的问题

裤子的前、后裆在缝纫时要缝双道线或者用锁链车来缝纫,主要是防止顾客在穿着中在运动时受力裂开。

前、后裆缉明线的款式,在没有注明要求时,按照惯例,一般缝边都向左边倒,有里布的款式,面布和里布之间要在裆底用布条固定。

裤子和裙子的弯形腰要用实样扣烫,内层要夹里布条或者防长衬条,同时把缝边修窄。

裤子和裙子的侧袋,凡是分内层和外层的部位,外层都有 0.3～0.5cm 的放松量。

裤子前中安装拉链要平服,右盖左或者左盖右 0.6cm。

④ 上装生产中常见的问题

做领子要按实样扣烫或者画线,缝边要修窄,厚面料要修剪成高低缝(即一层缝边较宽,另一层缝边较窄的修剪方式),领子完成后应左右对称,领面一定要比领底稍放松,使领子自然呈向下翻转的窝势。

收省时要按纸样确定省的位置和大小,省尖不可打回针,否则容易刺坏面料,且省尖不易平服。应该在反面留线头打结,一般打好结后留线头 1～1.5cm。

装袖要对准刀口,控制好缝边宽度和袖山吃势,整体效果要求圆顺、自然。

前片完成后,口袋位置要左右对称,格子布和条纹布需要对格对条。

连衣裙和其他款式的裙子的隐形拉链,有的公司装左侧,有的装右侧,要根据具体的款式和公司习惯来确定。

凡有图案、字母的唛头,织带,绣花片,都要注意上下方向。

凡后中剖缝、非烫开缝的款式,在没有特殊说明的情况下,一般都默认为缝边倒向左边。

套里布和卷下摆之前,要确定衣长并修顺下摆,封闭式里布在套里布之前,要清理面布和里布之间的杂物和线头。

凡开缝的部位都要先烫开缝以后再套里布。

大身的面布和里布之间在肩端点和腋下用里布条连接,如果是活动式里布还要在侧摆用线襻连接,口袋布、帽子中间也要用里布条连接定位。

茄克衫、拉链衫等有外贴门襟的款式,拉链应该位于门襟中间的位置。另外,不论下装还是上装,在没有其它特殊要求的情况下,一般从布料的反面来看,省和褶都倒向前中和后中。

9. 后道部分

① 特种机(专机)

特种机包括平眼机、凤眼机、钉扣机、撞钉机、套结机、挑边机等等。

使用钮门点位样板时,由于服装完成后通常有缩短现象,在这种情况下:

衬衣类的门襟以上端平齐,而西装类应以翻折点平齐,特殊款式要经过技术部门的研究后再确定点位的方法。

有的口袋上的钮门是半成品打好的,也有的是做好成品后再打钮门的,遇到这种情况要仔细分析和确认。

一般情况下,女装的钮门开眼在右边门襟(男装的钮门开眼在左边门襟),只有在极少数情况下,女装开在左边。

特种机器中的挑边机,凡面料太薄或者绣花部位靠近折边的均不能使用机器挑边。

平眼和凤眼的开眼机器,在开眼时要注意检查刀片是否锋利,刀片规格和钮门规格是否吻合,是否

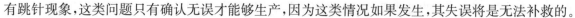

有跳针现象,这类问题只有确认无误才能够生产,因为这类情况如果发生,其失误将是无法补救的。

② 手工

手工钉钮扣要先了解钉法和要求,是否需要绕脚,如果是壳钮和布包钮必须是一件衣服上的钮扣要颜色相同。

钉暗扣要按实样点位、钉牢,按照惯例,暗扣的凸面通常钉在右边门襟,凹面钉在左边门襟。

③ 整烫

整烫之前要和员工讲解整烫要求和质量标准,特别要提醒注意,烫台要清洁,熨斗要套烫靴以及服装需要归拔的部位。

真丝类面料沾上汗斑后会发黄,整烫员工要带上手套操作,有的服装成品尺寸与制单尺寸有误差,需要整烫补救的,要先前通知,还要一些弹性较大的面料在整烫时要注意控制尺寸。

后道部分还包括总检、洗污、包装的工作,这些工作的每一个细节都有相应的技术要求和行业标准,如果从控制产品质量的角度来分析,作者认为,控制质量应该从前道部门进行严格的层层把关,及时了解客户的意见,将可能发生的失误解决在早期的阶段,因为一旦成品完成后流向后道,再由总检检验后返回到前道,就已经浪费了时间,更何况不论有多么高明的返工措施和技术,都没有一次性完成的产品显得整洁和美观。因此,我们从事服装工作的同行们,应该以对待精美艺术品的心态,细致而科学的完成每一道工序,创造出令自己和客户都满意的优秀产品。

附:洗水知识

洗水的种类有很多种,尤其是牛仔类服装有普洗、酵素洗、石洗、砂洗、化学洗、炒雪花、喷砂、马骝洗、猫须洗、碧纹洗、破坏洗、怀旧洗、漂洗,这里介绍几种常见的洗水方式。

① 普洗

普洗即普通洗涤,通过加入柔软剂或者洗涤剂后,使服装洗后更加柔软,舒适。根据洗涤时间和助剂用量,可分为轻普洗、普洗和中普洗。

② 酵素洗

酵素是一种纤维酵素,它可以在一定的 pH 值和温度下,对纤维结构产生较温和的褪色,并产生"桃皮"的效果。

③ 石洗

石洗是在洗水时加入一定大小的浮石,使浮石与衣服打磨来达到所期望的洗水效果,根据客户的要求,可采用黄石、白石、人造石、胶球等来达到不同程度的灰蒙、陈旧效果。

④ 砂洗

砂洗多用一些氧化性助剂,使衣物洗后有一定的褪色效果及陈旧感,若配以石磨,洗后的布料表面会产生一层柔和如白霜的绒毛,再加入一些柔软剂,可使洗后的织物松软、柔和,从而提高穿着的舒适性。

⑤ 化学洗

化学洗主要是通过用强碱助剂来达到褪色的目的,使衣物产生明显的陈旧感,再加入柔软剂,衣物就会有柔软,丰满的效果。

⑥ 炒雪花(酸洗)

炒雪花是干炒不加水,把干燥的浮石用高锰酸钾溶液浸透,然后在专用的转缸内直接与衣物打磨,通过浮石打磨在衣物上,用高锰酸钾把摩擦点化掉,使布面呈不规则褪色,形成类似雪花的白点。

⑦ 喷砂

喷砂也称打砂,是用专用的设备在布料上打磨,通常有一个充气模型配合,将棕刚玉砂从储砂罐进入喷砂嘴,在各种牛仔服装表面上进行打磨,可喷出多种多样的发白效果。

第十一节　服装常用语言

1. 服装常用汉语

1	褶:zhě,衣服折叠而成的印痕。
2	裥:jiǎn ,衣服上的褶子。
3	绱:shàng ,缝合的意思。
4	敞:chǎng ,张开,敞领指张开的领子。
5	褛:lū,我国南方读作 lou 音搂,指大衣,棉褛指棉大衣。
6	缕:lū ,原指麻线,丝缕即线状物。
7	襻:pàn,如:肩襻,腰襻。
8	黏:nián ,黏接,胶合,黏朴,指黏合衬。
9	衿:jīn ,原指古代读书人穿的衣服,称青衿。
10	裾:jù,衣服的大襟,引申为衣服的前后部分。
11	衩:chà,衣服旁边开口的地方,多音字的另外一个读音为 chǎ,短裤的意思。
12	袒:tǎn,露出,服装术语中的袒领,指披肩领。
13	裏:lǐ,里的繁体字,也写作裡。

2. 服装常用粤语

1	门筒	泛指衬衣或者拉链衫的门襟
2	膊头	即肩头,也称肩端点,膊宽即肩宽,纳膊即拼合肩缝
3	丈根	即橡筋
4	朴	即黏合衬
5	前衿	即挂面
6	开骨	分缝烫开,侧骨即侧缝,及骨即拷边
7	埋夹	拼合侧缝和袖底缝
8	小肩	从肩颈点到肩端点的部分
9	溶位	也称吃势
10	起镜	熨烫衣服时,织物发白反光的现象
11	机头	裤子或者裙子上端较宽的分割部分
12	耳仔	即小襻子,分腰耳,肩耳
13	克色	即黑色
14	夹圈	即袖隆
15	担干	上衣也称覆势,覆肩,过肩,育克,衣服后背分割的部分,
16	介英	也称鸡英,克夫,袖级,即袖口
18	士啤钮	预备钮
19	坐围	即臀围
20	肶围	也称脾围,上衣为袖肥,裤子为腿围
17	前浪	前档,后浪即后档
21	捆条	也称滚条,裁片边缘处理的方式,分内捆条和外捆条

22	布幅	也称幅宽,即布料宽度
23	急钮	即四合钮
24	钮门	即扣眼
25	冚车	绷缝机
26	拉裤头	安装裤腰
27	打枣	打套结
28	唛头	即商标,洗水唛为洗水警示标识
29	乌蝇扣	即风领扣,也称风纪扣
30	纵纹	即斜纹
31	间棉	把棉花和裁片缝合
32	止口	也称子口,缝头,缝份,缝边
33	办	同板,样板,分生产板,影像板等
34	撞钉	衣服上像小钉子一样的小饰品
35	公仔	人体模型
36	撞色布	和主色布料相搭配的辅助颜色的布料
37	烟治	即尺码标识

3. 服装常用英语

后中长	Body length from front	前领深	Front neck depth	衬	Interlining
前身长	Body length from back	领横/领宽	Neck width	黏合衬	Fusible lnterlining
衣长	Body length (L)	颈围	Neck cir	非黏合衬	Nonfusible lnterlining
前中线	Center line front (CP)	侧颈点	Side neck point (NP)	小襻/耳仔	loops
后中线	Center line back (CB)	肩端点	Shoulder point (SP)	钮扣	button
胸围	Bust (B)	颈前中心点	Front neck point	预备钮	Spare button
胸围线	Bust line	外侧长	Side length	拉链	Zipper
胸高点	Bust point (BP)	内长	lnseam	拉链长	Zipper length
前胸宽	Across front	横裆/肶围	thigh	品名	item
后背宽	Across back	膝围	Knee width	款号/编号	Style No
腰围	waist	脚口	bottom	规格	specification
臀围/坐围	hip	前裆	Front rise	使用量	quantity
摆围	Bottom sweep	后裆	Back rise	腰带	belt
肩宽	Shoulder width	片数/块数	pieces	蝴蝶结	bow
袖长	Sleeve Length	工业样板	Production pattern	棉绳	Cotton string
袖衩	Sleeve opening	放码	grading	松紧带	elastic
克夫/介英	Length of cuff	立体裁剪	draping	钩扣/风纪扣	Eyes hooks
袖肥/袖肶	Sleeve bicep	平面裁剪	drafting	花边/蕾丝	lace
袖窿	Arm hole (AH)	唛架/排料图	marker	罗纹	ribbing
肘围线	Elbow	分码	sorting	(注:括号内为英文缩写)	

主唛	Main label	后身长(从后中领下度)	Body length (from cb neck)
洗水唛	Care label	前身长(从肩点度)	Body length (from hps front)
样衣	sample	膊宽/肩宽	Cross shouder
烟治/尺码	Size label	胸围(袖窿下 1 吋度)	Chest 1 ″ below
省位	dart	脚围(松度)	Sweep (armhole)
褶裥	pleat	袖长(后中度)	Sleep length (from cb length)
缝份/止口	Seam allowance	克夫高	Sleeve cuff height
剪口	notch	领高(后中度)	Collar height (at cb)
打孔位置	drilling	领尖	Collar point
套结/打枣	bartack	肩缝	Shoulder seam forward
回针	Back stitch	袖肥(袖窿下 1 吋度)	Sleeve muscle (1″ below armhole)
雪纺	chiffon	后袖窿高	Back yoke height (from hps)
牛仔布	denim	侧衩长	Side slit length
棉布	cotton	上坐围(腰下 9cm 度)	Top hip(9cm below waist)
针织布	Knitted fabric	下坐围(腰下 18cm 度)	Lower hip (18cm below waist)
皮革	fur	腿围(裆下 2.5cm 度)	Thigh (2.5cm below crotch)
真丝	silk	膝围(裆下 30cm 度)	Knee (at mid seam 30cm below crotch)
灯芯绒	corduroy	前裆(腰顶下度)	Front rise (from top waist)
电力纺	habotai	后裆(腰顶下度)	Back rise (from top waist)
乔其纱	Crepe georgette	双唇袋	Double welt pocket
捆条/滚条	Binding tape	单唇袋	Single welt pocket

第十二节　女装部位名称

1. 女下装部位名称

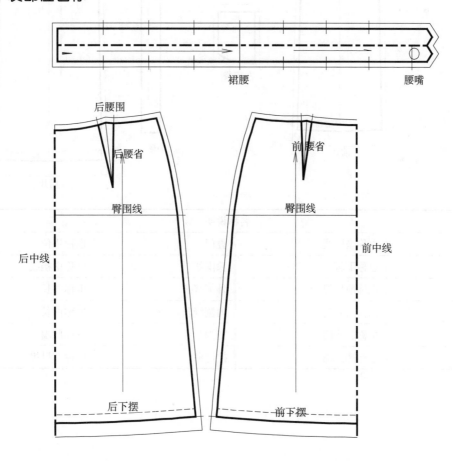

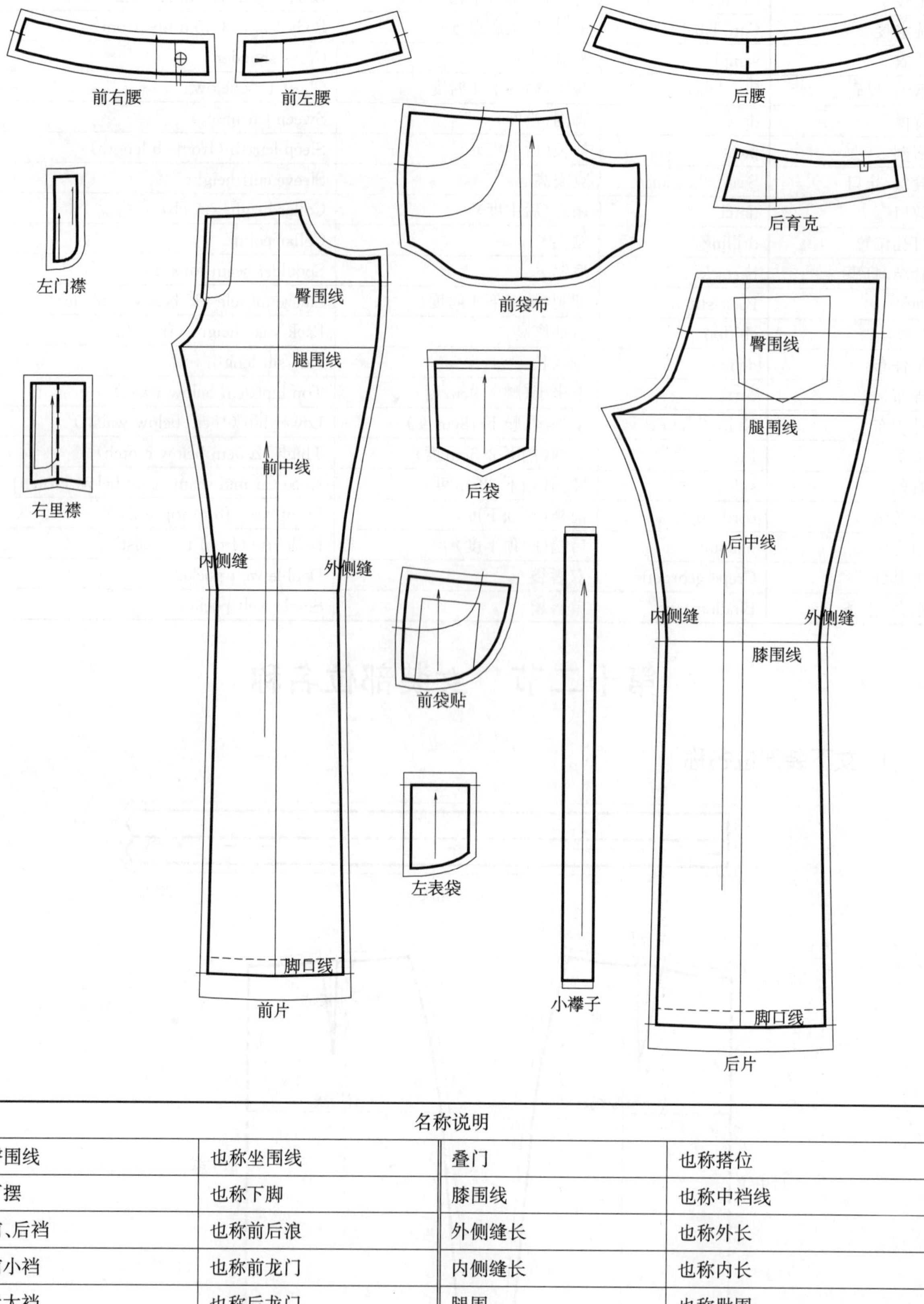

前右腰

前左腰

后腰

左门襟

后育克

右里襟

臀围线

腿围线

前袋布

前中线

后袋

后袋

臀围线

腿围线

内侧缝 外侧缝

前袋贴

后中线

内侧缝 外侧缝

膝围线

左表袋

小襻子

脚口线

前片

小襻子

脚口线

后片

名称说明			
臀围线	也称坐围线	叠门	也称搭位
下摆	也称下脚	膝围线	也称中裆线
前、后裆	也称前后浪	外侧缝长	也称外长
前小裆	也称前龙门	内侧缝长	也称内长
后大裆	也称后龙门	腿围	也称肶围
拉链牌	也称裤门襟	拉链贴	也称裤里襟

2. 女上装部位名称

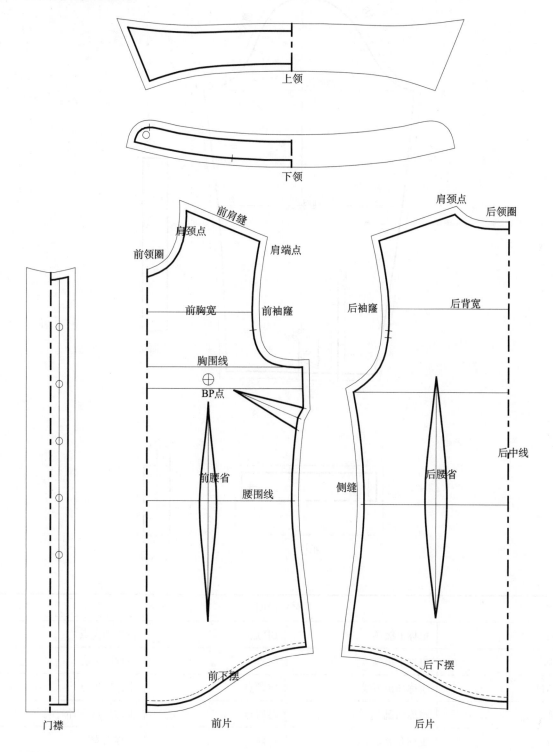

上领

下领

前肩缝

肩颈点

前领圈

肩端点

肩颈点

后领圈

前胸宽

前袖窿

后袖窿

后背宽

胸围线

BP点

后中线

前腰省

后腰省

侧缝

腰围线

后下摆

前下摆

门襟

前片

后片

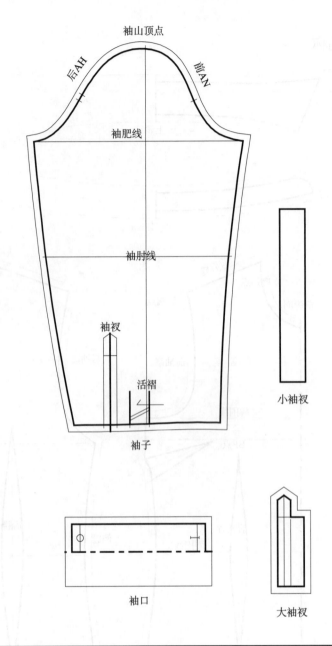

袖山顶点

后AH　　前AN

袖肥线

袖肘线

袖衩

活褶

袖子

小袖衩

袖口

大袖衩

名称说明			
上领	也称上级领	BP 点	也称胸高点
下领	也称下级领	胸省	也称腋下省
袖 AH	也称袖山弧线	肩颈点	也称肩顶点
袖肥	也称袖肶	落肩点	也称肩点或者肩端点
袖口	也称介英,克夫	袖窿	也称夹圈
门襟	也称门筒	下摆	也称下脚

第十三节　图例

	名称	符号	说明
1	布纹线		表示布纹方向
2	毛向线		表示绒布或者皮毛的顺逆方向
3	合并		
4	对刀口		
5	黏合衬		表示黏合衬
6	归拢	0.5cm	表示归拢 0.5cm
7	拔开	0.5cm	表示拉开 0.5cm
8	收褶	完成8cm	表示完成后 8cm
9	平眼		
10	凤眼		
11	打套结		
12	打孔位置		
13	等分线		
14	活褶		
15	卷边		
16	剪开		
17	钮扣直径	34#钮	
18	45°斜纹		表示垂直相交的两条斜线

第十四节　英寸和厘米对照表

英寸	读作	≈厘米	英寸	读作	≈厘米	英寸	读作	≈厘米	英寸	读作	≈厘米
1′	1英寸	2.54	1/16″	半英分	0.15	1/8″	1英分	0.3	1′⅛″	1英寸1英分	2.85
2′	2英寸	5.08	3/16″	1英分半	0.47	1/4″	2英分	0.6	1′¼″	1英寸2英分	3.17
3′	3英寸	7.5	5/16″	2英分半	0.75	3/8″	3英分	1	1′⅜″	1英寸3英分	3.5
4′	4英寸	10.1	7/16″	3英分半	1.05	1/2″	4英分	1.25	1′½″	1英寸4英分	3.8
5′	5英寸	12.7	9/16″	4英分半	1.35	5/8″	5英分	1.6	1′⅝″	1英寸5英分	4.1
6′	6英寸	15.2	11/16″	5英分半	1.65	3/4″	6英分	1.9	1′¾″	1英寸6英分	4.5
7′	7英寸	17.7	13/16″	6英分半	2	7/8″	7英分	2.2	1′⅞″	1英寸7英分	4.8
8′	8英寸	20.3	15/16″	7英分半	2.3	1′	1英寸	2.54	2′	英寸	5.08
9′	9英寸	22.8									
10′	10英寸	25.4									

（注:英寸和厘米之间的切换:由于厘米和英寸之间的换算并不是完全精确的,所以这里以的'≈'符号来表示）

1码=91.4 cm	
1码=3英尺=36英寸	
1英尺=12英寸	
1米=3.28英尺	
1米=1.09码	

英寸的小数表示法

很多的外贸单和香港单,多数以英寸为计算单位(只有较少的以厘米为计算单位),由于英寸是八进制的,通常用分数来表示,例如:

单位:英寸

	S	M	L	XL
衣长	21′	21′¾″	22′½″	23′¼″
胸围	35′½″	37′	38′½″	40′
腰围	28′½″	30′	31′½″	33′
脚围	36′½″	38′	39′½″	41′
肩宽	15′	15′⅜″	15′¾″	16′⅛″

从这个尺寸表可以看出,M的胸围为37′,衣长为21′¾″,肩宽为16′½″,当需要把胸围分为四等份,用37′除以4=9.25,但是正确的得数应该是9英寸2英分,只是因为计算器和电脑只能进行小数计算,不能直接输入分数,因此,我们要学会熟练使用英寸的小数表示法。

英寸	读作	≈小数	英寸	读作	≈小数
1/8″	1英分	0.125	1/16″	半英分	0.0625
1/4″	2英分	0.25	3/16″	1英分半	0.187
3/8″	3英分	0.375	5/16″	2英分半	0.312
1/2″	4英分	0.5	7/16″	3英分半	0.437
5/8″	5英分	0.625	9/16″	4英分半	0.562
3/4″	6英分	0.75	11/16″	5英分半	0.687
7/8″	7英分	0.875	13/16″	6英分半	0.812
1	1英寸		15/16″	7英分半	0.938

为了方便记忆,初学者可以把上面的表格制作成精美小巧的小卡片以方便携带,大家在学习和工作中应用久了,便能够熟练记住这些数据了。

第十五节　面料知识

1. 面料缩水率

不同的面料,包括里布和一些辅料,在水洗、干洗、整烫等处理后都有不同的收缩现象,收缩的程度用缩水率来表示(注意有少数面料洗水后会伸长)。

现在的纺织品种类繁多,生产工艺各不相同,导致了面料的缩水率难以掌握,就是同一种面料,不同的颜色和匹数的缩水率都会有不同,在实际工作中,有的面料直向的缩水率大,有的面料横向缩水率大,因此,一些服装工具书资料上提供的面料缩水率在实际工作中难以适用,最直接的方法就是各取一块面料样品,画上 $1m \times 1m$ 或者 $50cm \times 50cm$ 的标记,按照生产要求进行蒸汽缩水或者洗水缩水的模拟试验,不同颜色和匹数的缩水率如果误差较小,可以取它们的平均值作为缩水依据,如果误差较大,则需要分别制作不同缩水率的全套纸样。

缩水率的书写方式为:

面布:直 －2cm　　表示经向的每米缩水率为 2cm
　　　横 －3.5cm　表示纬向的每米缩水率为 3.5cm

如果写成:
　　　直 ＋1cm　　表示经向每米伸长率为 1cm
　　　横 ＋1.5cm　表示纬向每米伸长率为 1.5cm

在实际工作中需要注意:

有的工厂是将成衣完成后再进行蒸汽缩水或者洗水缩水,这种方式要在纸样上加放精确的缩水率;

有的工厂是将一些缩水率较大的面料预先整匹地进行缩水处理后再裁剪,这种方式在试制样衣时,也要对面料做同样步骤的处理。

当用同一款的纸样生产第二批或者第三批服装时,仍然要对新的面料进行缩水试验,如果分析出缩水率有明显的差别,要对纸样进行更改,经过试制后方可批量生产。

2. 怎样识别面料的正反方向和丝缕方向

一般情况下:(1)面料外观光泽平整、花纹色彩明显的为正面。

(2)面料有均匀精密、立体感强的图案的为正面。

(3)毛织面料中,绒毛光洁整齐、手感舒适的为正面。

(4)观察面料的布边,通常针孔向上的为正面。

(5)根据撇捺纹来识别正反面。如斜纹布,纱布的正面为捺纹,反面为平纹织形;华达呢、卡其布的正面为撇纹,反面则相反,呈捺纹。注意有的毛料和丝绸正面为撇纹和捺纹都有可能,要根据实际情况来区别。

(6)还可以根据布边的印花和文字符号来区别,整卷整匹的布料还可以根据布端的出厂长度印戳标记来判断,凡有印戳标记类文字的通常为反面。

在实际工作中,有的时装为了达到标新立异的效果,故意将面料的反面当作正面来使用,还要一些面料,它的正面毛糙而粗犷,颜色也深沉而灰暗,这些情况要求工作人员要细心分辨,不断总结经验以达到准确判别。

面料的丝缕方向可以根据布边、条纹、毛向、撇捺纹等特征来判断。另外,一般的面料都是横向的弹力较大,而纵向的弹力较小或者没有弹力,对已经裁好的裁片,可以根据其受力后产生的褶痕来判断。

轻拉裁片,通常较少褶痕为直纹　　　　　　　有明显褶痕为横纹

有严重变形的褶痕为斜纹

3. 用料的计算方法

服装用料计算的目的是为了合理用料,减少浪费,降低生产成本。服装算料分为单件用料和大货用料。单件用料是裁剪一件衣服所需要的用料,大货用料是指成批裁剪所需的面料数量,两者相比较,由于成批裁剪可以进行套裁,安插小裁片和不规则的裁片,因此同一个款式的大货用料一定比单件用料要少。

用料数值和面料的幅宽有着密切的关系,常见的面料有93cm的窄幅面料、114cm和145cm的中幅面料,针织面料有180cm的幅宽,由于幅宽越宽越有利于成衣排料,所以近年来面料生产厂家有幅宽规格逐渐加宽的趋势。

女装单件用料计算方法

	款式	公式
1	筒裙	1个裙长+5cm
2	大摆裙	裙长×2+10cm
3	女衬衣	衣长+袖长+5cm
4	女西装	衣长+袖长+15 cm
5	连衣裙	衣长+袖长+20 cm
6	长裤	裤长+5 cm

注:需要对花、对格、有倒顺毛的面料要酌情增加用料。

由于工业纸样是需要反复修改和试制的,在计算和购买面料时要另外加50%以上的长度,以备修改、换片时使用。

另外现代的时装有大量的褶裥和波浪造型,使用公式法算料只能算出大概的数值,而工业成衣生产需要的是精确的数值,更精确的方法应该是在制作样衣时,把纸样放在面料上所得到的最终实际数值。

4. 不同门幅的用料换算

在实际工作中,有时需要把原来准备使用的生产面料更改为另一种宽度的面料,这就需要将原来的面料和现在的面料进行换算,然后得到新的用料数据。

例如:原门幅宽为 114cm 的面料,上衣用料原长度为 200cm,那么,原用料可写作 114cm×200cm,现改用 1445cm 宽度的面料,设现在面料长度为 L,现在面料门幅为 N,那么现在用料长度为 L=(114×200)÷N,即(114×200)÷145=157.2cm。

由此可知,一般情况下公式即为(原幅宽×原长度)÷N。

这个公式的原理就是把原门幅的宽乘以原长度,即得到整件用料的面积,再用整件面积除以现用料门幅宽度就得到现在用料的长度了。

5. 辅助搭配的面料算法

有的辅助搭配所用的布料也许只是一个小图案或者小裁片,我们可以把它看成一个小矩形,先算出其面积,再用辅助面料的幅宽乘以 1m,得到每米的面积 Y,然后用 Y/X 就可以算出每米辅助面料能做出多少件衣服的小图案了。

第十六节　纸样标准化处理

1. 布纹线的正确设置

在设置布纹线时要注意:

（1）有毛向和有花纹的布纹线仅一端有箭头;

（2）对叠的纸样在画布纹线时不要太靠近中心线,以免在做实样和放码时误将布纹线当作中心线,使尺寸变小;

（3）布纹线通常和前后中线平行,下摆比较大的裁片,可以根据具体情况扩展方向稍作倾斜;

（4）衬衫领由于面料比较薄,上、下领的布纹线都是直纹;

（5）为了利于翻转,翻领的布纹线都是横纹;

（6）有的裁片要根据受力方向来确定布纹线,同时也要兼顾布料的纱向和图案的协调性。

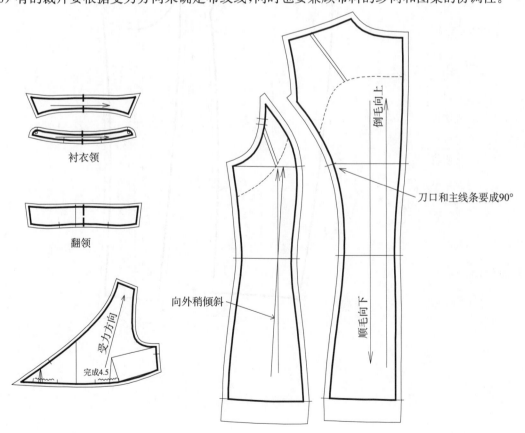

衬衣领

翻领

倒毛向上

刀口和主线条要成90°

向外稍倾斜

顺毛向下

受力方向

完成4.5

2. 缝边与折边

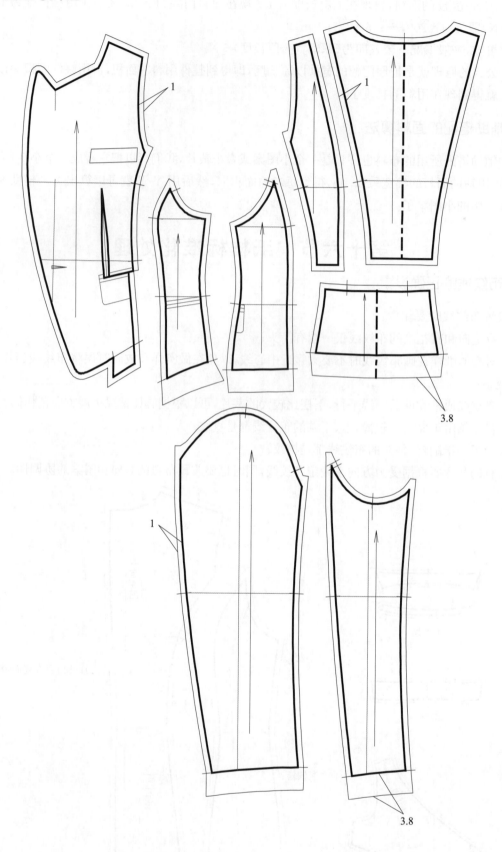

3. 缝纫方法示意图

为了使缝纫员工更方便地了解纸样的结构,完整的纸样除了有基本的图例标记,有时还要加以文字说明和缝合示意图,下面介绍的是常见的七种缝合方法示意图。

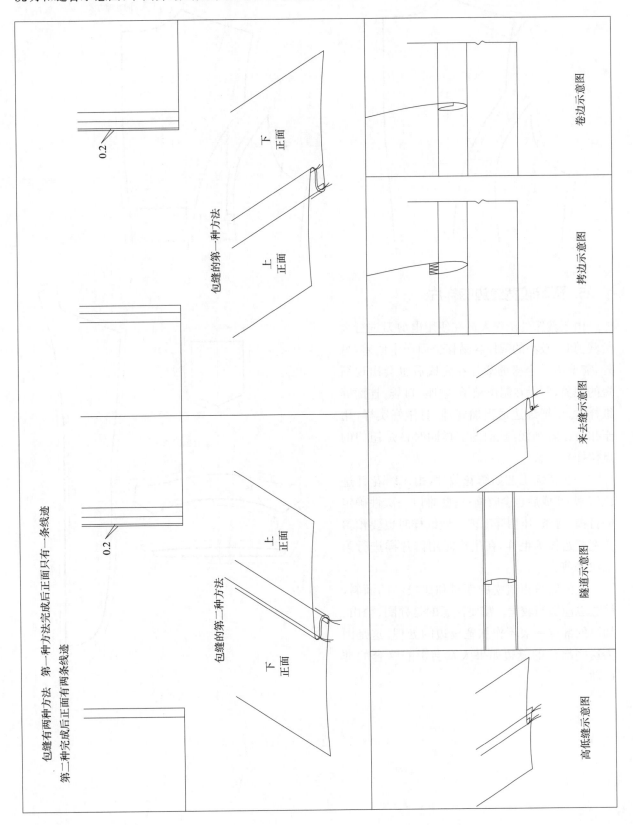

4. 缝边角处理

有里布的缝边角处理

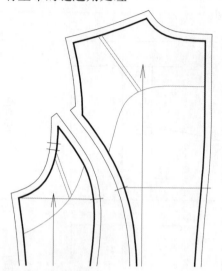

无里布的缝边角处理

用捆条包边
的处理方式

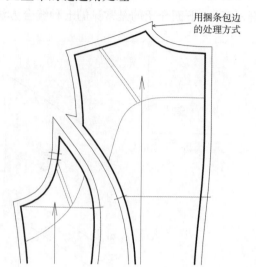

5. 预留较宽缝边的样片

由于裁床的工作人员在使用电剪刀进行大货裁剪时,较小的裁片容易移位而产生偏差,另外,需要烫黏合衬的裁片在完成后也会出现缩短的现象,所以在制作领子、领座、口袋、挂面等纸样时,要把缝边适当加宽,同时做好实样,用于扣烫或者画线(挂面的实样同时也是钮门的点位样)。

一些特殊工艺如绣花裁片,由于绣花针迹比较密,完成后也会收缩;一些难以一次性确定的打揽、打条、压褶等工艺在做纸样时也要预留较宽缝边作为毛样,在生产时用修片样进行第二次修剪。

有的组织很疏松的面料和比较厚的面料,缝边也应适当较宽。需要注意的是领圈、袖山、袖窿的部位一般不作加宽缝边的处理,这是因为这些部位的缝边如果太宽会影响缝合的准确性。

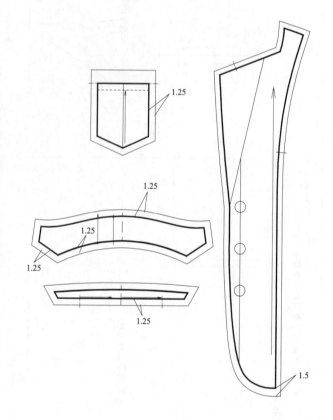

6. 90°角线条在服装打板中的应用

在服装打板的实际工作中我们发现,有很多部位都要求做成90°(或接近90°)的角度线结构(下图),这是因为只有90°的部位线条在拼接后才能顺直和圆顺,所以我们不但要在打板中要善于运用90°角度线,在修剪裁片时也要充分考虑到这一技巧。

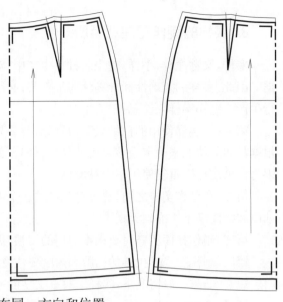

7. 纸样上的文字书写

(1)凡写字的一面均为布料的正面;

(2)纸样上面书写的内容为:款号,名称,面料属性,片数,尺码等等;

(3)文字方向与布纹线相平行;

(4)由于视觉上的习惯,放码后的纸样上的文字应在同一方向和位置。

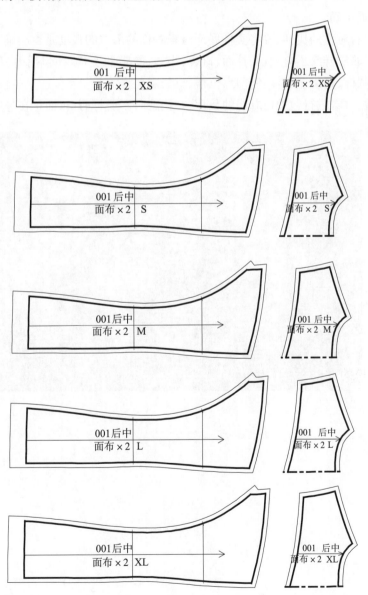

8. 实样的制作和注意事项

实样,又称净样,小样,是服装批量生产中,对比较小的裁片和比较重要的裁片和部位进行控制的依据。因此,实样的正确性和准确性非常重要,必须细心操作,认真校对,做到万无一失才能发送到车间进行生产。制作实样要注意:

第一,做实样使用的白纸或其他硬纸,要事先进行缩水处理,而且硬纸也有横纹和直纹的区别。要根据具体的情况来确定应该采用的纹路方向。如果批量生产的数量比较多,也有使用白铁皮做成实样,因为白铁皮可以重复使用不会被磨损。

第二,在制作实样之前,要校对毛样的各个部位是否吻合,剪口是否准确,上领和下领、领座和领圈,袖山和袖窿等是否准确无误。

第三,制作挂面实样时要根据本厂的习惯,做成完全的净样或者留有部分缝边的实样。

第四,制作有隐形拉链的裙腰和内贴要注意右边和左边是不一样的,有隐形拉链的部位腰内贴比腰面层短0.6cm,一般情况下,实样上写有文字的一面都默认为正面。

第五,各码实样完成后,要从大到小依次排列,检查各码的档差是否准确,同时还要检查各码上的文字和尺码等标注是否正确。

第六,如果是左右对称的实样,要将实样展开检查对称的部位的弧度是否准确,线条是否圆顺。

第七,一套完整的实样除了有领子、挂面、口袋、小襻、腰带的实样,还包括袖口和下摆的烫条、开袋样、省位样、口袋形状样、口袋包烫样、钮门点位样、口袋点位样等等。

第八:凡需要做实样,进行包烫(扣烫)的裁片,在裁剪时不要打剪口,而是在包烫时再打上剪口。

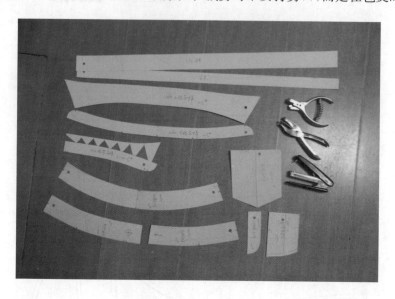

第二章　女　裙

第一节　女裙的变化

　　裙子对于人体包裹的结构相对地比较简单,但是由于裙子的变化非常之多,有合体的筒裙,西装裙,旗袍裙,也有不合体的褶裙、喇叭裙,有款式多变的 A 字裙,还有和上衣组合成的多种连衣裙,因此,裙子的结构原理和实际打板手法技巧是服装打板中的重要内容。

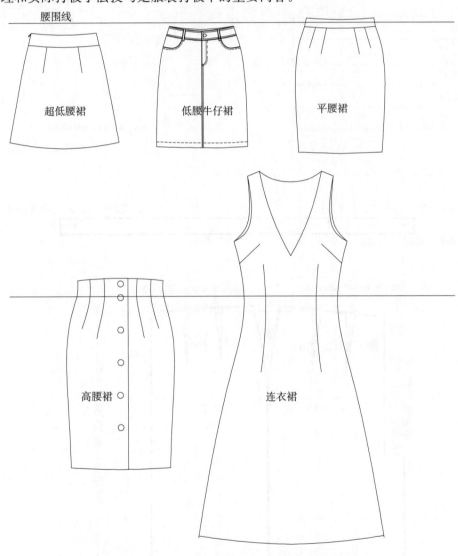

第二节　女裙的三种基本型

第一种　双省裙基本型(直筒裙)

一、直筒双省裙的特征

　　直筒裙分长、中、短和超短四种形式,其中的短裙和超短裙通常定为休闲服和旅游服,而长度在膝围部位的直筒裙则适宜在比较正式的场合中穿着。由于视觉上的原因,直筒裙有时会把下摆向内略收小一些。

双省裙基本型的特征表现为前、后片的每一边都是两个腰省,由于摆围比较小的缘故,在后下摆有开衩,后中破缝装拉链,下摆采用暗线挑脚的方式处理。

单位:cm

制图部位	制图尺寸
外侧长 (连腰)	57
腰围	68
臀围	94
腰宽	3

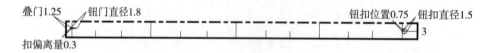

叠门1.25　钮门直径1.8　　　　　　　　　　　　钮扣位置0.75　钮扣直径1.5
扣偏离量0.3　　　　　　　　　　　　　　　　　　　　　　　　3

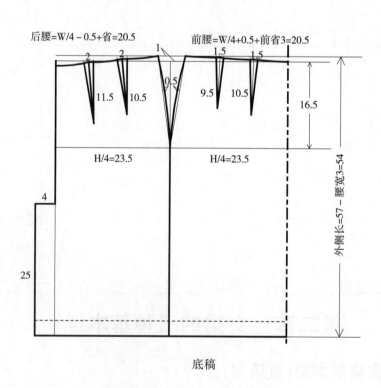

后腰=W/4 − 0.5+省=20.5　　　前腰=W/4+0.5+前省3=20.5

底稿

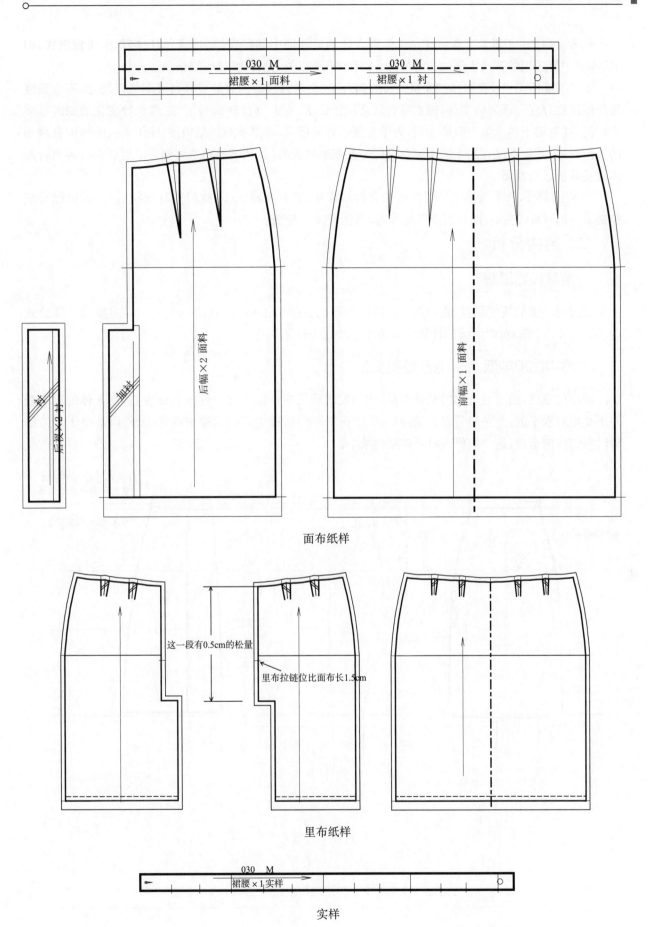

裙腰×1 面料

030 M

裙腰×1 衬

030 M

后幅×2 面料

加衬

前幅×1 面料

面布纸样

这一段有0.5cm的松量

里布拉链位比面布长1.5cm

里布纸样

裙腰×1 实样

030 M

实样

作者注：1. 由于服装工业纸样是以标准人体的尺寸即中间码来作为基码的规格制作头板纸样，因此，本书中所选用的款式实例的参考尺寸，除外单章节以外，全部为 M 码规格。

2. 在实际工作中，我们通过大量的实践和对比，发现完成后的服装成品尺寸和纸样尺寸，不论长度还是围度都存在一系列的变化，成衣后有的部位伸长了，有的部位却缩短了，造成这种变化的原因是多方面的，详见第十四章第一节第 4 段，为了方便读者的运算，本书所有的结构图，除了上衣的胸围有预加的数值以外，其他都没有加入缩水率及可能伸长或缩短的数值，请读者在熟练到一定程度以后再自行加入这些数值进行制图。

3. 有的裁片，作者按照工厂习惯将黏合衬写成朴，育克写成担干，裤门襟写成拉链牌，裤里襟写成拉链贴，袖窿 写成夹圈，前片写成前幅等等，请读者注意辨别。

二、结构分析

1. 前腰长后腰短

通过对人体的精确测量，我们发现人体的前腰比后腰长 1cm 左右，所以在制图时前腰的计算公式为 $W/4+0.5+$ 前省，而后腰的计算公式为 $W/4-0.5+$ 后省。

2. 后中比前中低 1cm 的原理和变化

同样的原理，通过对人体的精确测量，我们发现后腰中点比前腰中点短 1cm 左右，即人体的腰围线并不是绝对水平的，而是向后有少量倾斜，所以在制图时后腰中点比前腰中点低 1cm，但是由于人体运动时习惯向前弯曲，这个数值有时可以适当减小。

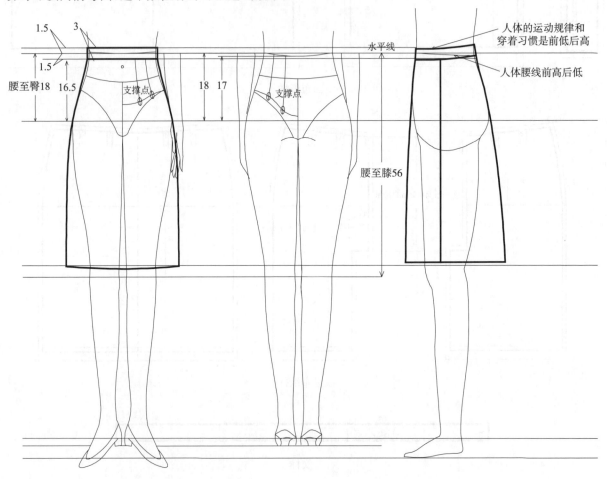

3. 省

省,也称省道和省位,即"省去"的意思。由于人体是多曲面的立体形状,而覆盖于人体的布料是平面的,如果想把平面的布料做成立体的形状,就必须设置省道,只有在制作宽松的服装时才可以不考虑设设置省,设置省应遵循以下几个原则:

(1) 省可以在裁片内移动位置或者用其他的方式进行分散,隐藏和转化,但是省的总量不变。

(2) 省可以移动,可以改变形状,但是不可切除。

4. 开衩

后衩的位置可以确定在臀围线下 15cm 处,为了使后衩整齐、挺括,开衩位置要加黏合衬。另外,也有的款式把衩子开在侧缝或者前中。

5. 隐形拉链的位置

隐形拉链有的公司习惯安装在左边,有的公司习惯安装在右边。为了穿脱方便,可以把拉链刀口在臀围线向下移动 0~3cm。

6. 裙子长度的变化

裙子的长度和具体的款式、低腰程度以及不同的客户要求有关。一般情况下,确定在 38~57cm ,特殊情况下会有所变化。

第二种　单省裙基本型

单省裙的特征为:前片、后片的每一边各设一个省,下摆向外扩展开,可以不开衩,右侧(或者左侧)装隐形拉链。

需要注意的是:单省裙的下摆尺寸可以根据具体的款式和要求在一定范围内进行适当调节。

单位：cm

制图部位	制图尺寸
外侧长 (连腰)	57
腰围	68
臀围	94
腰宽	4

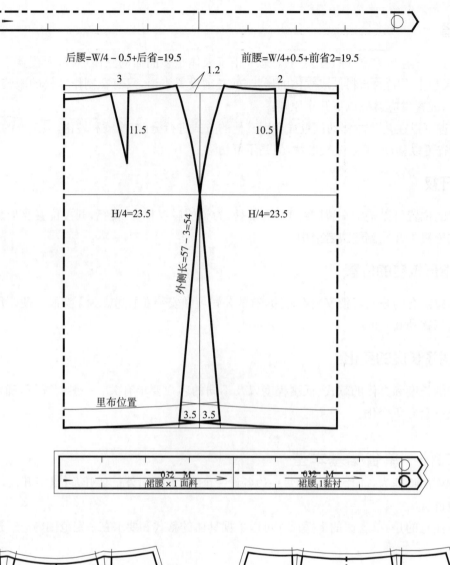

后腰=W/4－0.5+后省=19.5　　　前腰=W/4+0.5+前省2=19.5

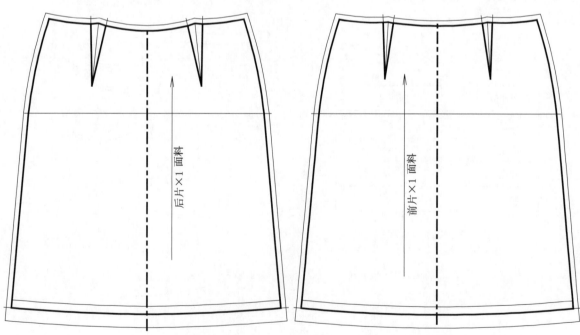

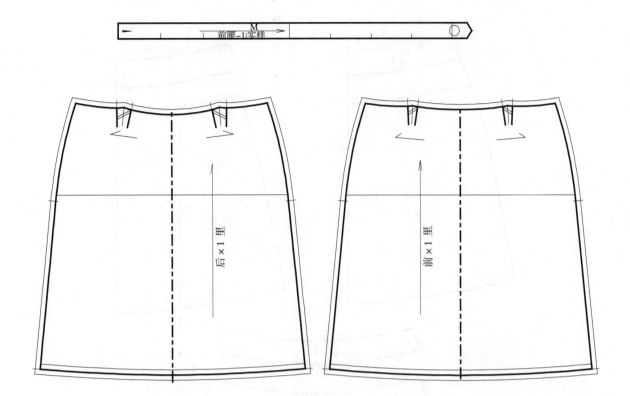

第三种　无省裙基本型

　　无省裙结构简洁明快,不分前、后片和前、后腰。无省裙的下摆和单省裙的原理一样,在一定范围内是可以调节的。

　　此款为低腰裙,低腰是在平腰的基础上下降腰线而形成的,因此绘制低腰裙时一定要先画出平腰基本型;低腰的程度和腰围的尺寸成正比例关系,即低腰程度越低,腰围越大,反之低腰程度越高,腰围越小。

单位:cm

制图部位	制图尺寸	档差
外侧长（连腰）	37	1
腰围	75	4
臀围	93	4
脚围	112	4
腰宽	4.5	0

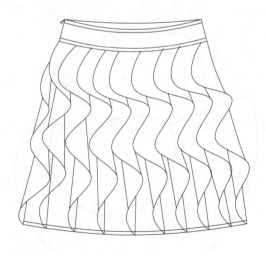

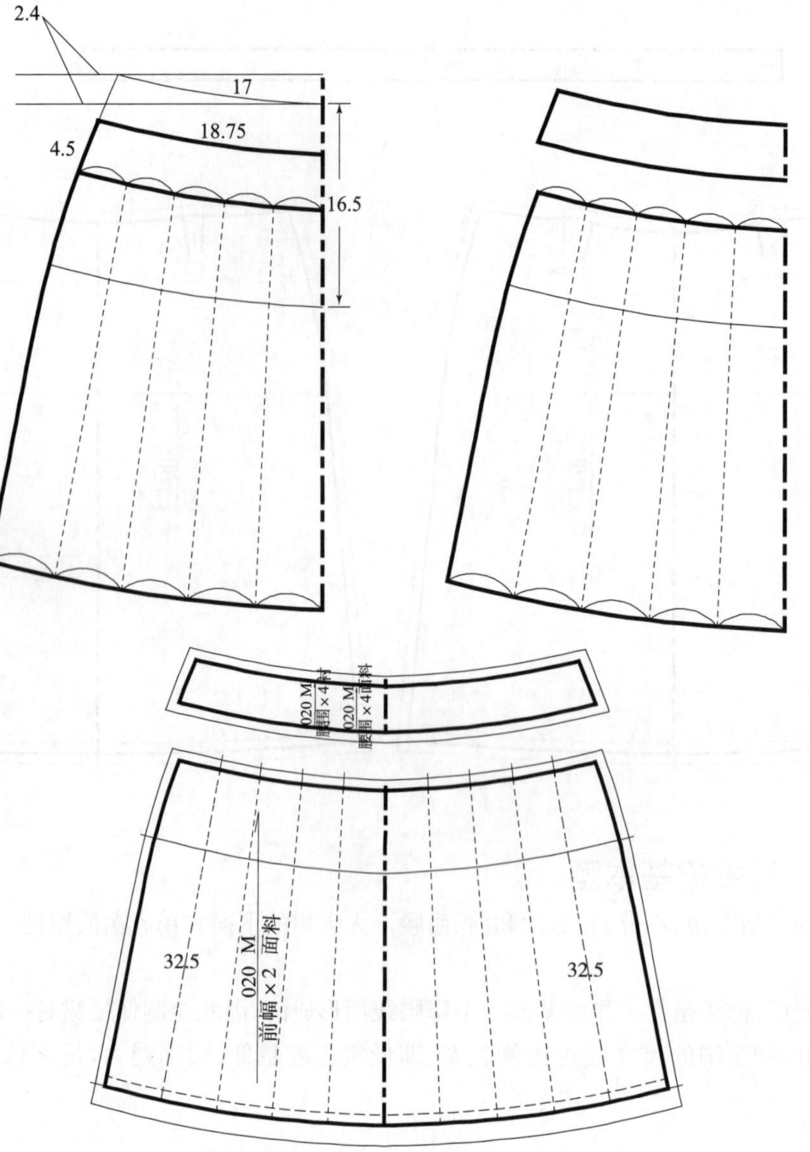

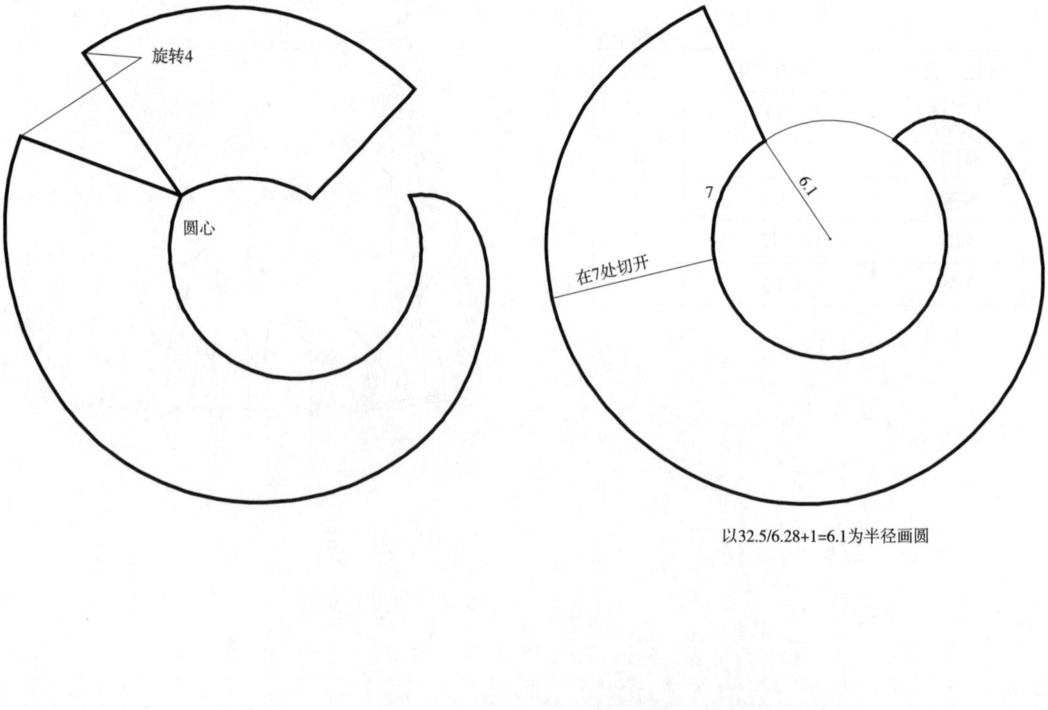

2.4

17

18.75

4.5

16.5

腰面×4 衬料
腰面×4 面料
020 M
020 M

前幅×2 面料
020 M

32.5

32.5

旋转4

圆心

7

6.1

在7处切开

以32.5/6.28+1=6.1为半径画圆

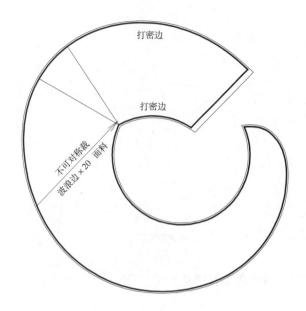

完成后的照片

小结:裙子三种基本型制图方法的对比

	侧起翘	前省量	后省量	下摆处理	前、后腰和裙片
1. 双省裙	1	1.5	2	挑脚	裙腰有前、后差数
2. 单省裙	1.2	2	3	明线	裙腰有前、后差数
3. 无省裙	2.4	0	0	明线	不分前、后腰和裙片

第三节 三种基本型的选用规律

在实际工作中,低腰裙比较多,要细心分析总结不同款式的规律,一般情况下:

(1)当款式表现为有明显双省特征的西装裙,直筒裙,高腰裙和旗袍裙可以选用双省裙基本型。

(2)如果裙摆比较小,款式图显示为无省,有斜插袋或者圆口袋,这时应该选用单省基本型,因为这种结构在口袋中转移了省尖。

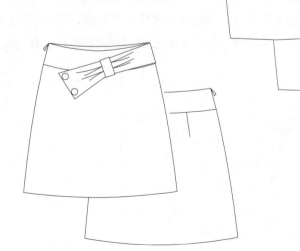

有分割线的仍然选用单省基本型。

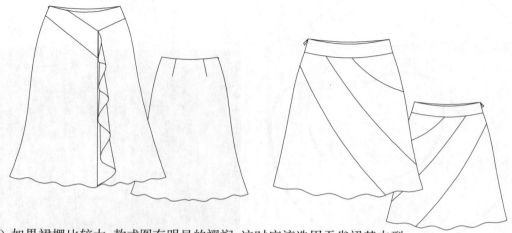

（3）如果裙摆比较大，款式图有明显的褶裥，这时应该选用无省裙基本型。

第四节 女裙实例

第一款 单省基本型演变为低腰裙

现在服装市场上的裙子，绝大多数是低腰形式的，这是由于流行趋势决定的。低腰的程度有多有少，较少的低腰适合于中年女性穿着，较多的低腰和超低腰适合于年轻的女性穿着。无论低腰多少都是在平腰基本型的基础上进行变化和处理后才得到的，低腰的程度越低，腰围就越大。一般情况下，我们把低腰腰围的尺寸确定在75～78cm之间，特殊情况下会有所变化。下面是单省裙低腰3cm的演变过程：

单位：cm

制图部位	制图尺寸
外侧长（连腰）	57
腰围	75
臀围	94
腰宽	4

1. 基本型

后腰=W/4－0.5+后省=19.5   前腰=W/4+0.5+前省2=19.5

3   1.2   2

11.5   10.5

H/4=23.5   H/4=23.5

里布位置

2. 确定低腰程度

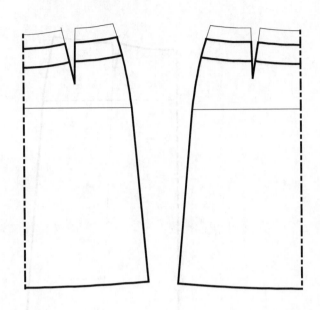

3. 整理裙腰形状

   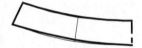

4. 延长省中线

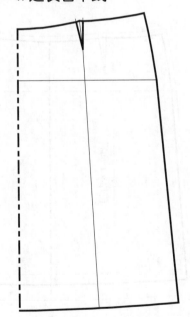   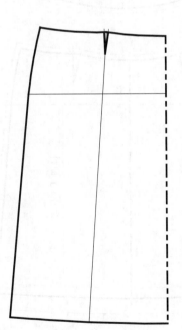

5. 以 O 点为圆心　旋转侧边　增大省量到 1.5cm

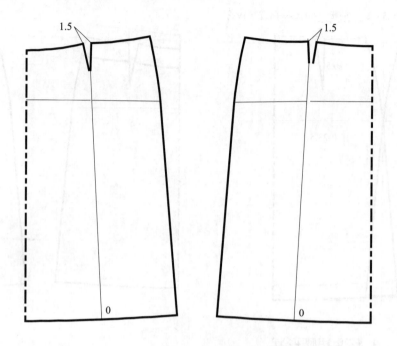

6. 面布纸样

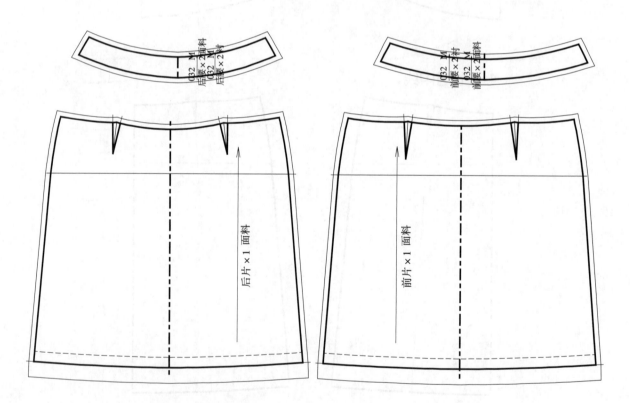

7. 里布纸样

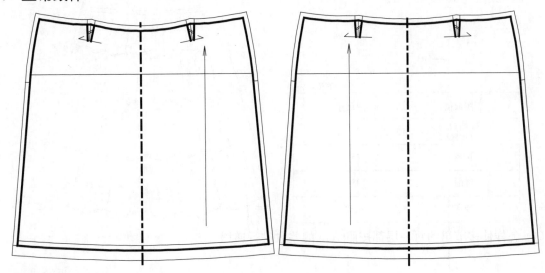

女裙配里布

1. 里布的作用

① 提高产品的档次,有里布的服装增加了裙子的美观程度,使产品更加的精致,内层平整光滑,但成本将有所增加。

② 保持面布的造型,里布在一定程度上有固定面布造型的作用,双层布料提高了抗变形的能力。

③ 增加保暖性能,里布材料增加了产品的厚度,形成了一个空气夹层,有助于保温保暖。

④ 增加设计因素,不同颜色、花纹、质地的里布扩展了设计范围,使内外相呼应和映衬,对半透明服装、礼服等更有时尚意义。

⑤ 里布还可以保护面布,使人在穿、脱时更加舒适自如。

2. 里布的种类

根据面料的种类和款式协调的需要,常见的里布种类有棉、羽纱(亚纱迪)、色丁布、网布等等。

3. 裙腰面层和底层的差数

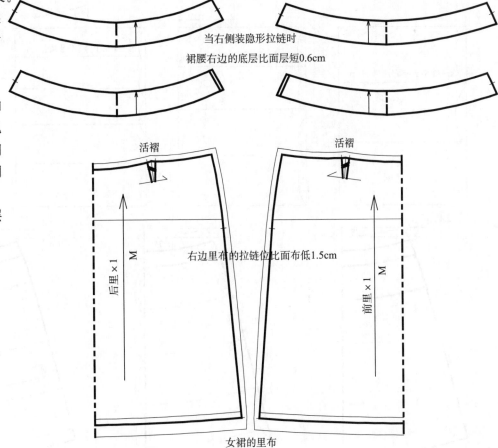

当右侧装隐形拉链时
裙腰右边的底层比面层短0.6cm

活褶　　　活褶

后里×1　M

右边里布的拉链位比面布低1.5cm

前里×1　M

女裙的里布

第二款 多节裙

制图部位	制图尺寸
外侧长 （连腰）	54
腰围	75
臀围	93
腰宽	4.5

单位：cm

（1）怎样使多节裙的每一层都按照 1cm 的差数进行递增

第一个格子为等分数减去0.5cm

第一个格子为等分数减去1cm

第一个格子为等分数减去1.5cm

第一个格子为等分数减去2cm

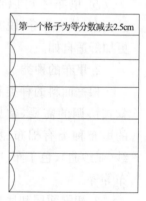

第一个格子为等分数减去2.5cm

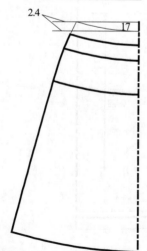

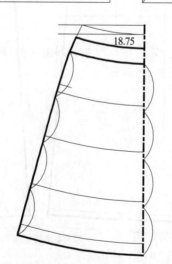

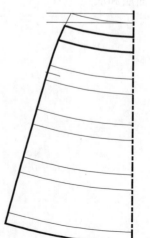

（2）加入碎褶量的比例

碎褶量与布料的属性和工艺有很大的关系,例如棉布一般只需要加入1：0.5的比例即可,而网布则可能要加入1：1或者更多的褶量,下面是常见的布料加入褶的比例表；

	布料	比例
1	雪纺,真丝类	1：0.7
2	棉布	1：0.5
3	网布	1：1或者1：2
4	呢料	1：0.5
5	针织布	1：1
6	打揽	1：1.5

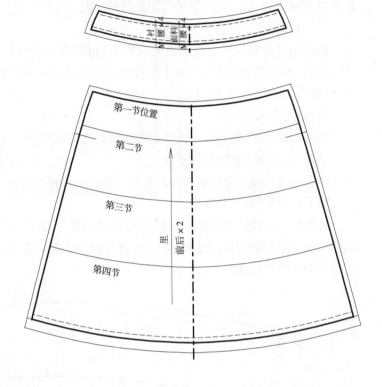

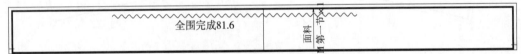

第一节的总长度在布料幅宽145cm之内,可以做成一片
其它各节超过了幅宽,则做成两片

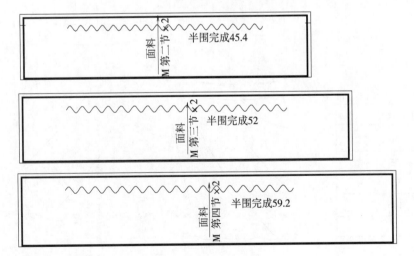

多节裙的工艺制作有很多种,常见的有五种方式：

第一种:搭接法

搭接法是把各节点波浪边先收好皱,再用拷边机拷边,并利用拷边机的刀片把裁片边缘切整齐再缉到里布上。注意,是先收皱再拷边,这样成品效果更加整齐、美观。

第二种:拼接法

拼接法也是把各节点波浪边先收好皱,再用拷边机拷边并切整齐,再缉到里布上,只是要把波浪边和里布的正面相对,缉好后翻转过来,盖住缝边。

第三种:夹入法

加入法是把里布截断,把波浪边夹入断缝之中的做法。

第四种:波斯米亚风格搭接法

波斯米亚风格搭接是面布和面布相互搭接的一种方式。

第五种:弧形裁片搭接法

弧形裁片搭接法和波斯米亚风格搭接法的做法相同,只是把原来的矩形裁片处理成弧形裁片,这样就不会随层数的增加而使摆围越来越大。

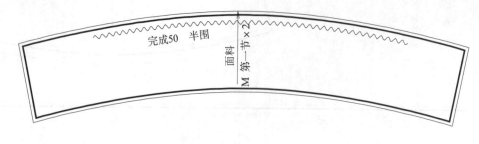

第三款　斜分割的裙子

单位:cm

制图部位	制图尺寸
外侧长 (连腰)	36
腰围	75
臀围	93
下摆	106
腰宽	4

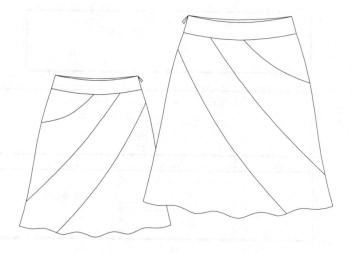

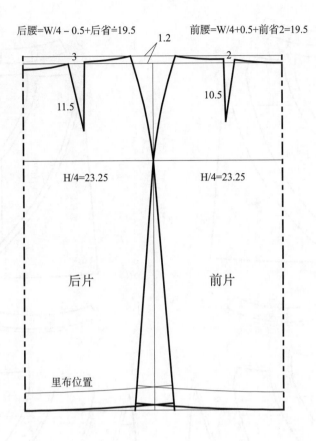

后腰=W/4 − 0.5+后省≒19.5　　前腰=W/4+0.5+前省2≒19.5

1.2

3　　　　　　　2

11.5　　　　10.5

H/4=23.25　　H/4=23.25

后片　　　　前片

里布位置

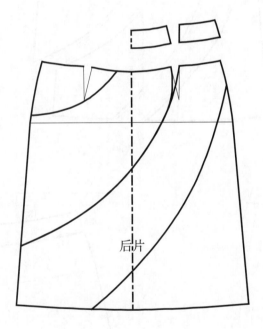

后片

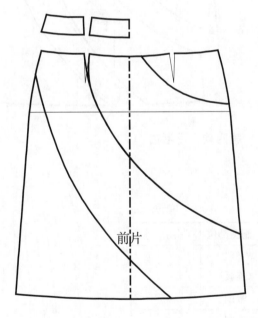

前片

怎样给样片起名称

样片分割后,要给它们起个不同的名称,起名称可用英文字母代替,或用阿拉伯数字编号,比较复杂的款要配示意图,下图是采用文字名称的方式。

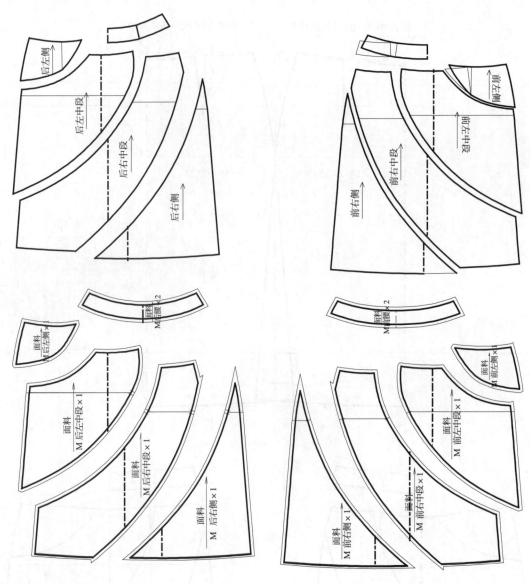

第四款　百褶裙

单位：cm

制图部位	制图尺寸
外侧长（连腰）	38
腰围	75
臀围	93
下摆（参考尺寸）	
腰宽	4.5

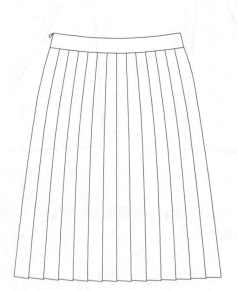

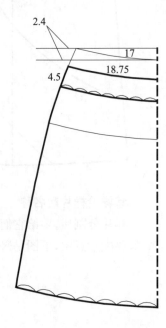

2.4
17
18.75
4.5

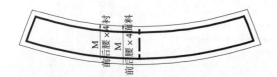

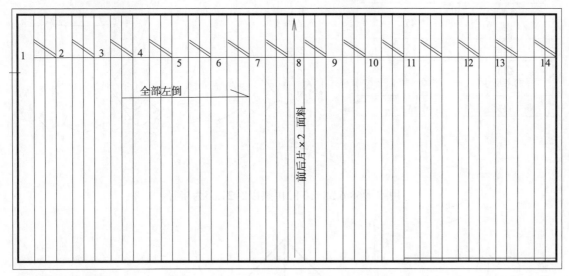

第五款 太阳裙

单位：cm

制图部位	制图尺寸
外侧长（连腰）	45
腰围	68
摆围（参考尺寸）	
腰宽	3

（1）整圆太阳裙

用腰围68/6.28=10.82为半径

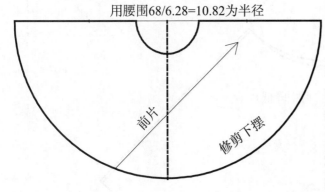

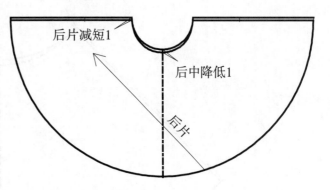

　　布纹线做成斜纹的款式，前后片的布纹线尽量避免同方向，即布纹线呈螺旋形的设置会出现衣服完成后朝一边旋转的弊病，并且衣服越长，弊病越明显，正确的方法是采用布纹线呈八字形的排料方式进行裁剪。

（2）半圆太阳裙

单位：cm

制图部位	制图尺寸
外侧长 （连腰）	45
腰围	68
摆围 （参考尺寸）	
腰宽	3

用腰围68/6.28=10.82再乘以2=21.65为半径

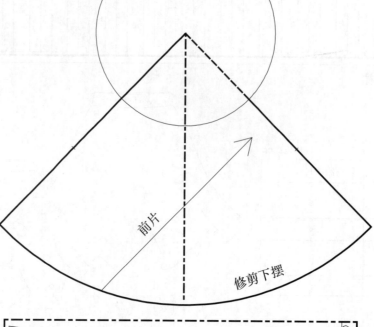

前片

修剪下摆

后片减短1

后中降低1

后片

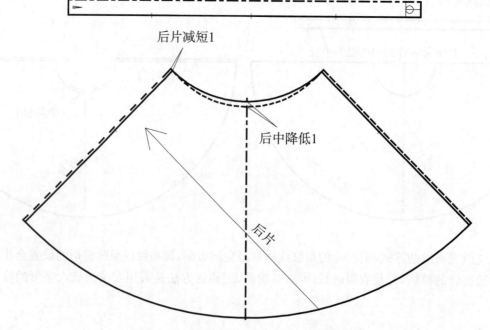

第六款 宽褶裙

制图部位	制图尺寸
外侧长	46
腰围	75
臀围	94
下摆 （参考尺寸）	

单位：cm

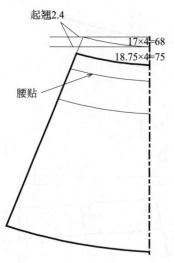

起翘2.4
17×4=68
18.75×4=75
腰贴

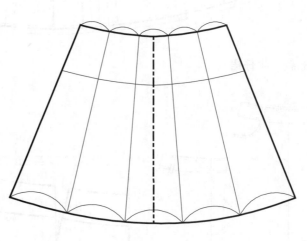

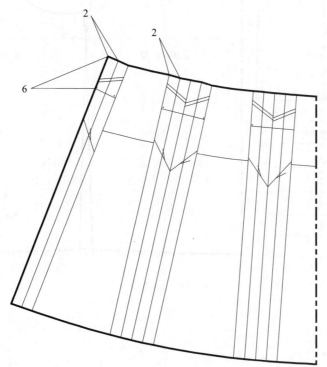

2
2
6

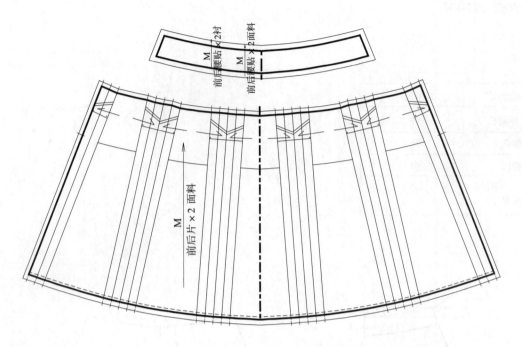

第七款　牛仔裙

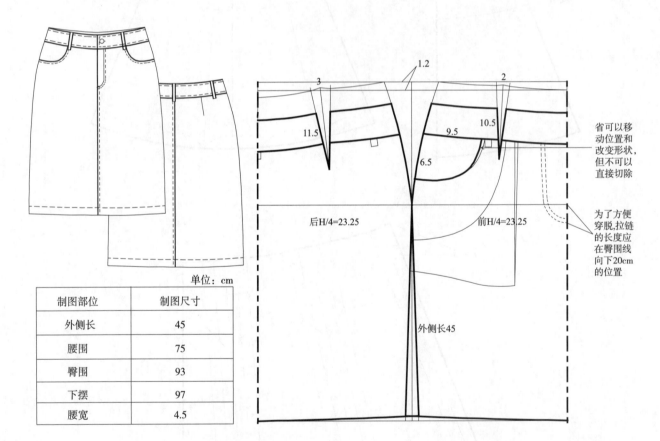

单位：cm

制图部位	制图尺寸
外侧长	45
腰围	75
臀围	93
下摆	97
腰宽	4.5

省可以移动位置和改变形状，但不可以直接切除

为了方便穿脱，拉链的长度应在臀围线向下20cm的位置

结构分析：

1. 腰头重合的状态

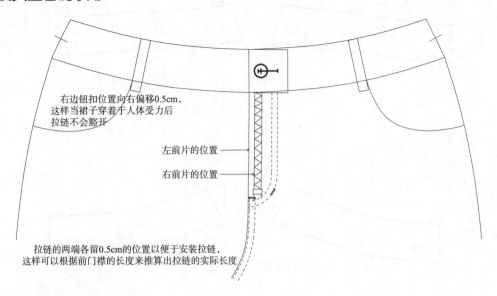

右边钮扣位置向右偏移0.5cm，
这样当裙子穿着于人体受力后
拉链不会豁开

左前片的位置

右前片的位置

拉链的两端各留0.5cm的位置以便于安装拉链，
这样可以根据前门襟的长度来推算出拉链的实际长度

2. 左门襟和右里襟的形状

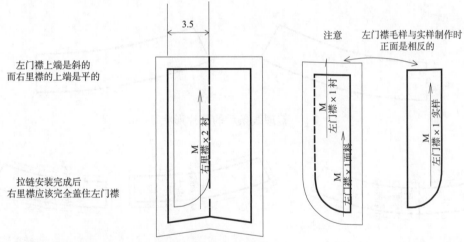

3.5

左门襟上端是斜的
而右里襟的上端是平的

拉链安装完成后
右里襟应该完全盖住左门襟

右里襟×2 衬

注意　左门襟毛样与实样制作时
正面是相反的

左门襟×1 衬

左门襟×1面料

左门襟×1 实样

注意：左门襟的面布和黏合衬的正面和反面是相反的。

前袋的形状和尺寸：

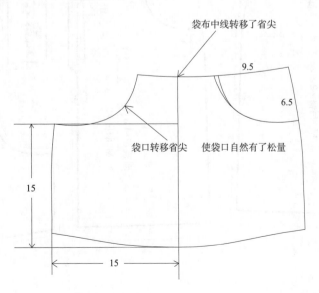

袋布中线转移了省尖

9.5

6.5

袋口转移省尖　使袋口自然有了松量

15

15

3. 合并腰省,调整样片线条

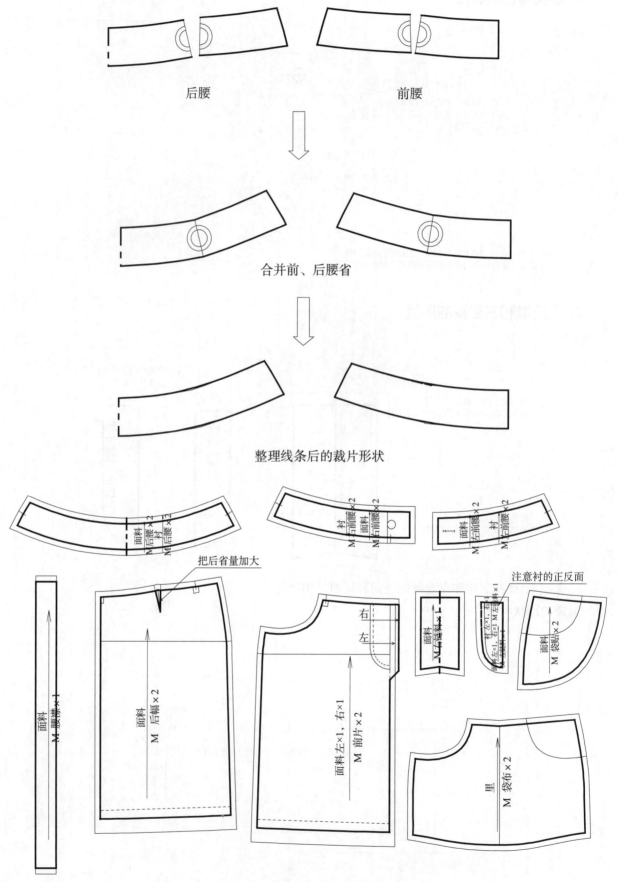

后腰　　　　　　　　　前腰

合并前、后腰省

整理线条后的裁片形状

第八款 宽腰短裙

制图部位	制图尺寸
外侧长 （连腰）	36
腰围	75
臀围	93
摆围	97
腰宽	8

单位：cm

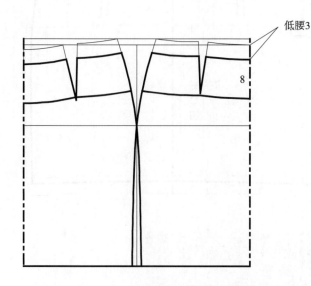

低腰3

8

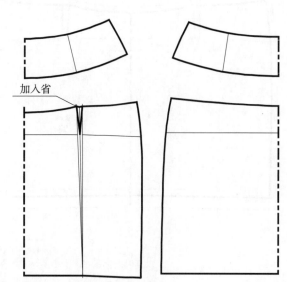

加入省

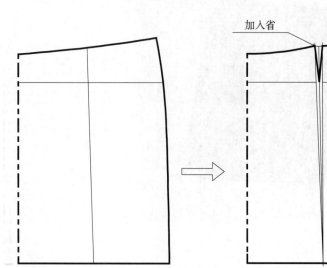

加入省

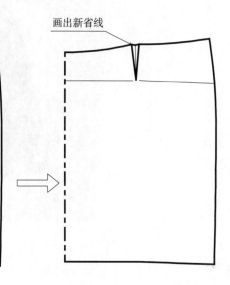

画出新省线

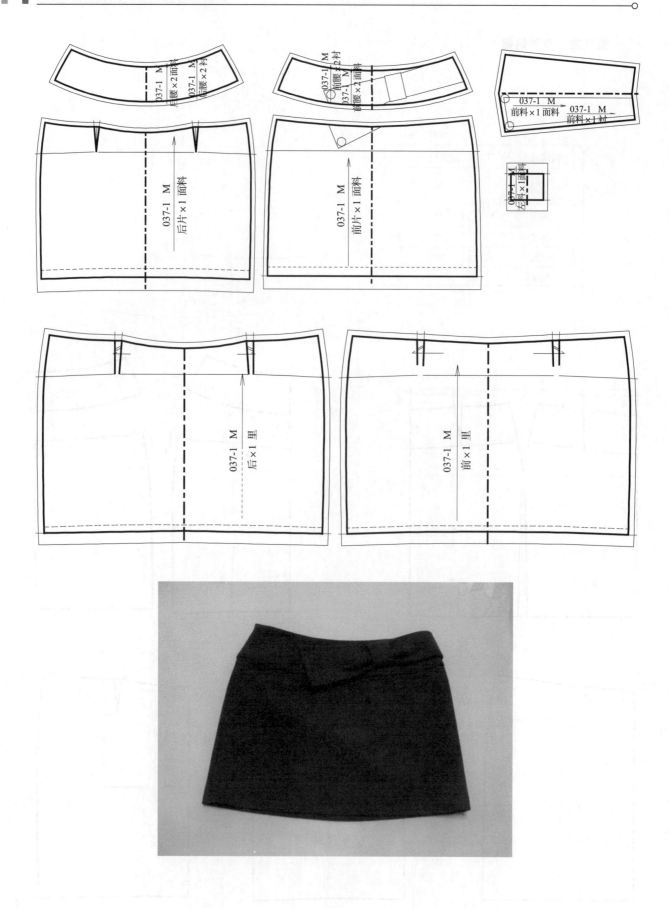

第九款　双排扣短裙

制图部位	制图尺寸
外侧长（连腰）	40
腰围	75
臀围	93
下摆（参考尺寸）	
腰宽	3

单位：cm

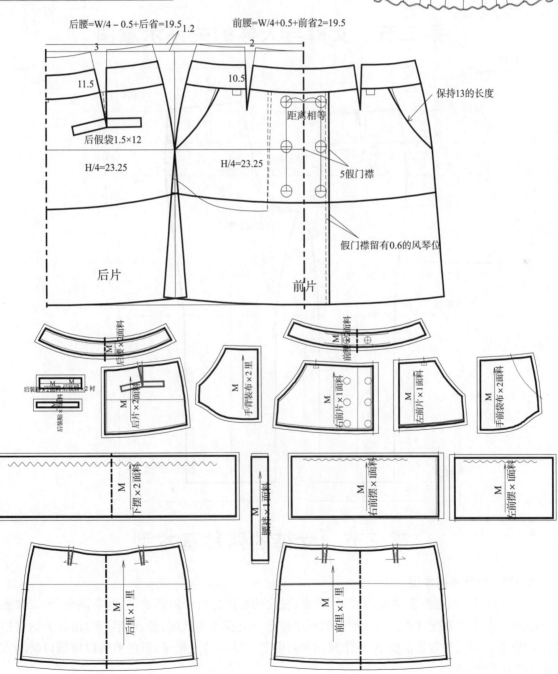

后腰=W/4 − 0.5+后省=19.5　　前腰=W/4+0.5+前省2=19.5

1.2

3

11.5

后假袋1.5×12

H/4=23.25

后片

2

10.5

保持13的长度

距离相等

H/4=23.25

5假门襟

假门襟留有0.6的风琴位

前片

第三章 女　裤

第一节　女裤的种类

　　女裤总体上分为宽松型和合体型两大类。如果以裤腰的高度来分类,可以分为高腰裤、平腰裤和低腰裤;以长度来分类可分为九分裤、七分裤、中裤和短裤;以造型来分类,则可以分为窄脚裤、喇叭裤、大脚裤和灯笼裤等等。

第二节　女裤与人体的关系示意图

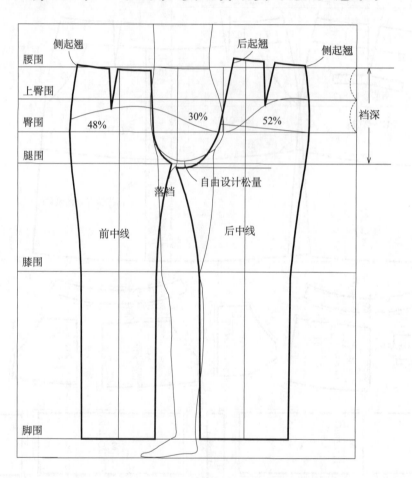

第三节　女裤的两种基本型

第一种　女西裤基本型

　　女西裤原指与西装配套穿着的裤子,但是,现代的女西裤已经向职业装、时装演变,可以和多种款式、不同颜色的上衣搭配穿着。现代西裤的特点是有一定程度的低腰,前、后褶(省)由过去的双褶(省)变为单褶(省),褶量和省量也变小,臀围膝围和脚围都取较小的放松量,有的西裤以取消口袋的方式来达到简约合体的效果。

单位：cm

制图部位	制图尺寸
外侧长（连腰）	100
腰围	68
腰宽	3.5
臀围	94
膝围	45
脚口	44
立裆深	25.5

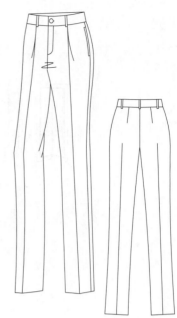

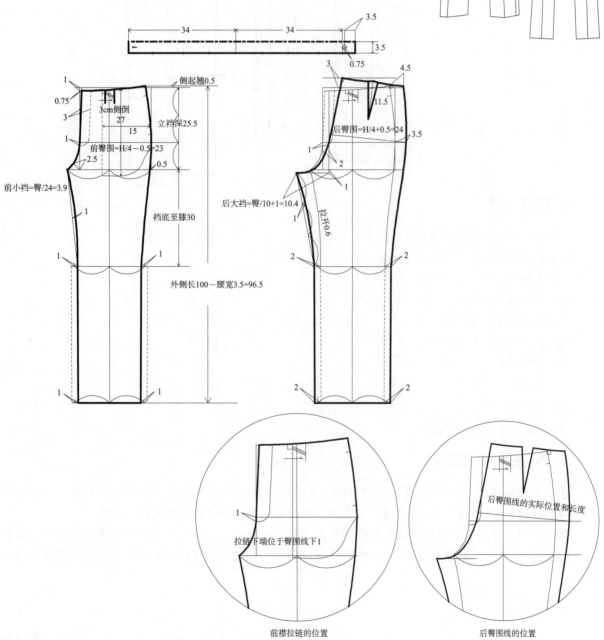

前襟拉链的位置

后臀围线的位置

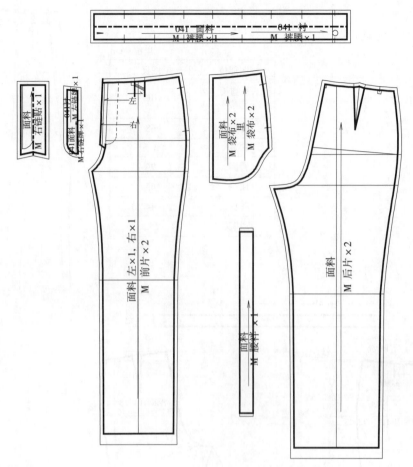

1. 制图数据

（1）前腰 W/4＋0.5＋活褶 3＝20.5

（2）后腰 W/4－0.5＋后省 3＝20

（3）前臀围 H/4－0.5＝23

（4）后臀围 H/4＋0.5＝24

（5）前小裆 H/24＝3.9

（6）后大裆 H/10＋1＝10.4

（7）前活褶量 3

（8）后省量 2.5

（9）后省长 11.5

（10）立裆深 25.5（不连腰）

2. 落裆的形成和处理

通过对直筒裤,窄脚裤和贴身短裤的对比,可以得知,形成落裆的原理和裤子的造型有关,越贴体,脚口越小的裤型,落裆越明显,反之脚口越大的裤型如直筒裤,宽脚裤,裙裤则没有落裆。

落裆的形成导致了前内侧缝比后内裆缝长出了 0.5cm 左右,根据人体膝关节部分在活动时,向后弯曲的原理,在拼合内侧缝时,要将后内侧缝拉开,在整烫时也要把后内侧缝拔开,而将前内侧缝进行归拢处理。

3. 膝围线

膝围线在正常情况下,位于膝盖的水平位置,但是在很多情况下,膝围线都会向上移动,例如在绘制喇叭裤和宽脚裤时,为了达到下部分宽大的效果,膝围线都会向上移动。

第二种 合体女裤基本型

合体女裤是最为常见的女裤类型,它对合体性和舒适性的要求比较高,通常选用有弹性的面料来制作,此款为平腰型,前、后腰每一边各有一个省,左前片设有一个表袋。其他的低腰裤,牛仔裤,中裤,宽脚裤和窄脚裤都是在合体平腰裤的基础上变化而来的,因此,熟练掌握合体平腰裤的基本型非常重要。

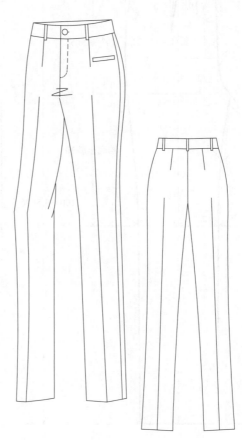

单位:cm

制图部位	制图尺寸
外侧长 (连腰)	100
腰围	68
腰宽	3.5
臀围	90
膝围	42
脚口	41
立裆深	24.5

1. 制图数据

(1) 前腰 W/4+0.5+前省 2=19.5

(2) 后腰 W/4-0.5+后省 3=19.5

(3) 前臀围 H/4-0.5=23

(4) 后臀围 H/4+0.5=24

(5) 前小裆 H/30=3

(6) 后大裆 H/10+0.5=9.5

(7) 前省量 2

(8) 后省量 3

(9) 前省长 10.5

(10) 后省长 11.5

(11) 立裆深 25.5(不连腰)

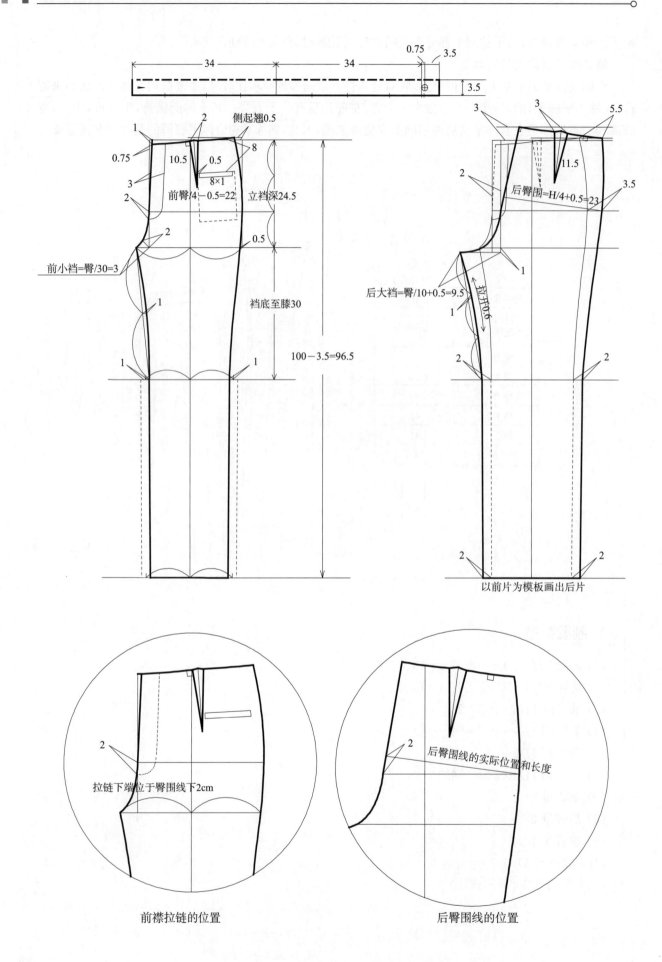

前襟拉链的位置

后臀围线的位置

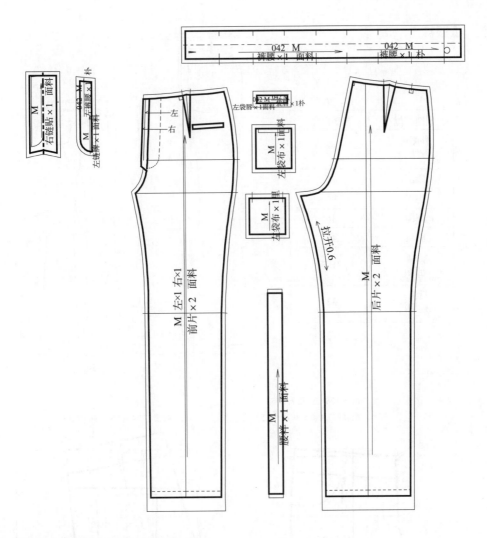

2. 女裤两种基本型制图方法的对比

		女西裤	合体裤
1	整体尺寸	稍大	稍小
2	前小裆	H/24	H/30
3	前小裆弯度控制点	2.5	2
4	后大裆	H/10+1	H/10+0.5
5	前省形式	3cm活褶	2cm省
6	后省量	2.5	3
7	立裆深	25.5	24.5
8	拉链长度	臀围线下1cm	臀围线下2cm
9	脚口	暗线挑脚	明线

第四节　女裤两种基本型的应用

在裤子的两种基本型中,女西裤板型常常用来制作套装和职业装,而合体裤板型则广泛地用于在各种时装裤子的款式,下面主要对合体裤板型做详细的分析。

第一款　低腰裤

制图部位	制图尺寸
外侧长（连腰）	98
腰围	77
臀围	90
膝围	36
脚口	40
前浪（连腰）	21.5
后浪（连腰）	32

单位：cm

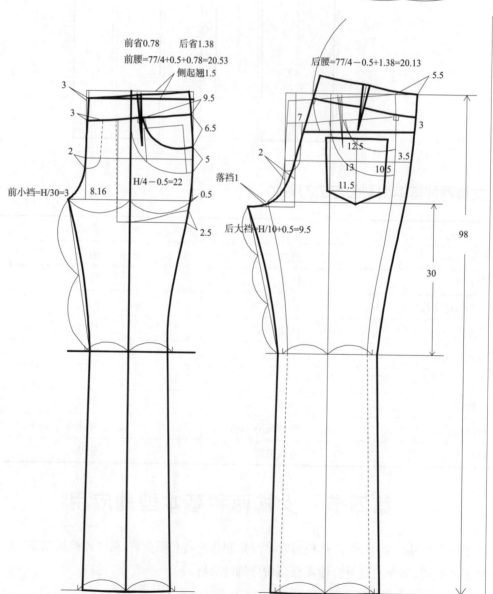

前省0.78　　后省1.38
前腰=77/4+0.5+0.78=20.53
侧起翘1.5
后腰=77/4-0.5+1.38=20.13

前小裆=H/30=3
H/4-0.5=22
落裆1
后大裆=H/10+0.5=9.5

结构分析

1. 低腰裤采用的基本型

低腰裤采用的是合体裤的基本型,在选料和尺寸方面进行了变化,其中主要是对前、后裆的长度和腰围尺寸进行重新设置,使它变成低腰的款式。

2. 各部位的最小尺寸

(1)外侧长:外侧长跟随着低腰程度的不同而发生变化,内侧长度也是同样变化。

(2)低腰裤的腰围尺寸并不是和基本型上低腰分割线完全相等的,而是和消费者的年龄段穿着习惯,以及款式造型的风格不同会有关系。本书中的低腰腰围分两种设置:1. 当前裆为 24cm 时为普通低腰,腰围为 71cm;2. 当前裆长围 21cm 时,为超低腰,腰围为 76cm。

(3)膝围:膝围的最小尺寸为 36cm。

(4)脚口:脚口的最小尺寸为能让脚顺利穿进和脱出,这和脚口的正确测量方式有关。

通过尺寸可以得知,M 码的脚口尺寸为 29cm,当脚口小于 29 cm 时就要考虑在脚口的侧缝上加开衩并加脚衩贴,脚衩贴的做法见下图右:

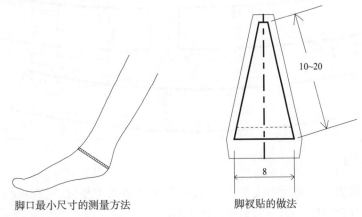

脚口最小尺寸的测量方法　　　　脚衩贴的做法

3. 前裆和后裆的差数

通过实验可以得知:后裆一般比前裆长 10～11cm,有的裤子后裆的长度比前裆超过 11cm,是把前裆的下半部分借到后裆的缘故。

4. 怎样计算低腰裤的前、后腰省和腰围

由于低腰裤的腰越低,前后腰省量就越小,而腰围就越大,前后中线和侧缝线条都有一定的变化,我们在实际工作中,总结出低腰制图的规律,具体方法和步骤是:

第一步:将臀围和腰围的差数即 90－77＝13cm 分散到前、后腰省,侧缝和前后中缝之中,假设这些省量都是平均数,那么就是 13cm 除以 12 等于 1.08cm。

第二步:在这个 1.08cm 的基础上,减去 0.3cm 为前腰省量 0.78cm,加上 0.3cm 为后腰省量 1.38cm。

第三步:我们按公式法计算前腰围＝77/4＋前后差 0.5＋前腰省 0.78＝20.53cm;后腰围＝77/4－前后差 0.5＋后省 1.38＝20.13cm。

5. 前袋布的形状和省位转移

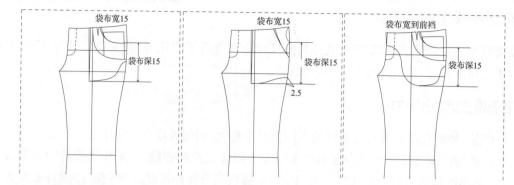

6. 弯形腰的形状

低腰裤的弯形腰形状并不是从底稿上取下来以后就完全一成不变的,它可以根据腰围尺寸和客户要求适当地调整和变化。

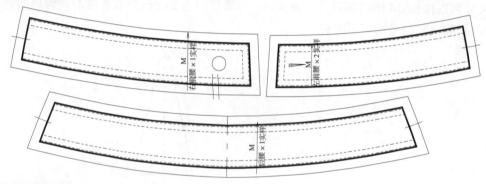

7. 布纹线的方向

前后裤片的布纹线方向和前后中线平行,裤腰的布纹线多数为竖纹,也有一些为横纹,在少数情况下使用斜纹,如果使用斜纹裤腰,则腰的黏合衬仍为横纹。

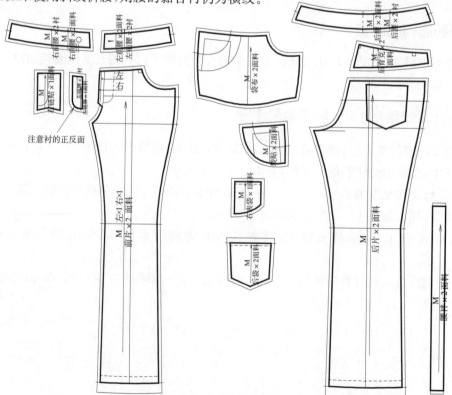

8. 裤片前后互借的处理

把前片的侧缝分割一部分加到后片的侧缝上,这样从正面能在视觉上产生腿部和体型修长的感觉,这种方式我们称为"前后互借",前借后有上下同时互借,也有仅上端进行前后互借。

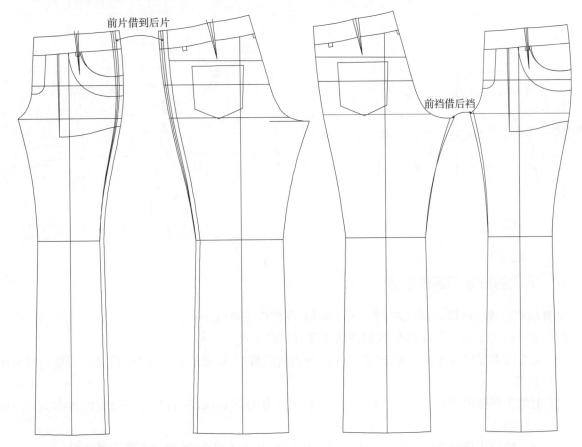

9. 腰的三种形式和裤襻位置

第一种为整体无接缝型,即一片式;

第二种为后中接缝型,即两片式;

第三种为侧缝接缝型,即三片式。

其中以第三种最为常见,这种形式的弯腰弧度可以灵活调节,使腰的上口达到所需要的尺寸。

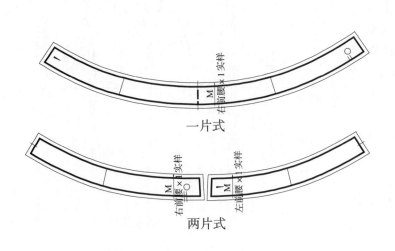

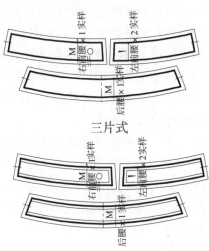

裤腰侧缝裤襻的位置是位于前裤襻和后中裤襻中间的位置,有的低腰裤款式要求后中裤襻的明线线迹要对准后裆左侧的线迹,主要因为左右腰的裤襻的位置会稍有偏差,但是以半腰围来计算,侧腰裤襻仍然在前、后裤襻的中间。

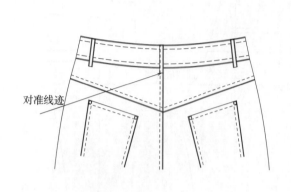

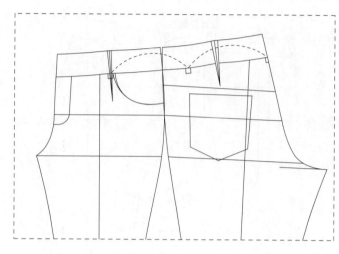

对准线迹

10. 猫须的形成和解决方法

女裤前裆形成的横褶,俗称"猫须"。关于猫须,我们应该知道:

(1)宽松的裤子是没有猫须的,比如西裤就没有猫须现象。

(2)完全没有猫须也并不美观,比如一些高弹力的踏脚裤,就没有任何猫须,但是人们穿着时要用上衣遮住裆部。

(3)有的牛仔裤生产商采取主动的思维方式,加大并夸张猫须,从而有了一种新的洗水方式—猫须洗。

(4)猫须的形成与围度尺寸和前裆弧线的形状有关,围度不可太紧,前裆弧线不可太弯。

另外需要注意的是,如果前后裆的长度不够长,裤子就会出现脚口和裤腿向内弯,裆缝绷紧,就是常说的:"夹裆",解决的方法是把前、后裆都延长一些。

11. 裤子前、后中线的变化

当裤脚比较小的时候,可以把前、后中线平行向外侧移动1~3cm,膝围和脚口也同步向外偏移,这样外侧缝的弯度就会变直,这样做有利于使裤子做好以后侧缝呈直线状态。还可以使外侧缝上端劈量增加,更加适合于低腰裤的无省处理。

现代合体女裤多数是不需要烫出中线的,人体在自然站立或者行走运动时,裤子中线并不是绝对与地面垂直的,而是向外有所倾斜,经过这样处理后的裤子会令人穿着更加舒适。

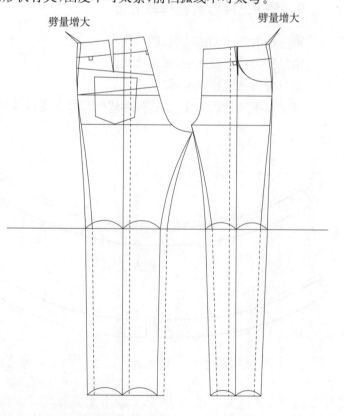

劈量增大　　　　　　　　　劈量增大

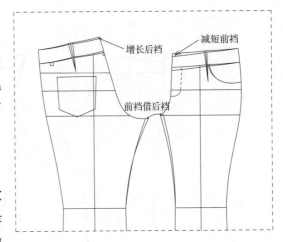

12. 女裤前、后裆长度变化

一般情况下,后裆比前裆长 10～11cm,但是在有些时装化的裤子款式中,会出现后裆比前裆长 13～14cm 的情况,这时除了把前裆借到后裆,还要适当地减短前裆,增长后裆。

13. 裤子臀、腰差的变化

现代女裤往往臀腰差比较小,尤其是外贸的裤子款式最为明显,这主要是受到流行趋势的影响。还有就是经销商从"有卖相"角度来要求减少臀腰差,这样的产品外观上比较平服和顺直。

14. 女裤无省处理

相对来说,通过省位转移,合并腰省的方式来处理臀腰差,达到外观无省是比较好理解的,而对于有些完全无省的款式,要达到贴体效果,需要注意以下五点:

① 利用面料有弹性的特征,减少臀围的放松量;
② 做成低腰款式,有意加大腰围尺寸,这样臀腰的差数就会变少;
③ 适当增加前裆和后裆的倾斜度;
④ 使裤片的前后中线平行向外偏移,使外侧缝上端劈量增加;
⑤ 裤片的腰口可以保留少量吃势。

第二款 偏离中线的裤型

这款裤子为合体裤型,它的款式和板型特点是:

1. 门襟为斜门襟;

2. 外侧缝采用"后借前"的方式,使前片变窄,给人从视觉上产生腿部修长的感觉;

3. 内侧缝也采用了"后借前"的方式,使前、后裆长度的差数变大,以适应流行趋势的要求;

4. 前膝有四个小省。

制图部位	制图尺寸
外侧长(连腰)	98
腰围	77
臀围	90
膝围	38
脚口	36
前裆(连腰)	21
后裆(连腰)	33.5

单位:cm

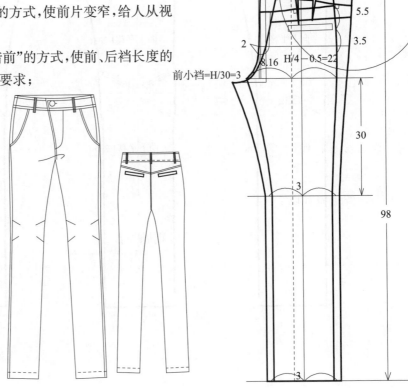

前省0.78 后省1.38
前腰=77/4+0.5+0.78=20.53
侧起翘1.5
5.5
3.5
2
8.16 H/4-0.5=22
前小裆=H/30=3
30
3
98
3

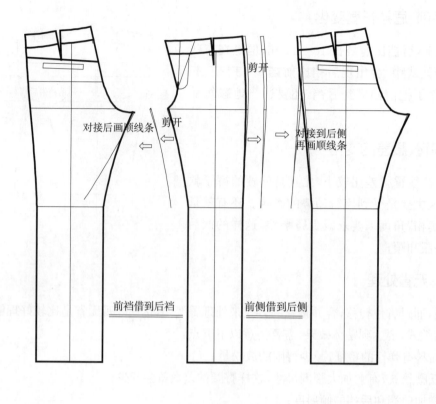

对接后画顺线条

剪开

剪开

对接到后侧
再画顺线条

前裆借到后裆

前侧借到后侧

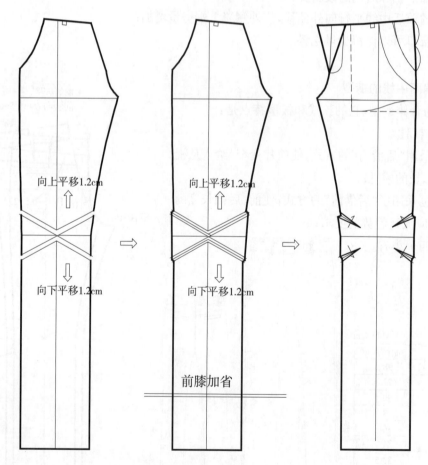

向上平移1.2cm

向上平移1.2cm

向下平移1.2cm

向下平移1.2cm

前膝加省

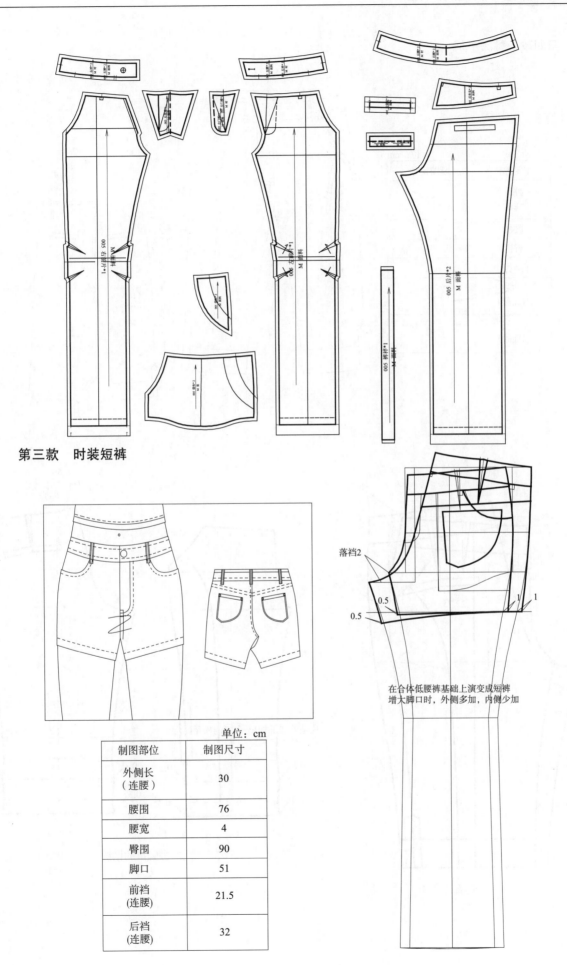

第三款 时装短裤

落裆2

0.5

0.5

1
1

在合体低腰裤基础上演变成短裤
增大脚口时，外侧多加，内侧少加

单位：cm

制图部位	制图尺寸
外侧长 （连腰）	30
腰围	76
腰宽	4
臀围	90
脚口	51
前裆 (连腰)	21.5
后裆 (连腰)	32

第四款　翻脚中裤

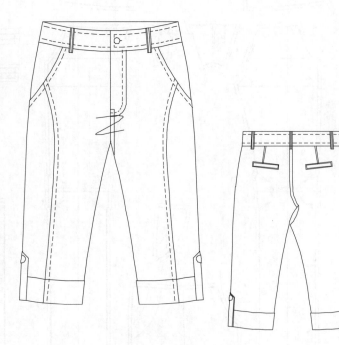

单位: cm

制图部位	制图尺寸
外侧长 (连腰)	55
腰围	77
臀围	93
脚口	44
前裆 (连腰)	21
后裆 (连腰)	32

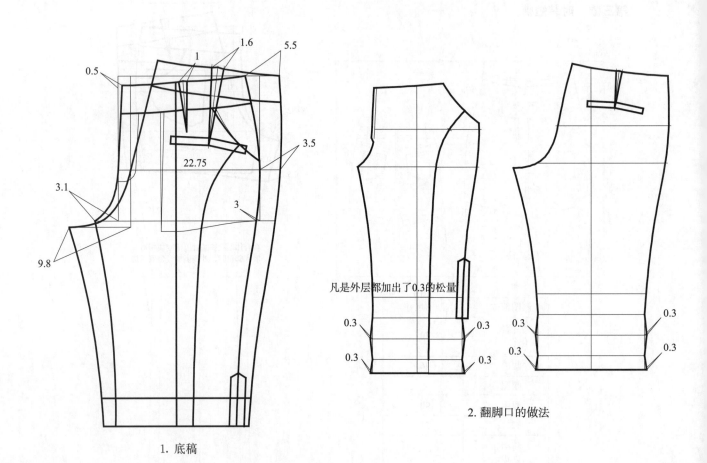

1. 底稿

凡是外层都加出了0.3的松量

2. 翻脚口的做法

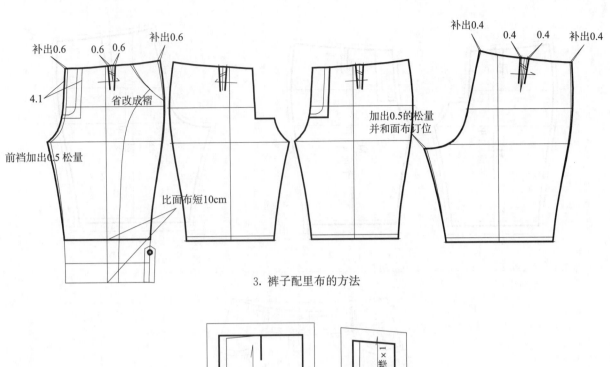

补出0.6　0.6　0.6　补出0.6　　　　　　　　补出0.4　0.4　0.4　补出0.4

4.1

省改成褶

加出0.5的松量
并和面布订位

前裆加出0.5松量

比面布短10cm

3. 裤子配里布的方法

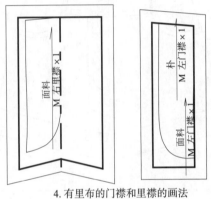

面料 M 右里襟×1

朴 M 左门襟×1

面料 M 左门襟×1

4. 有里布的门襟和里襟的画法

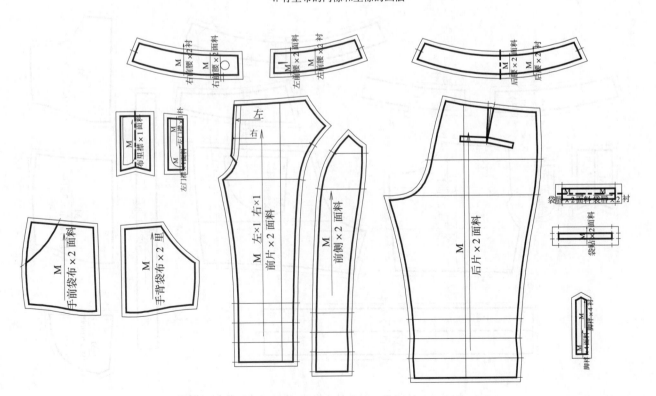

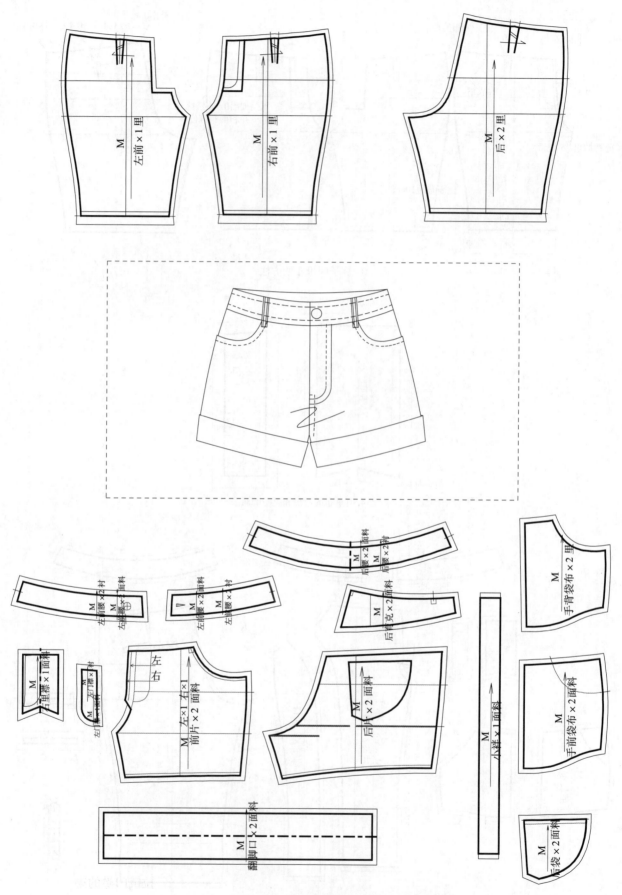

5. 如果短裤的脚口的线条是弧形的,要做单独的翻脚口纸样

第五款　连腰裤

单位：cm

制图部位	制图尺寸
外侧长（连腰）	100
腰围	72
臀围	93
膝围	45
脚口	44
前档（连腰）	24
后档（连腰）	34.5

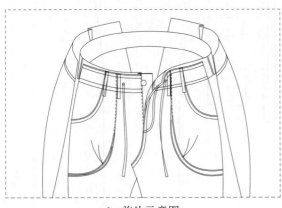

1. 前片示意图

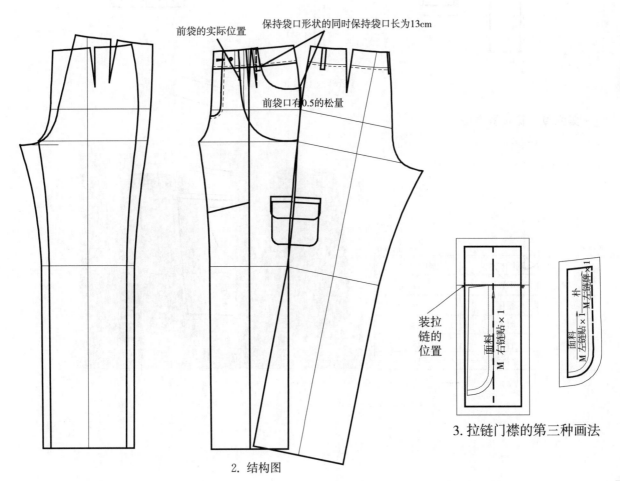

前袋的实际位置

保持袋口形状的同时保持袋口长为13cm

前袋口有0.5的松量

装拉链的位置

2. 结构图

3. 拉链门襟的第三种画法

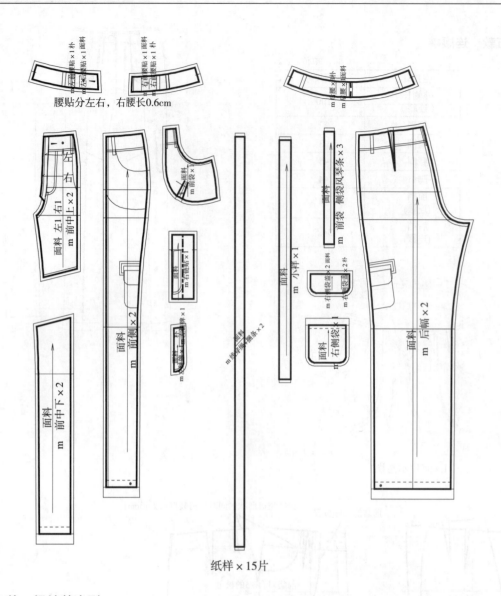

腰贴分左右，右腰长0.6cm

纸样×15片

第六款　裙裤基本型

单位：cm

制图部位	制图尺寸
外侧长	57
腰围	68
腰宽	3.5
臀围	95
立裆深	27

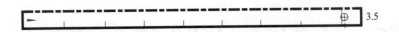

3.5

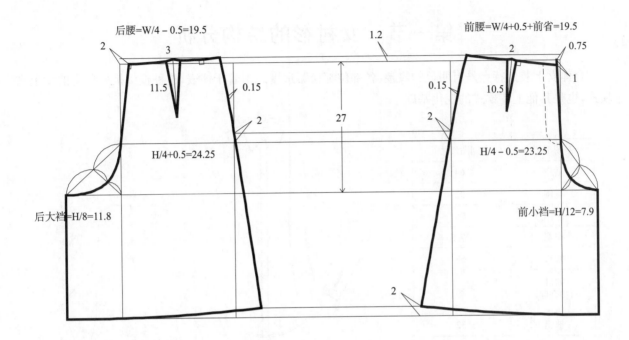

后腰=W/4－0.5=19.5   1.2   前腰=W/4+0.5+前省=19.5

2   3   2   0.75

11.5   0.15   0.15   10.5   1

27

2   2

H/4+0.5=24.25   H/4－0.5=23.25

后大裆=H/8=11.8   前小裆=H/12=7.9

2

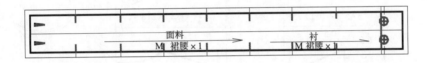

面料
M 裙腰×1   衬
M 裙腰×1

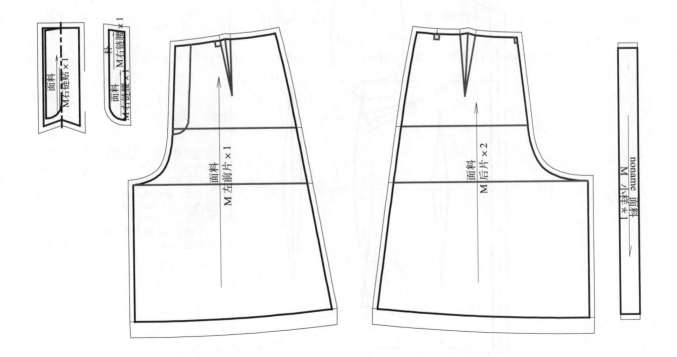

第四章 合体女上装基本型——女衬衫

第一节 女衬衫的结构分析

合体女上装的特点是有明显的收腰,各部位都松紧适度地附着于体表,这种板型是最典型的女上衣款式,也是其他上装款式的变化基础。

单位:cm

制图部位	制图尺寸
后中	64
胸围	92
腰围	75
肩宽	37.5
袖长	58
袖口(扣合度)	20
袖肥	32
袖窿	45

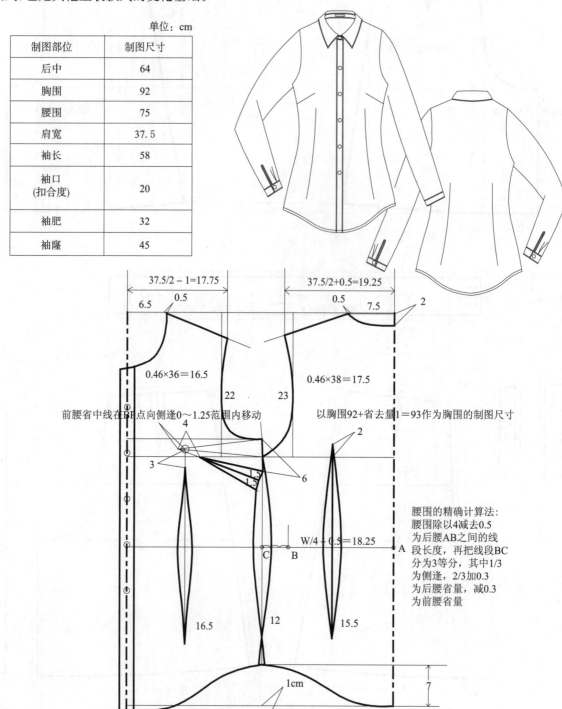

37.5/2－1=17.75　　　37.5/2+0.5=19.25

6.5　0.5　　　　0.5　7.5　　2

0.46×36＝16.5　　　0.46×38＝17.5

22　23

前腰省中线在BP点向侧逢0～1.25范围内移动

以胸围92+省去量1＝93作为胸围的制图尺寸

4

3　1.5　1.5　6

2

W/4＋0.5＝18.25

C　B　A

腰围的精确计算法:腰围除以4减去0.5为后腰AB之间的线段长度,再把线段BC分为3等分,其中1/3为侧逢,2/3加0.3为后腰省量,减0.3为前腰省量

16.5　12　15.5

1cm

7

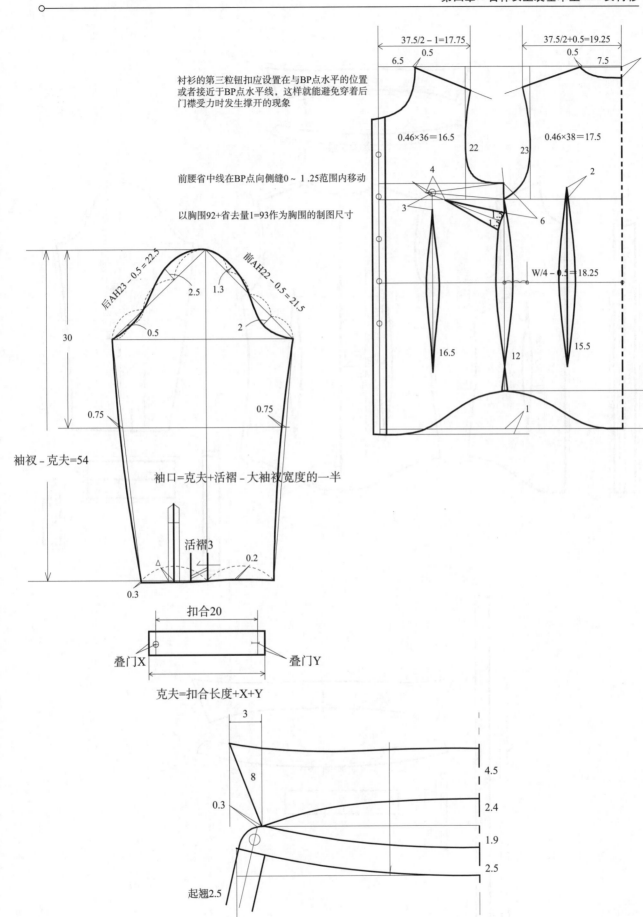

衬衫的第三粒钮扣应设置在与BP点水平的位置
或者接近于BP点水平线，这样就能避免穿着后
门襟受力时发生撑开的现象

前腰省中线在BP点向侧缝0～1.25范围内移动

以胸围92+省去量1=93作为胸围的制图尺寸

37.5/2－1=17.75

37.5/2+0.5=19.25

0.5

6.5

0.5

7.5

2

0.46×36＝16.5

22

23

0.46×38＝17.5

4

3

6

2

W/4－0.5＝18.25

16.5

12

15.5

1

7

后AH23－0.5＝22.5

前AH22－0.5＝21.5

2.5

1.3

0.5

2

30

0.75

0.75

袖衩－克夫=54

袖口=克夫+活褶－大袖衩宽度的一半

活褶3

0.2

0.3

扣合20

叠门X

叠门Y

克夫=扣合长度+X+Y

3

8

0.3

4.5

2.4

1.9

2.5

起翘2.5

前领圈+后领圈=22.5

81

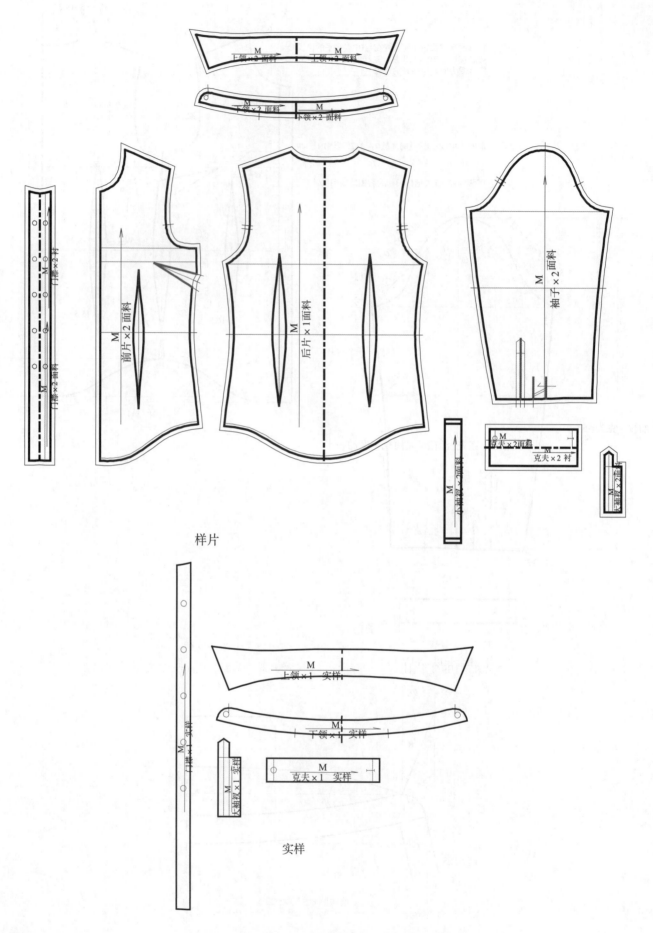

样片

实样

结构分析：

1. 基本型的准确性

基本型建立以后，它的正确性非常重要，缝合后基本型的肩缝、侧缝、腰节线、肩颈点等部位都要和人台的相应的线相符合。

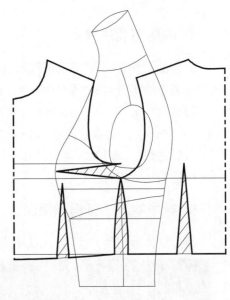

2. 肩宽和袖山的关系

在制作比较夸张的泡泡袖和褶裥袖时，要把肩宽缩进，因为这类袖型包裹了一部分肩头。在实际工作中，为了表现女性的柔美，肩宽缩进的限度有时比较大，最大限度可缩进 3～4cm，这时袖窿线向内偏离了胸宽线和背宽线，这是正常现象。

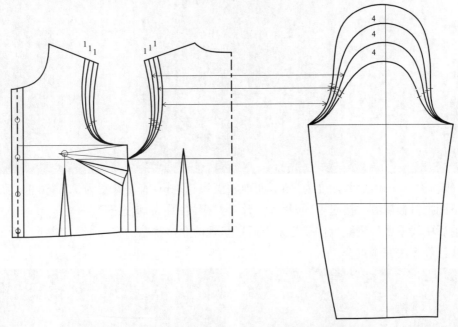

在实际工作中，时装袖山的变化比较大，当袖山增高时，肩宽要同时缩进，肩宽缩进的规律是 4：1 的比例，就是袖山高每增加 4cm，肩宽缩进 1cm（半围计）。那么，当肩宽缩进 8cm 时，肩宽就缩进 2cm，依此类推（特殊的时装款式除外）。

3. 衣身胸围尺寸和省去量

在这一款衬衫的结构图中，由于后腰省的省尖超过了胸围线 2cm，这样就产生了省去的量，在实际工作中要把省去的量加入胸围尺寸中，否则完成后成品尺寸会变小。另外影响成品尺寸的因素还有：

　① 面料的缩水率；

　② 后中剖缝所产生的省去量；

　③ 有的公司要求测量胸围的方式是袖窿底向下 2.5cm 的位置量取胸围尺寸，这样侧缝也产生了省去量。

因此，在制图之前，只有准确的加入省去量，才能保证完成后的成品尺寸和所要求的尺寸相符合。

4. 前胸宽和后背宽

服装的前胸宽、后背宽和胸围都有比例的关系。例如当胸围为 94cm 时,半胸围为 47cm,我们把半胸围分成 100 等分,每一等分为 0.47cm,前胸宽取 36 等分,后背宽取 38 等分,计算方法是:

前胸宽=0.47×36=16.9cm,后背宽 0.47×38=18.6cm。再例如:当胸围改为 98cm 时,则前胸宽=0.49×36=17.6cm,后背宽=0.49×38=18.6cm。

这里的数值 36 和 38 均为百分比,需要注意的是,在一些特殊变化的款式中,前胸宽和后背宽的比例可以适当增大或者减小。

5. 衬衫的基本领横和领深

通过立体裁剪的方法用白坯布可得到前后片的基本图形,见下图:

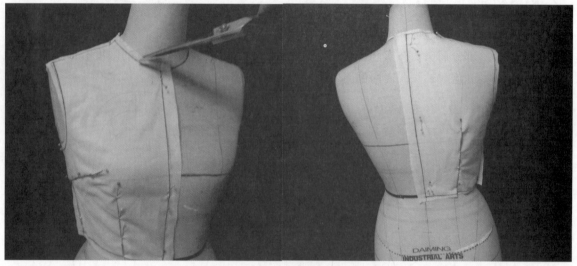

其中,后领横为 7.5cm,后领深度为 2cm,而前领横为 6.5cm,前领深度为 7.5cm,前、后领横的差数为 1cm。左下图把衬衫肩缝拼接起来,前片和后片自然摆放的平面状态。

右下图前后中线重叠把侧缝也拼接起来以后所呈现的立体状态。实际上,肩缝拼合后的前后片、前中线和后中线已经无法完全重合。

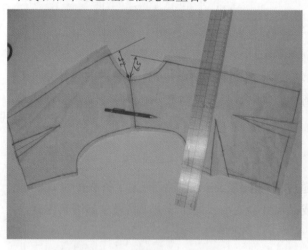
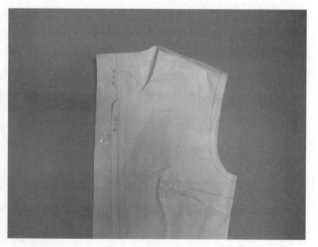

6. 其他款式的领横变化数值

前后领横发生变化时,一定要沿着肩斜线变化,不可以在上平线上直接增大领横,只有这样,才能符合人体的形状。

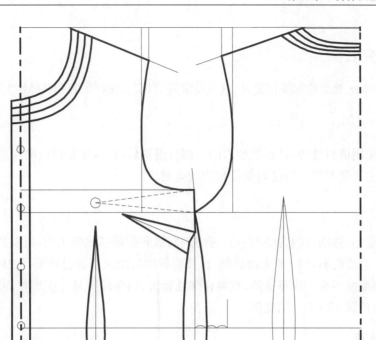

一般情况下,领横都会向外有不同程度的偏移。其中:

旗袍为 0~0.3cm

衬衫为 0.5cm

西装、外套类为 1cm

呢大衣为 2.5~3cm(时装款式会有更大幅度的变化。)

后领深度的偏移量通常是按照领横偏移量的一半来计算,即当领横偏移 1cm,后领深向下移动 0.5;当领横偏移 2cm,后领深向下移动 1cm,依此类推。只有在右面背心款式中,后领深才会有更大幅度的变化。

7. 服装线条的属性

服装线条的属性并非完全固定和相同的,我们把它分为结构线、轮廓线、对称线、辅助线、坐标线、造型线和多变线。其中:

结构线是框架,是固定的,可以通过简单的计算得到。如侧缝线、胸围线、腰围线、摆围线等。

轮廓线就是裁片的实线。

对称线是对称裁片的中心线。

辅助线和实线是相对而言的,是起到辅助的参考、参照作用的线条。

造型线、门襟、下摆、口袋、驳头形状、领圈形状、领嘴形状等,这些部位线条的细微变化都产生不同的效果。

这里我们要重点研究多变线的特点和用法:

多变线是不确定的,灵活易变的,如腰节线、膝围线、肘围线、袖窿线、领深线、连身袖的袖底线等。

以腰围线为例,从肩颈点到腰围线人体的净尺寸为 40cm,在实际工作中常常并不是以正好和腰线水平来做服装的,在做年轻化风格的服装时,常常把腰围线向上移动 2~5cm 左右,这样做给人带来的视觉上更能表现年轻女性的柔美和富有活力。

同样的原理,肘围线和膝围线也会做这样的处理。只是这里的量化是不确定的,需要有实际的体会和总结才能得到最佳的数值。

8. 侧缝线的变化

侧缝线在腰下 12cm 处和轮廓线相交,但这只是常规的状态,在超短装和其他时装款式中将有所变化。

9. 借肩

有的服装款式采用借肩处理,就是把前肩的一部分借到后肩上,使新肩缝向前偏移。
这是因为人们的视觉习惯于肩缝向前偏移比较美观。

10. 肩斜度

通过精密的测量,人体的肩斜为 20°左右,考虑到肩缝向前偏移比较美观,所以我们以基本型的肩颈点为起点,画 15:5 为后肩斜,15:6 为前肩斜,这样肩斜的角度就不会受肩宽尺寸的影响。

另外,肩斜的角度并不是一成不变的,在制作弹性较大、垂性较明显的款式时,可以把前肩斜再倾斜一些,最大限度可以达到 15:7.5 的比例。

11. 领围和领圈

领围和领圈是两个不同的概念,领围是指领子的长度,而领圈是指前领圈和后领圈相加的总和(见下图)。

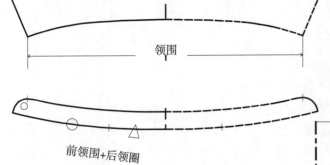

前领围+后领圈

12. 圆下摆的变化

圆下摆的幅度并不是一成不变的,下面分别是 7cm、5cm 和 2cm 的三种圆下摆的图形变化(见下图)。

超短装的下摆形状

衣长比较短、下摆位于腰节线以上的款式称为超短装。超短装的前后下摆仍然相差 1cm,但是后侧缝不再需要侧起翘,而是向相反方向下落 0.5cm,使侧摆仍保持接近 90°的角度(见下图左)。

13. 门襟的变化

衬衫的门襟都多种变化。如:分离型、自自带型、外贴型、折叠型等。

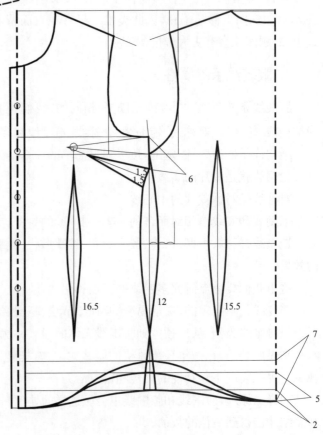

14. 侧缝和腰省的变化 (见下图右)

侧缝的弯度可根据款式要求适当调节,而腰省可在样片内移动位置和改变形状。但是不可直接切除。

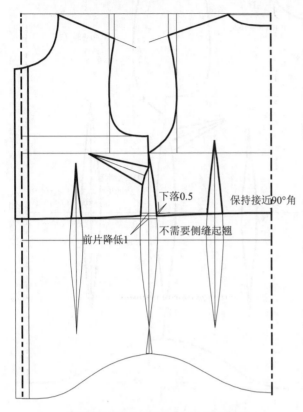

下落0.5

保持接近90°角

前片降低1

不需要侧缝起翘

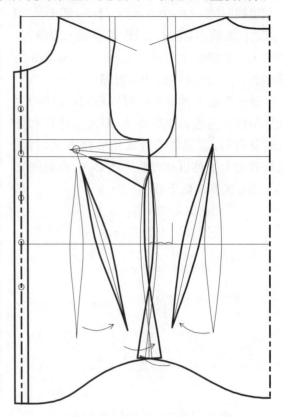

15. 怎样在基本型中加入后肩省

为什么下图此板型中没有前后肩省?

现代时装多数是没有后肩省的,无后肩省的板型原理是加大腰省就等于设置了后肩省,同样的原理增大了胸省和前腰省就等于设置了前肩省,并且我们有意把后肩缝设置得比前肩缝长出 0.3～0.5cm,缝制的时候把后肩缝归拢处理。

另外,制作宽松的款式,当三围的宽松量增加到一定程度的时候,后肩胛骨已经不再明显,后肩省也就失去了存在的意义。少数款式需要后肩省的的时候,我们也可以在基本型上加出后肩省。

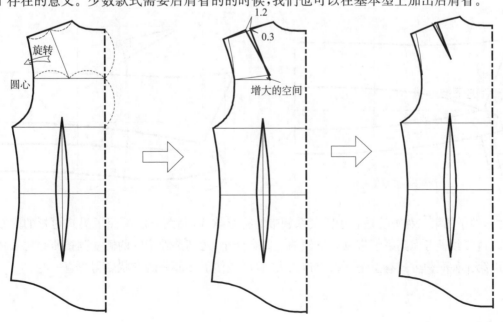

旋转

圆心

1.2

0.3

增大的空间

16. 前、后腰省的计算方法

以腰围 75÷4－0.5＝18.25cm，即 B 点和 C 点之间的距离，把这一段距离分成三等份，其中的 1/3 为侧缝，2/3 的长度＋0.3＝3.3cm 为后腰省，－0.3＝2.7cm 为前腰省。

通过观察人体的形状可以看到，女性的后腰比前腰向内弯的幅度要大，因此在计算和分配腰省量时，后腰省量应该比前腰省量稍大。后腰省的上端可以超过胸围线 2cm，而前腰省的上端省尖则应低于 BP 点 3cm。

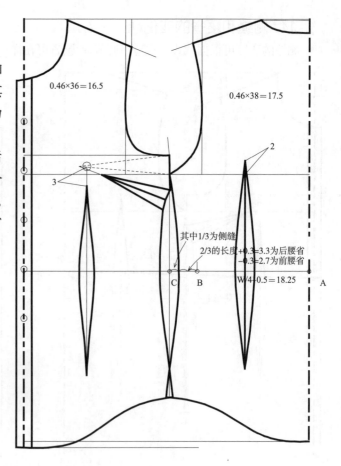

17. 腰节分割线的位置和变化

腰节线是一个多变线，在确定腰节线时并不完全按照人台的测量数值，而是根据具体款式进行变化。

如果上衣的腰节是断开的，那么前腰要比后腰低 1 cm。

当制做年轻化的女衬衫时，腰节线可以上移 2cm 左右（臀围线也随之上移），这样更能表现女性的柔美和活力。

18. 女衬衫配领

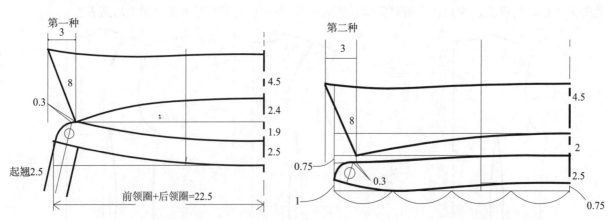

女衬衫领子的第二种方法适合于需要系领带的衬衫款式，制图方法参照了男式衬衫的配领原理和方法，男式衬衫领子考虑到系领带以后下领的上口会变小，尤其是脖子的两侧受到挤压会对人体产生不适感，所以第二种配领方式有意把下领上口放大，也就是使下领部分的形状变得更直一些。

19. 长袖的纸样

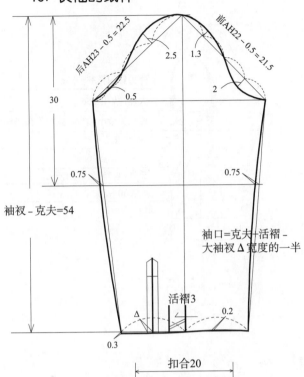

后AH23 - 0.5 = 22.5

前AH22 - 0.5 = 21.5

2.5 1.3

0.5 2

30

0.75 0.75

袖衩 - 克夫=54

袖口=克夫+活褶 -
大袖衩 Δ 宽度的一半

活褶3

Δ 0.2

0.3

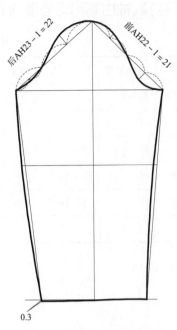

后AH23 - 1 = 22

前AH22 - 1 = 21

0.3

没有吃势的一片袖画法

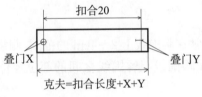

扣合20

叠门X 叠门Y

克夫=扣合长度+X+Y

没有吃势的一片袖画法

20. 袖衩纸样

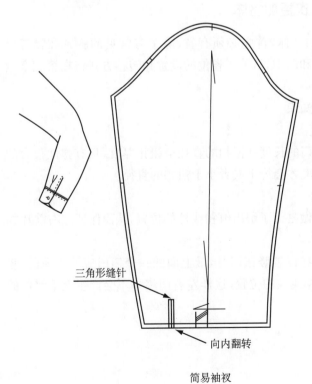

三角形缝针

向内翻转

简易袖衩

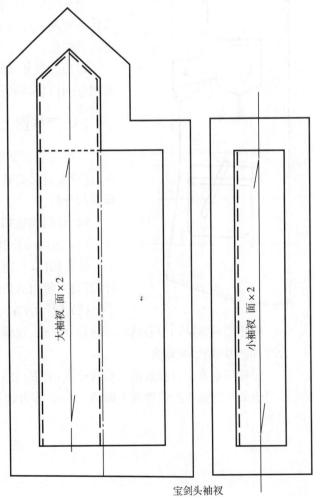

大袖衩 面×2

小袖衩 面×2

宝剑头袖衩

21. 袖窿、袖山高和吃势量的参考尺寸

单位:cm

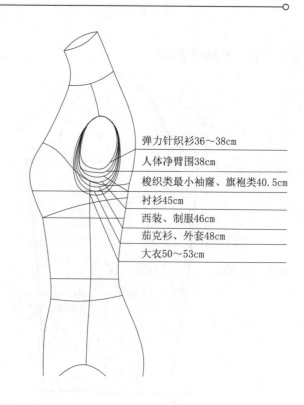

款式	袖窿尺寸	袖山高度	吃势量(总量)
弹力针织衫	38～41	9～13	0～0.5
旗袍	41		1
衬衫	45	13～15	1
西装、制服	46	15～16.5	2～4
茄克、外套	48	15～16.5	0～2
大衣	50～53	15～17	2～3

弹力针织衫36～38cm

人体净臂围38cm

梭织类最小袖窿、旗袍类40.5cm

衬衫45cm

西装、制服46cm

茄克衫、外套48cm

大衣50～53cm

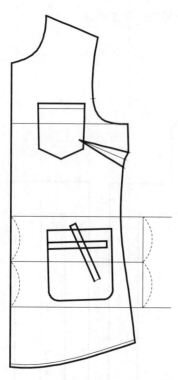

22. 口袋的位置

上衣的胸袋位置通常在胸围线上2～4cm的范围,侧袋的位置考虑到人体手臂的长度,一般在腰围线至臀围线之间的部位定位。时装款式将会有所变化。

口袋的尺寸,如果是装饰性的口袋,则可能很大,也可能很小;如果是实用性的口袋,胸袋一般在8～11cm左右,下袋一般在13～15cm左右。

23. 怎样使上衣更加合体

要想让上衣更加合体,首先必须有省,除了有常见的胸省和腰省以外,还设置有后肩省和前中省,关于省位的设置和转移方式将在第五章做详细的分析。

附:钮门和钮扣知识

(1)钮门的长度

设置钮门时,钮门的长度=钮扣的直径+钮扣厚度,只有弹性很大的针织面料,钮门的长度才会等于或者小于钮扣的直径。

(2)钮门的方向

横钮门应该从前中心线向外偏移0.3cm,这样做是为了留出钉扣线柱的位置,从而保证左右前片扣合时,前中线能够相重合。

竖钮门通常为衬衫或暗门襟的形式,需要注意在设置竖钮门时,最上面的一个钮门应该是横的,竖钮门也要从钉钮扣的位置向上偏移0.3cm作为钉扣线柱的位置,这样左右门襟才不会产生上下错位的现象。

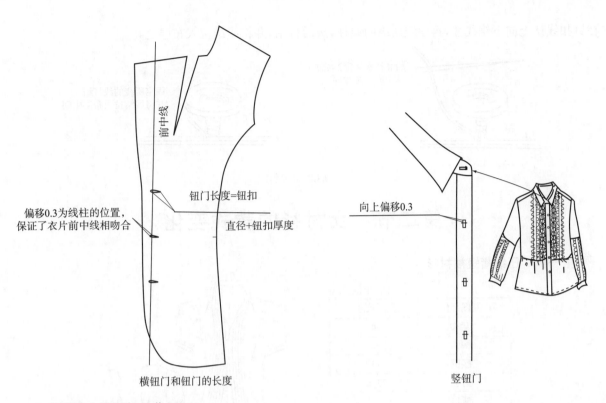

偏移0.3为线柱的位置，保证了衣片前中线相吻合

前中线

钮门长度=钮扣

直径+钮扣厚度

向上偏移0.3

横钮门和钮门的长度

竖钮门

（3）最下一粒钮扣的位置

设置钮扣位置时，考虑到人体的手臂长度，在解开和扣合钮扣时以不需要弯腰为好，最下一粒钮扣一般位于腰节线下 8～15cm 之处，特殊的时装款式将有所变化。

（4）钮扣型号与钮扣直径的换算

钮扣的国际标准按照直径来划分型号，型号与钮扣直径的换算公式是：钮扣直径＝型号×0.625。

例如：20♯钮的直径＝20×0.625＝12.5mm

38♯钮的直径＝38×0.625＝23.7mm

那么反过来，当我们知道了钮扣的直径，也就能推算出它的型号是多少。

例如：15mm 直径的钮扣应为 15÷0.625＝24♯钮

27.5mm 直径的钮扣应为 27.5÷0.625＝44♯钮

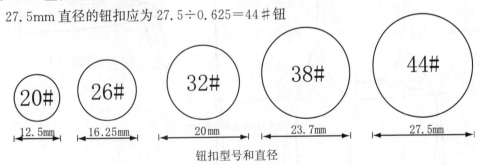

20#	26#	32#	38#	44#
12.5mm	16.25mm	20mm	23.7mm	27.5mm

钮扣型号和直径

（5）钮门的种类

钮门分平眼和凤眼两大类，其中凤眼又分有尾凤眼和齐尾凤眼，齐尾凤眼是在有尾凤眼的后部另外打套结来完成的。

平眼　　　　　　　　有尾凤眼　　　　　　　齐尾凤眼

（6）钮扣的正确钉法

经常见到一些钮扣的钉法是，把钉扣线在扣眼和衣服之间来回穿几道，打结，再剪断。这种方法没有考虑到门襟的厚度，这样，门襟和钉扣线相摩擦，很容易断掉，而使钮扣很快脱落。正确的钉法是应该

在钉扣线从上向下绕线柱,再固定所绕的线柱,然后打结,并将线结拉入布层之间。

钉扣线来回穿2~3次,
从上向下绕线柱

固定所绕的线打结,
并将线结拉入布层中间

钮扣的正确钉法

第二节　女衬衫的款式变化

第一款　压线褶短袖衬衫

单位：cm

制图部位	制图尺寸
后中	64
胸围	92
腰围	75
肩宽	33.5
袖长 （参考尺寸）	
袖口 （扣合度）	30.5
袖肥 （参考尺寸）	
袖窿	46.5

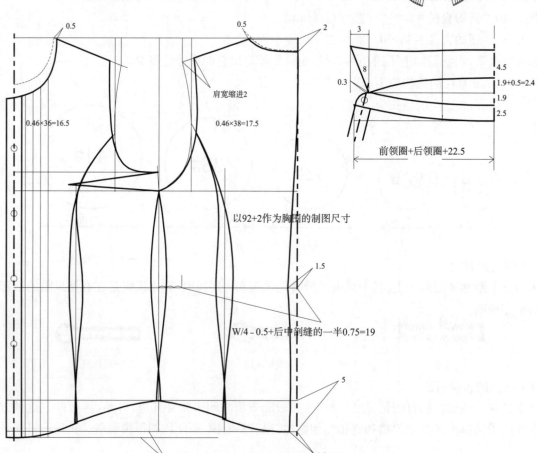

有衩短袖克夫的长度和画法

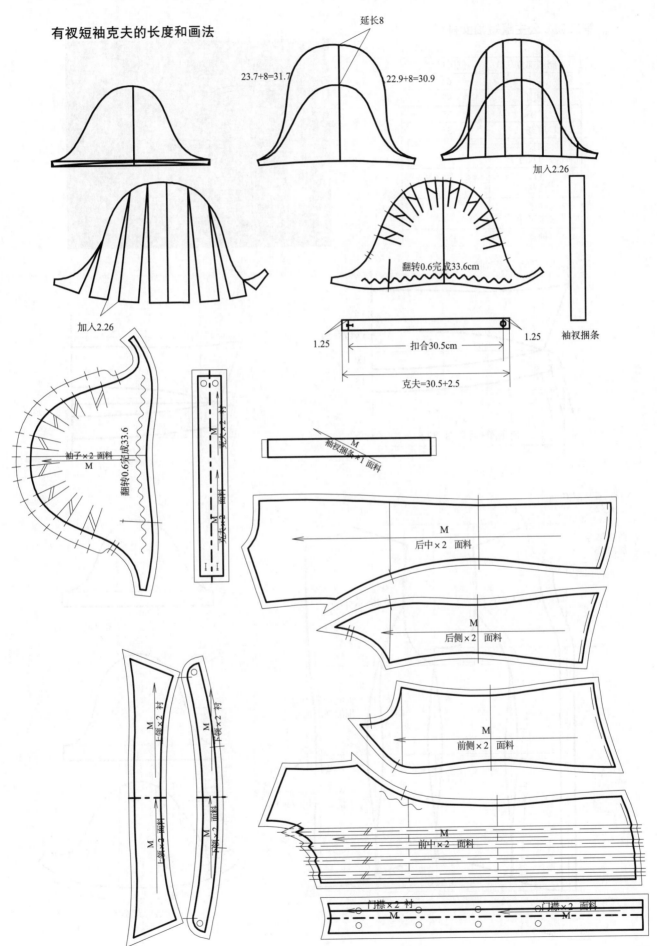

延长8

23.7+8=31.7 22.9+8=30.9

加入2.26

翻转0.6完成33.6cm

加入2.26

翻转0.6完成33.6

1.25 1.25

扣合30.5cm

克夫=30.5+2.5

袖衩捆条

袖子×2 面料
M

袖衩捆条×1 面料
M

M
后中×2 面料

M
后侧×2 面料

M
前侧×2 面料

M
前中×2 面料

门襟×2 衬 门襟×2 面料
M M

上领×2 衬
上领×2 衬

上领×2 面料

上领×2 面料

第二款　公主缝短袖女衬衫

单位：cm

制图部位	制图尺寸
后中	64
胸围	92
腰围	75
肩宽	35
袖长 （参考尺寸）	
袖口 （橡筋）	26
袖肥 （参考尺寸）	
袖窿	45.7

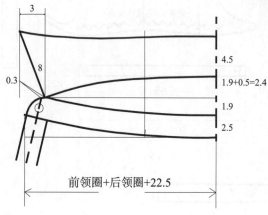

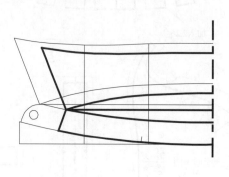

前领圈+后领圈+22.5

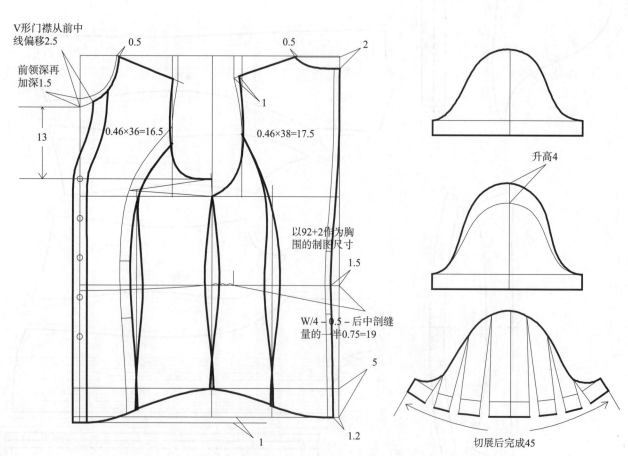

V形门襟从前中
线偏移2.5

前领深再
加深1.5

0.46×36=16.5

0.46×38=17.5

以92+2作为胸
围的制图尺寸

W/4 - 0.5 - 后中剖缝
量的一半0.75=19

升高4

切展后完成45

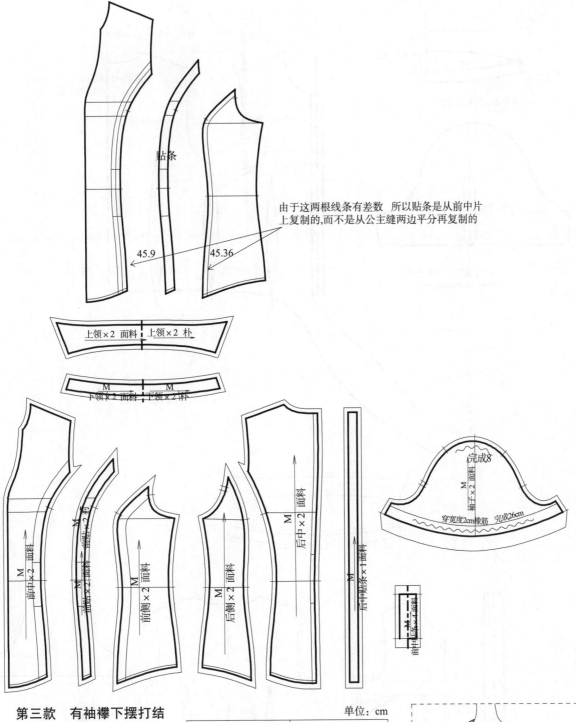

贴条

由于这两根线条有差数 所以贴条是从前中片
上复制的,而不是从公主缝两边平分再复制的

45.9　45.36

上领×2 面料　上领×2 朴

下领×2 面料　下领×2 朴

完成8

穿宽度2cm橡筋　完成26cm

第三款　有袖襻下摆打结

单位：cm

制图部位	制图尺寸
后中	50
胸围	92
腰围	75
肩宽	37.5
袖长	19.5
袖口	31.5
袖肥	32
袖隆	45

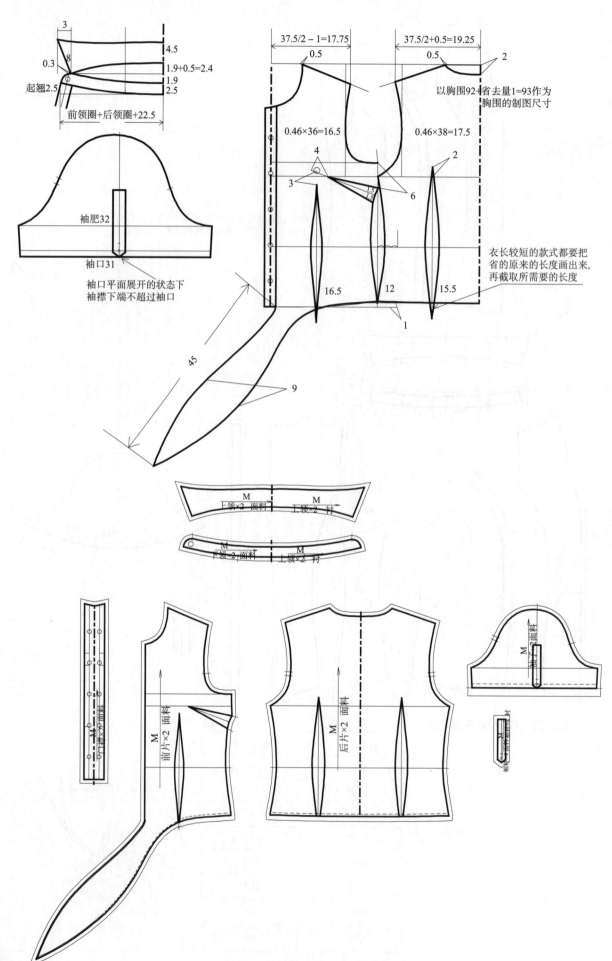

第五章 省位转移

第一节 裙子和裤子转省

　　省位转移简称转省。裙子的腰省可以转移到袋口部位,也可以隐藏到分割缝或者外贴口袋下面;裤子的省位常见的是把前腰省隐藏到袋口部位,后腰省在后育克中合并。总之,省可以转移、分散、隐藏,还可以在裁片内改变位置和改变方向,但是不可以直接切除。

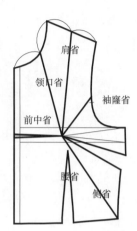

第二节 常规省设置

　　不论上衣还是下装,裁片上的省位都可以向各个方向以不同的方式进行转移,而在实际工作中,以上衣的胸省的转移变化最为常见,下面是一组胸省转移的示意图。

第三节 常规省转移

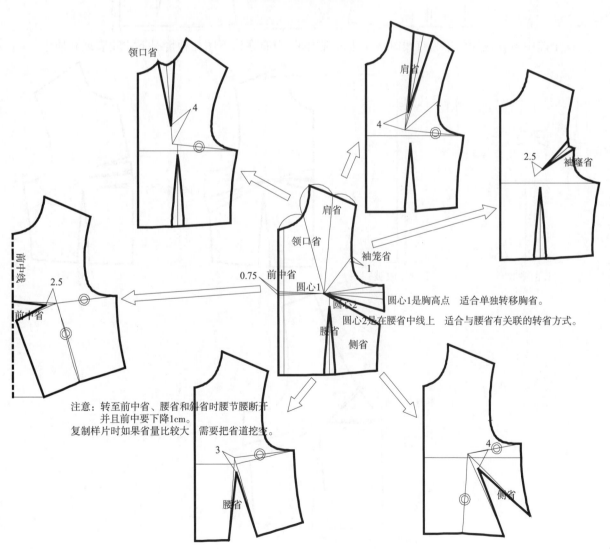

注意:转至前中省、腰省和斜省时腰节腰断开
并且前中要下降1cm。
复制样片时如果省量比较大，需要把省道挖空。

第四节　特殊省设置——前中省

　　前中省作为比较特殊的省位在常规裁片上难以表现出来,所以常常被人们忽略。在基本型模拟试验中,我们发现人体自身存在0.75cm的前中省(见下图)。

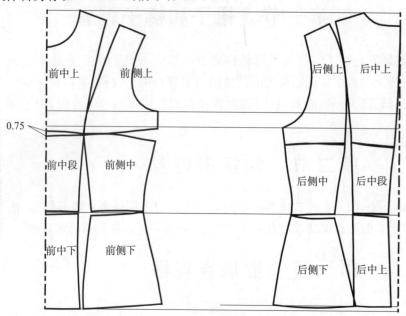

　　这个前中省在裁片前中为直线时就无法表现出来,只有在以下图几种情况下才能表现和使用。

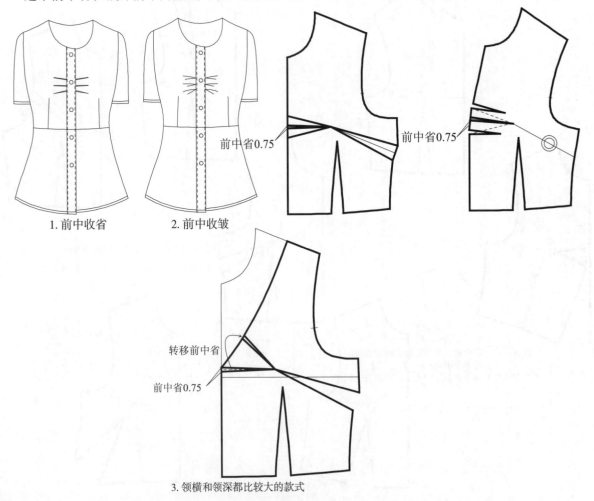

1.前中收省　　　2.前中收皱

3.领横和领深都比较大的款式

第五节　其他转省方式

1. 分散

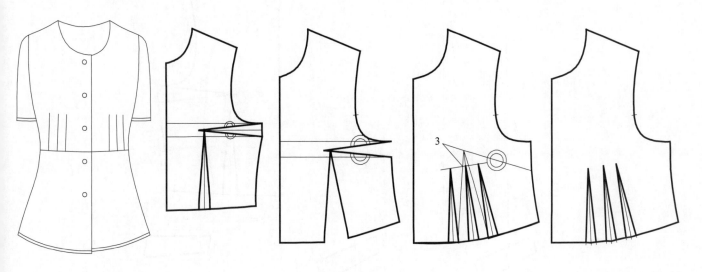

2. 不对称

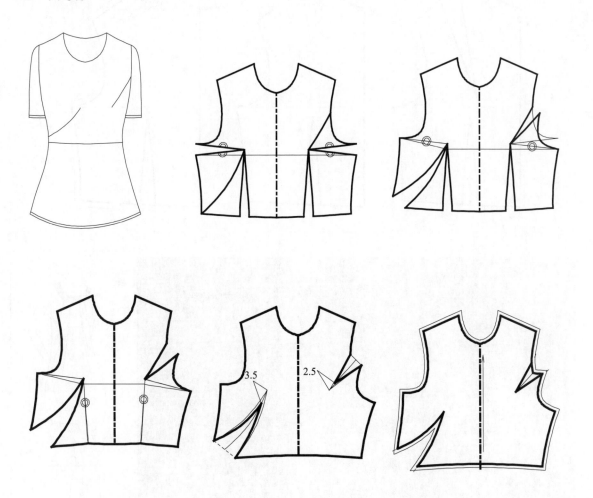

3. 碎褶

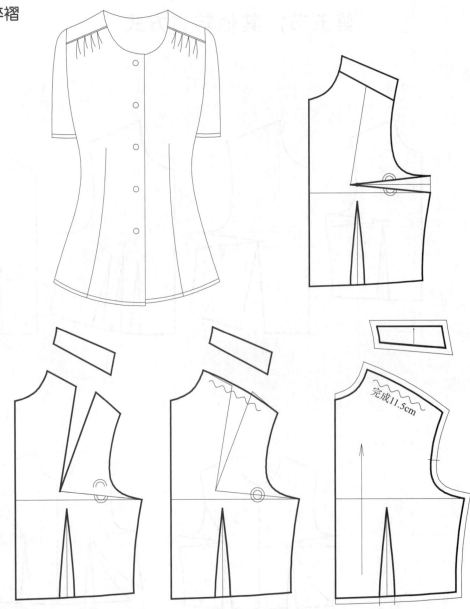

4. 宽褶

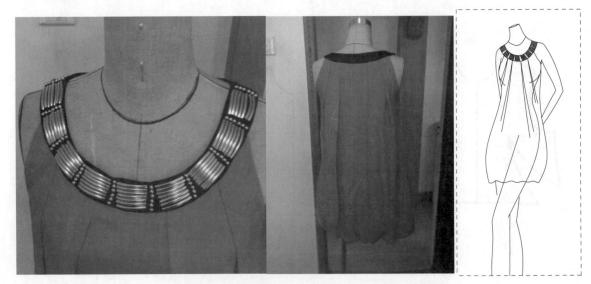

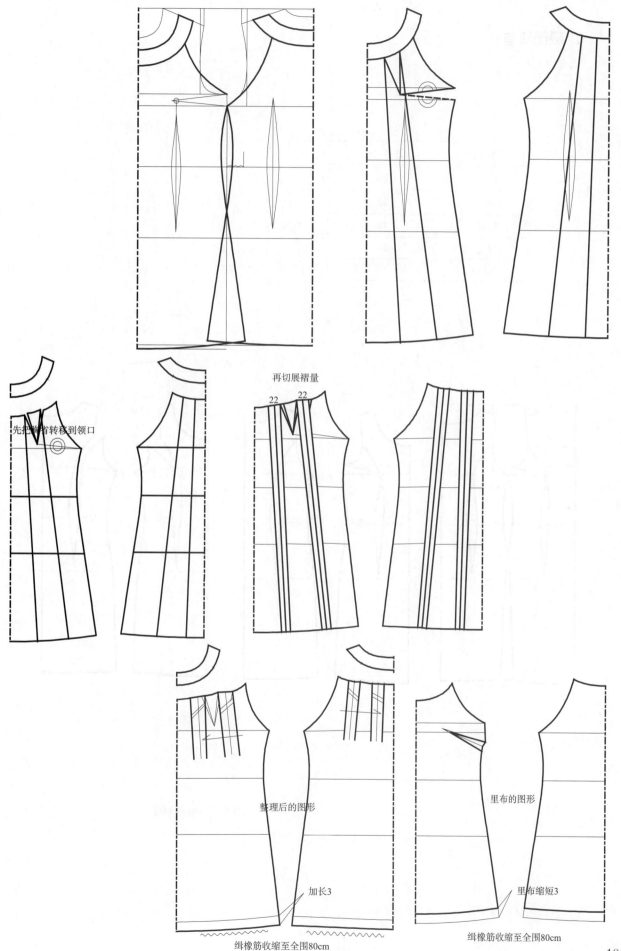

先把腰省转移到领口

再切展褶量

22 22

整理后的图形

里布的图形

加长3

里布缩短3

缉橡筋收缩至全围80cm

缉橡筋收缩至全围80cm

6. 腰部转省

单位：cm

制图部位	制图尺寸
后中	85
胸围	90
腰围	73
肩宽	36
袖窿	43

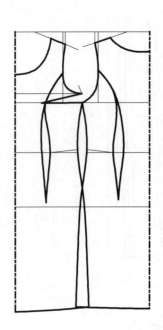
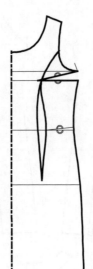
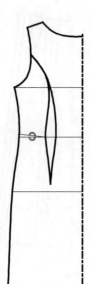
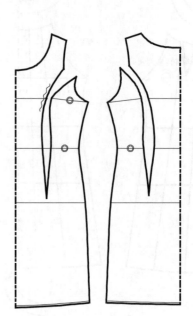

7. 弯形省

单位：cm

制图部位	制图尺寸
后中	85
胸围	90
腰围	73
肩宽	36
袖隆	43

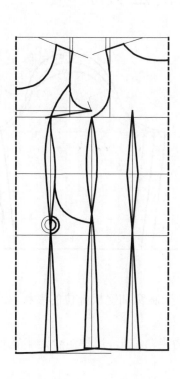

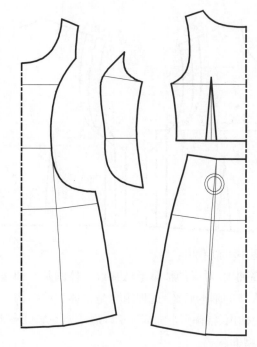

第六章 一片袖的变化

第一节 袖子的种类

袖子的种类从长度方面可分为无袖、短袖、中袖和长袖；从结构方面可分为一片袖和两枚袖；从缝纫特征方面可以分为圆装袖、扁装袖、插肩袖和连身袖。

从外形方面又可以分为泡泡袖、喇叭袖、月牙袖和花瓣袖，还有比较特殊的蝙蝠袖、羊腿袖和企鹅袖等。

第二节 袖山与袖窿的对应关系

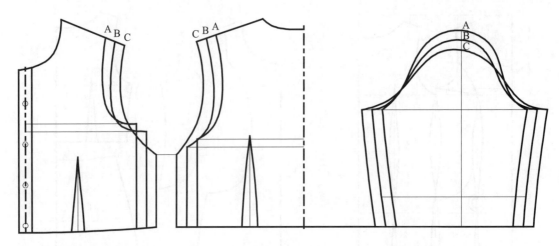

在上图中可以看出：

A是高袖山，对应的袖窿形状接近人体的基本袖窿，即紧贴于腋窝和臂根部位的形状，相应的肩宽也是接近人体的基本肩宽，这种组合是合体型的结构。

B是中袖山，袖窿形状加深变窄，肩端点延长2～3cm，成为半落肩形，这种组合是半宽松型，适用于，半宽松型的款式。

C是低袖山，袖窿形状更深更窄（相比于前面袖子类型），袖窿下部分呈尖形，肩宽成为中落肩或者大落肩，这种组合适合于宽松型的蝙蝠衫款式。

第三节 肩宽缩进的规律

泡泡袖的泡量有多有少，泡量和肩宽有密切的关系，泡量越少时，肩宽就越宽，反之泡量越多时，肩宽就越窄，这是因为泡量包裹了肩头，肩宽变窄表现了女性的娇柔秀美，值得注意的是肩部变窄时，袖山部分的形状应适当加宽加肥，以补充肩部变窄时衣身减少的量。

在实际工作中，时装袖山的变化比较大，当袖山增高时，肩宽要同时缩进，肩宽缩进的规律是4∶1的比例，就是袖山高每增加4cm，肩宽缩进1cm（半围计）。

那么，当袖山增加8cm时，肩宽就缩进2cm，依此类推（特殊的时装款式除外）。

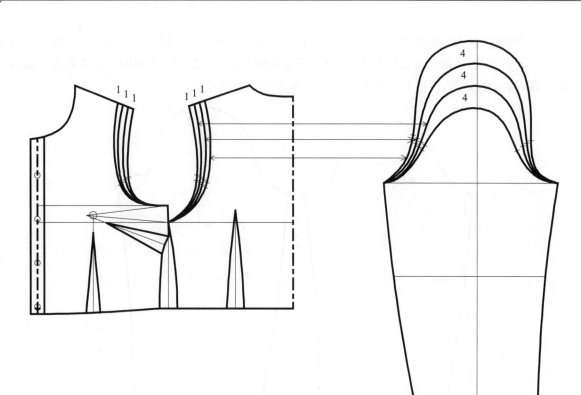

第四节 泡泡袖和灯笼袖

泡泡袖和灯笼袖是最常见的一片袖变化方式,也是其他袖型变化的基础,由于有的服装工具书对于相关图例和理论没有经过实际的验证,从而产生诸多的误导,因此我们很有必要来共同探讨和研究正确的制作方法和理论依据。

第一种 普通泡泡袖

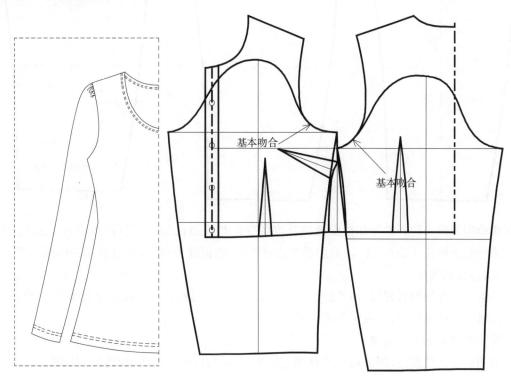

在合体服装中,袖山底部和袖窿底部是基本吻合的,如果在袖肥线上进行分割并拉开,就会造成袖山底部有明显的多量,从而与袖窿底部难以吻合,因此这种方法是错误的。正确的方法应该是在袖山的1/2处稍偏下的位置分割,再将上部分切展开,然后画顺泡泡袖线条。

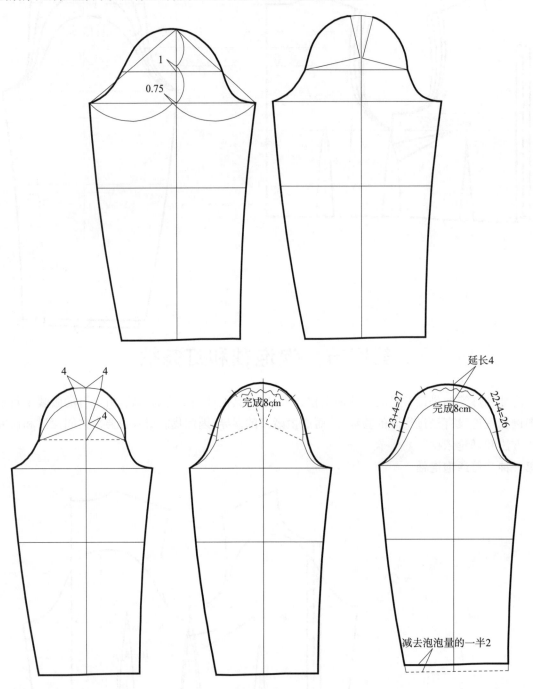

根据实验得知袖山拉开的量和袖山弧线长度的变化是成正比的。即当袖山拉开3cm时袖山弧线同时比原来的弧线增长了3cm(注:以袖山的半边计算)。根据这个规律,可以直接在袖基本型上画出泡泡袖,而无需剪开和展开。

需要注意的是泡泡袖做好后,袖子的长度会变长,这时可用袖长尺寸减去泡泡量的一半,并且袖长尺寸由于很难测出精确尺寸,变成了参考尺寸。

第二种　加宽袖肥的泡泡袖

当泡泡袖的量比较多时,如果袖肥没有规定尺寸,可适当把袖中线切展,再加大袖肥。

第三种　无省折线上倒的褶袖

褶袖的制图方法是先计算出褶量,再升高袖山,然后画顺袖山形状,标出褶符号、褶方向即可。

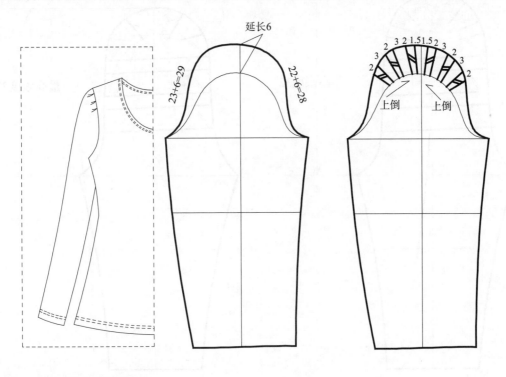

第四种　有省折线上倒的褶袖

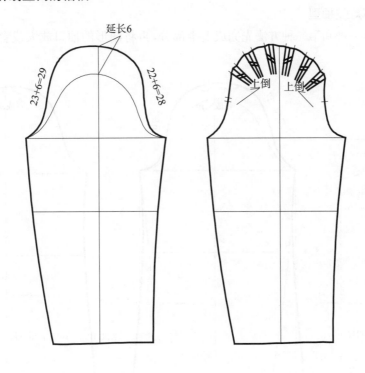

泡泡袖的最高限度的实例

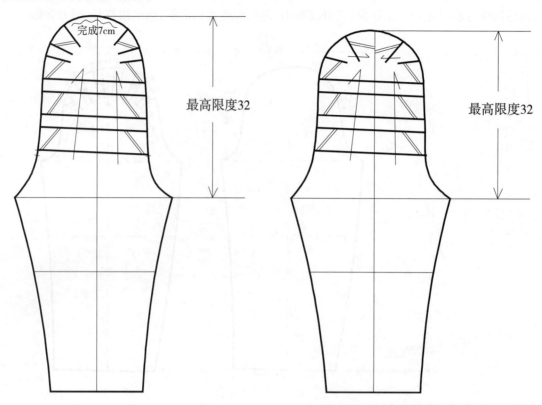

第五种　上泡下灯笼袖型

这种袖型是用第一种和第二种方法先完成上半部分,再将图形的袖口放大或者切展后再加入所需要的量。

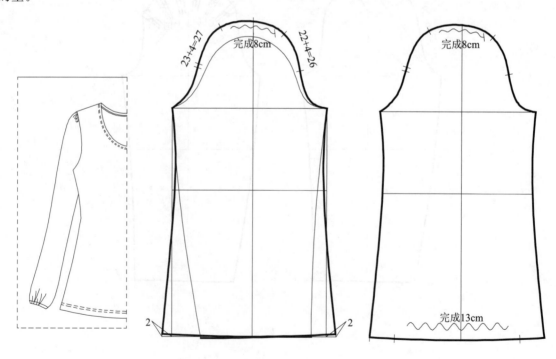

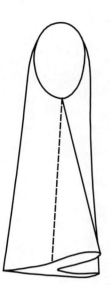

中间太多松量

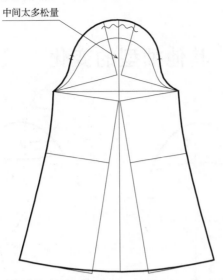

错误的做法

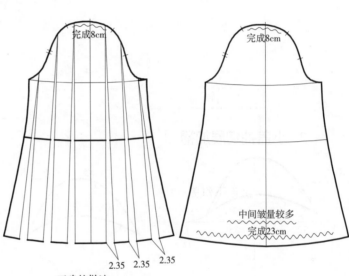

23+4=27 完成8cm 22+4=26

完成8cm

完成8cm

中间皱量较多
完成23cm

2.35 2.35 2.35

正确的做法

第六种 缩橡筋的长袖和短袖

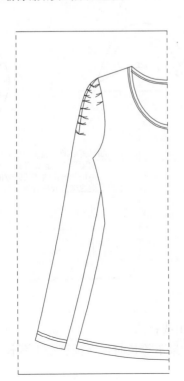

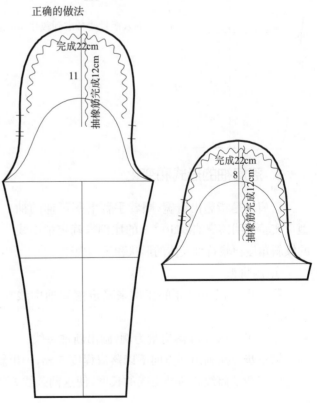

完成22cm
11
抽橡筋完成12cm

完成22cm
8
抽橡筋完成12cm

第五节　其他袖型的变化

1. 小盖袖

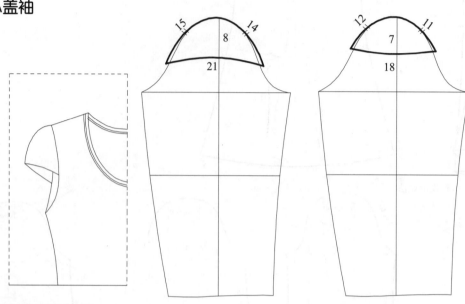

2. 小盖袖切展加褶

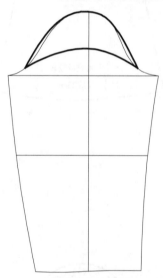
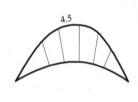
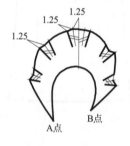

加入褶量要考虑到裁片切展后A点和B点不可太近

3. 落肩袖的形式和变化

落肩袖是指超出肩宽,顺着手臂下落延伸的袖型。实验证明落肩袖以10∶3的比例来确定袖中线的倾斜角度比较符号人体的形状和运动规律。

① 内弯型

第一步　以10∶3的比例来确定落肩袖中线的倾斜度;

第二步　以5cm落肩量为例,画出新袖窿线;

第三步　从袖山顶点向下以落肩程度5cm,画出新袖山线;

调节新袖窿线和新袖山线的长度,使这两条线相等,如果不等长时可在袖肥线上延长。

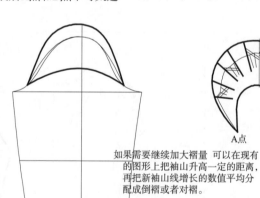
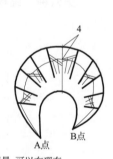

如果需要继续加大褶量 可以在现有的图形上把袖山升高一定的距离,再把新袖山线增长的数值平均分配成倒褶或者对褶。

② 外弯型

③ 直线型

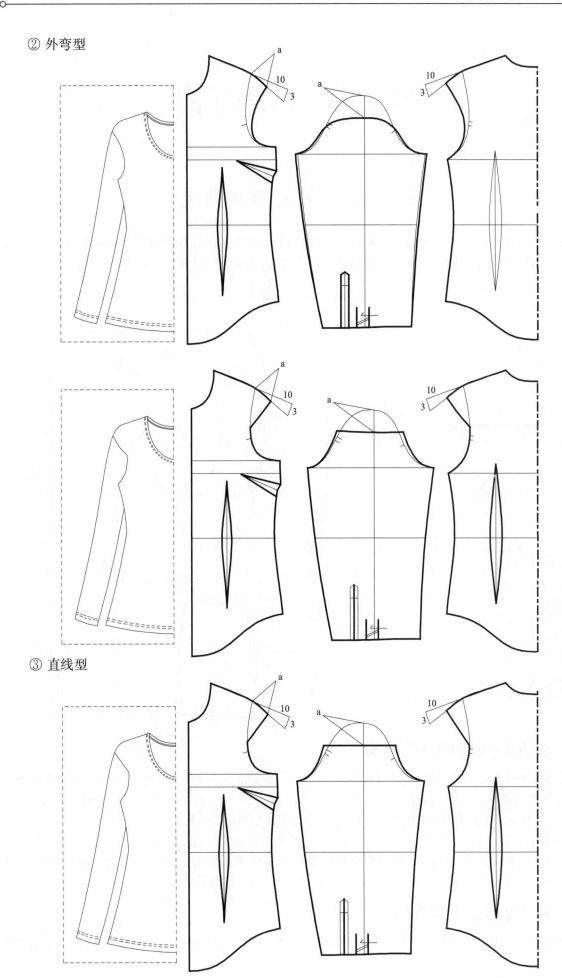

第七章　女西装

第一节　公主缝女西装

公主缝又称刀背缝,源于英国皇妃所喜爱的款式而得名,公主缝结构具有明显的收腰效果,线条柔和顺畅,极具立体感,表现出高雅端庄,充满活力的女性美,是女装中最常见的款式结构。

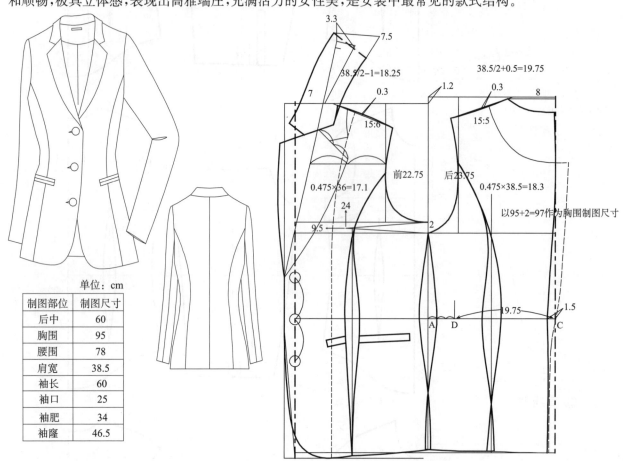

单位:cm

制图部位	制图尺寸
后中	60
胸围	95
腰围	78
肩宽	38.5
袖长	60
袖口	25
袖肥	34
袖隆	46.5

1. 女西装与女衬衫结构的区别

女西装的结构和女衬衫的结构不仅仅是尺寸的变化,首先是上平线的高度变化,是和驳头的深度有关联的,虽然没有绝对的定数,通常的做法是把前上平线下降1.2～2cm,这时由于翻折线是斜纹的,通常会有所伸长而导致这个部位出现空鼓的弊病,而上平线下降减短的数值就是翻折线可能伸长的数值。

同时胸省量也适当减少至2～1cm,这是由于女西装的驳头较深,并且常常是不扣起来的,这样前片会自然向侧边有所移位,从而使前胸出现空鼓的弊病,解决方案是把胸省量减少,前肩斜的斜度加大,并且把前胸宽的百分比值减少至35.5%～35%,而后背宽的百分比值增加至39%。

2. 腰围和下摆围的计算方法

后腰围＝腰围/4－前后差0.5cm＋后中剖缝的一半(加上后中剖缝一半的原理是:假设后中剖缝另

一半在前片上,这样前后侧缝的弧线就成为相同的弯度),即 $78/4-0.5+0.75=19.75$,此为 C 点至 D 点之间的距离,然后把剩余的线段 DA 分成 3 等分,1/3 作为侧缝,2/3 为省量,只是这个省量是平均数据,实际操作中后腰省要比前腰省大,以此线段的长度加 0.3 为后腰省量,减 0.3 为前腰省量,这样,前腰就不需要再次计算,只要按照后侧缝相同的弯度画出前侧缝就可以了。

后下摆的计算方法和后腰围是一样的,只是要在侧摆减去下摆的交叉量。

3. 合体西装袖

这种全新的西装袖绘图法有两个主要的特征:

第一　前袖缝上端固定在 2cm 的位置,不得随意移动,这样,前袖上端就不会出时高时低现象;

第二　由于袖底弧线省从袖窿底部直接复制过去的,所以袖底和衣身真正做到了完全吻合(注意这种袖型的效果非常合体,但是在制图时前、后袖缝的偏移数据不能随意改变。)。

制图步骤

第一步:取下前后、袖窿,并将前、后袖窿对接在一起。

第二步:分别以前、后袖窿的长度画弧线,它们的交点就是袖山高(注意当袖山变成弧线时,这里已经有了 3.5cm 左右的吃势)。

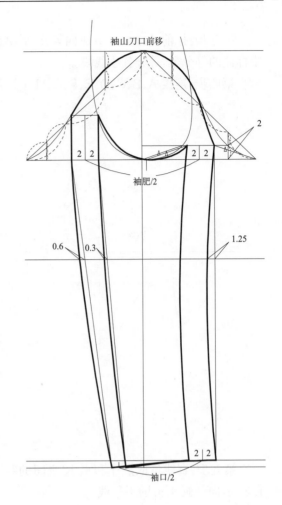

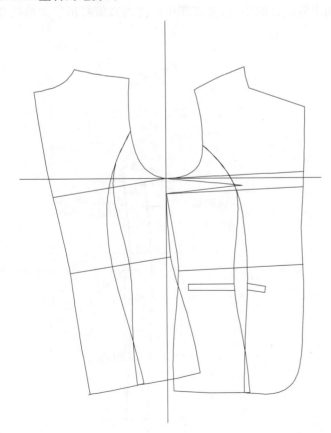

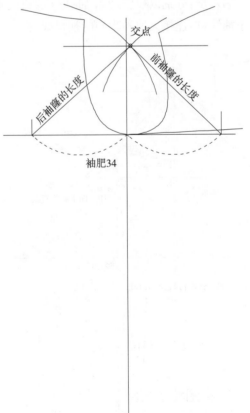

第三步:把前 AH 斜线分成四等分,后 AH 分成三等分,画出上平线,分别垂直连接各线段,再按图中标注的等分数,等分各小线段。

第四步:连接 A、B、C、D、E、F、G、H、I 共九个点为一条曲线。

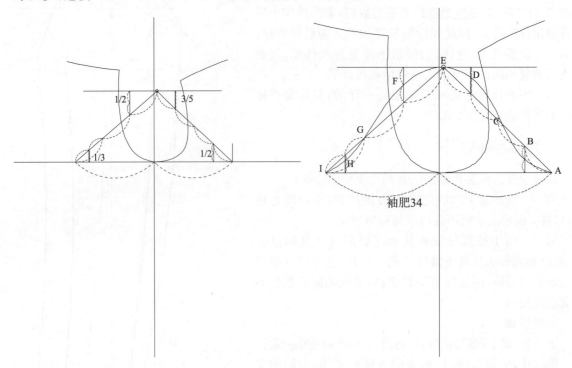

袖肥34

第五步:直线量取点 J 和点 K 之间的距离,并复制到另一端,以 P 向下画垂直线,在袖肘处拉弯 1.2cm,向外画 4cm 的平行线。

第六步:分别以袖肥/2 和袖口/2 的长度画出后袖缝的中点,再按图中标注的数值画出后大袖线和后小袖线,再连接大袖和小袖的袖口线。

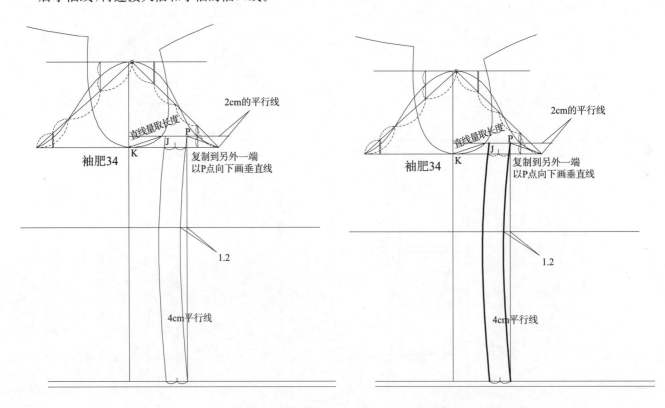

第七步：平移袖底虚线，使点 R 和点 R′重合，连顺各线条，完成底稿。

第八步：提取裁片，打好刀口，加放缝边。

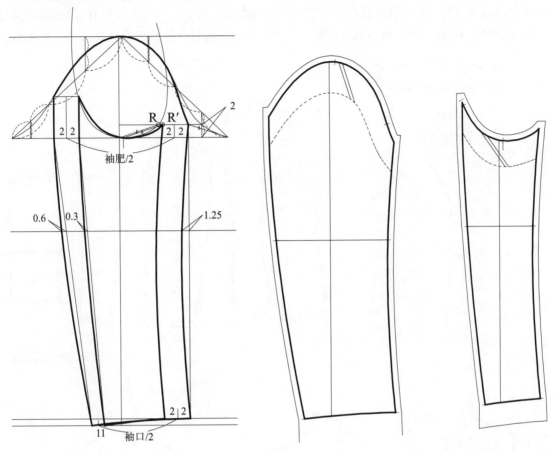

3. 休闲西装袖

休闲西装袖是由一片袖演变而来，它的合体要求不是很高，但制图中的数值可根据实际情况灵活变化。

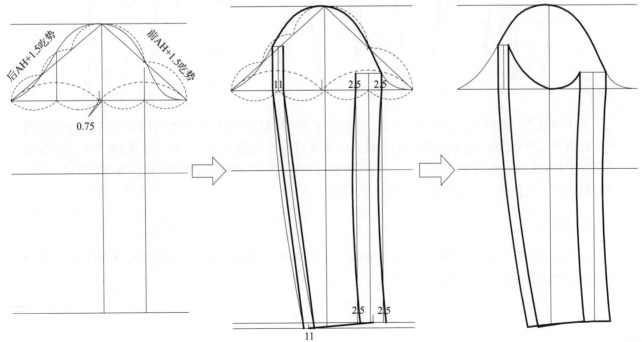

4. 加衬的部位

正统精做高档的的西装黏合衬比较多（见下图），而休闲的、简做的西装往往只有领衬、挂面衬、开袋衬、其他如前片衬、下摆衬、侧片衬、袖山衬、袖口衬等都是根据面料属性或者客户要求灵活应用的。

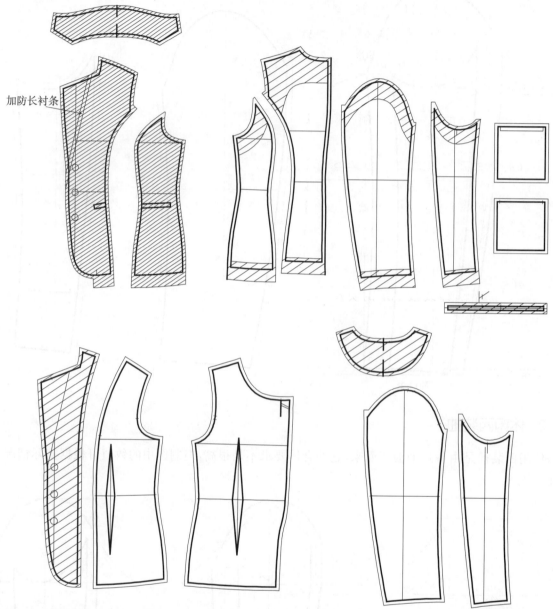

加防长衬条

其中前侧的袖窿衬，后片的后背衬，前、后下摆衬，袖口衬是不需要另外做出纸样的，只需要在这些部位画出衬的符号，同时加上文字说明，这样可以避免因为太多的小裁片而产生混乱，现在许多的服装公司都使用CAD放码，在确定批量生产时，用电脑提取出这些衬的样片，并只要设置为通码即可。而下摆衬料只需一次性裁出5cm宽度的直纹长条就可以了。

5. 垫肩

如果是需要垫肩的，要把前、后肩斜适当调平，垫肩的种类和规格不一样，它们的厚度也不一样，因此上调的数值要根据具体的款式要求来决定。

6. 胸省处理

在公主缝结构图中可以看出,胸省在侧片中采用对接的方式被转移掉,而前中裁片中的省尖却不能转移,这就要求在缝制时对省尖部位进行有意识的归拢,并且在整烫时进行反复归拢,使之完全达到与胸部相符合的造型和功能。

7. 西装配领子

（1）根据款式图的比例来推算领子和驳头的尺寸

在款式图上量出肩颈点 A 到第一粒钮扣点 B 的长度 2.6cm,再量出肩颈点 A 到领子和驳头交点 D 的长度为 0.4cm,用 2.6 除以 0.4 等于 6.5,这个 6.5 是线段 AD 在线段 AB 上所占的比例值。再在底稿上量取肩颈点到第一粒钮扣的实际长度为 33.8cm,用 33.8cm 除以比例值 6.5 等于 5.2cm,即线段 AD 的实际长度为 5.2cm。

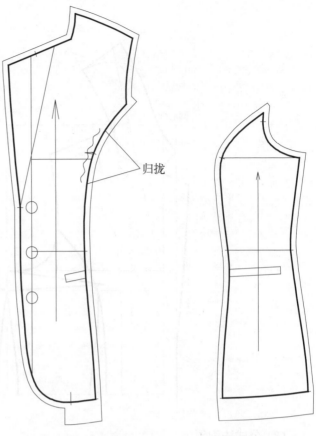

归拢

领子翻转后产生的折角现象

这种根据款式图来推算的方法适合于初学者,当有了一定的打板经验,就可以用目测的方法更加快速的得到各部位的长度和宽度。

（2）透视配领法

透视配领法是模拟了衣服穿着于人体的实际状态,能够得到领子的形状和驳头的形状,还可以精确地得到后领外围的尺寸,从而达到精确、快速配领的目的。

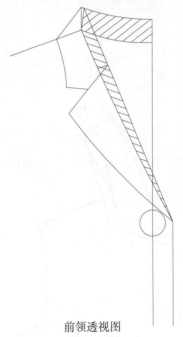

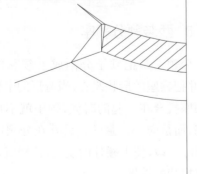

后领透视图　　　　　　　　　前领透视图

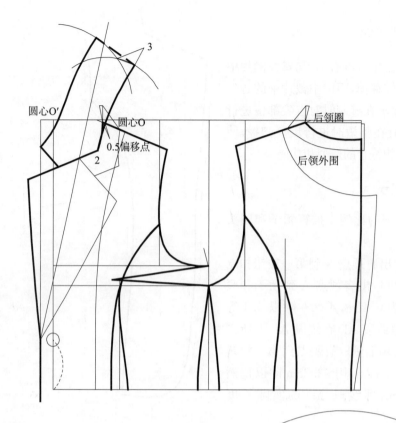

圆心O'　　　　圆心O　　　　　　　　　　　后领圈

0.5偏移点　　　　　　　　　　　　　　后领外围

（3）公式法配领

在了解了领子的立体状态的原理后，也可以用公式法直接、快速配领。

西装领和驳头尺寸不是一成不变的，这里标注的尺寸只是常规的尺寸，当我们熟练到一定程度的时候，就可以根据不同的款式进行变化。

倒伏量用公式（X－Y）÷3×2
即用（领宽－领座高）÷3×2

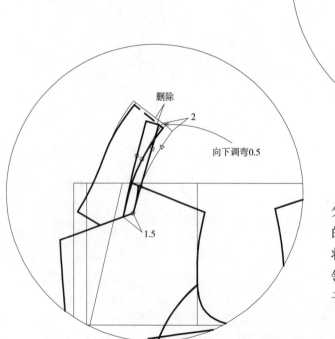

删除

向下调弯0.5

1.5

8. 西装领分领座

分领子是把领子分割成上领和领座两部分，并把领座的形状改直，当弯形的上领和较直的领座拼合在一起的时候，领子就不再是平面状态，而是向一边翻转。另外在分领座时把上领删除一段，使上领外围变短，这样就可以使领子有抱脖的效果。

9. 西装领的变化

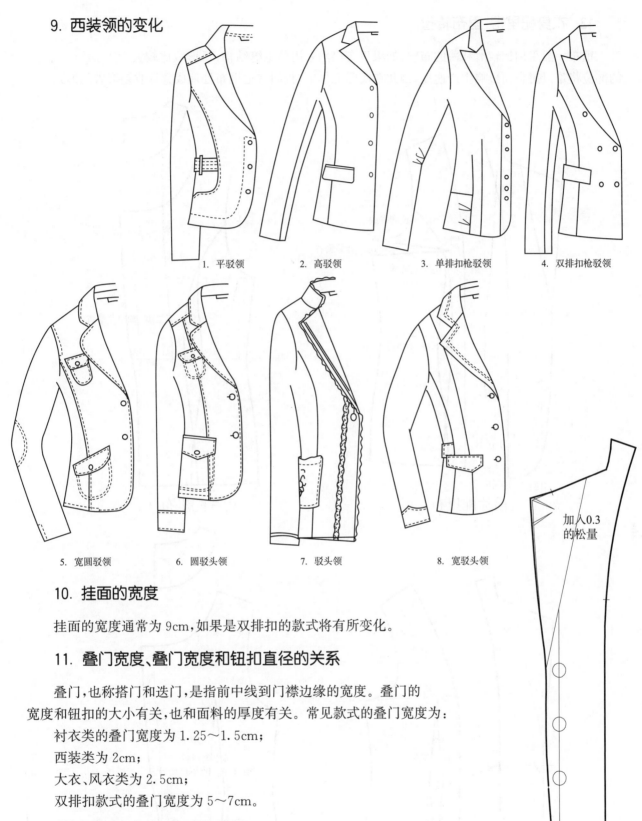

1. 平驳领　　2. 高驳领　　3. 单排扣枪驳领　　4. 双排扣枪驳领

5. 宽圆驳领　　6. 圆驳头领　　7. 驳头领　　8. 宽驳头领

10. 挂面的宽度

挂面的宽度通常为 9cm，如果是双排扣的款式将有所变化。

11. 叠门宽度、叠门宽度和钮扣直径的关系

叠门，也称搭门和迭门，是指前中线到门襟边缘的宽度。叠门的宽度和钮扣的大小有关，也和面料的厚度有关。常见款式的叠门宽度为：

衬衣类的叠门宽度为 1.25～1.5cm；

西装类为 2cm；

大衣、风衣类为 2.5cm；

双排扣款式的叠门宽度为 5～7cm。

12. 挂面驳头加松量（见右图）

为了使挂面能自然翻转，要在驳头处加 0.3cm 的松量，另外，挂面内侧因为要与里布拼合，这样会产生收缩量，所以要把挂面下端加长 0.5cm，否则前下摆会出现起吊的现象。

加入0.3的松量

0.5

13. **衣身配里布,里布转省**

里布一般采用比较滑和薄的布料,如果里布仍然采用公主缝结构,弧形线比较大
的部位将难以拼合而影响生产速度,因此在实际工作中,我们常把里布处理成整片收菱形省的形式。

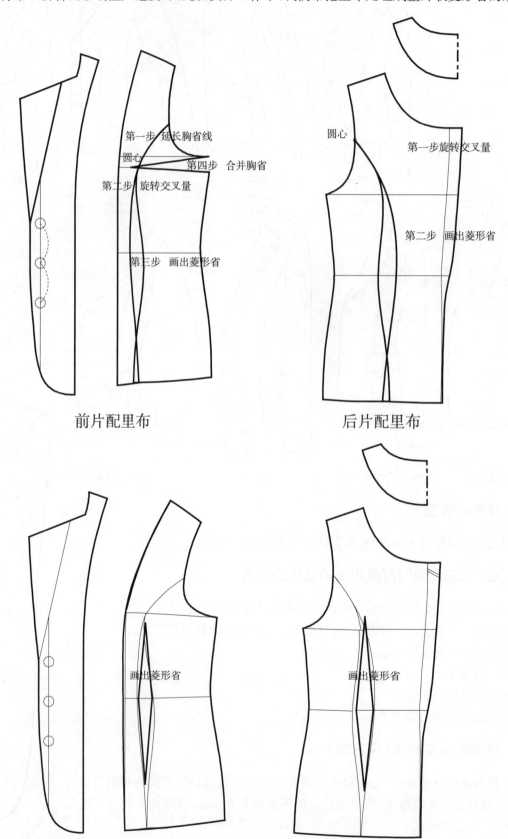

前片配里布　　　　　　　　　后片配里布

14. 袖里布加松量

袖里布加松量可以达到两个目的：(1)由于袖窿底部的缝边是直立的，它占有一定的空间，袖里布的底部上移1.5cm可使面布更加平服顺畅；(2)由于里布是由一些比较薄而滑的材料做成，如果和面布一样有3cm的吃势就很难缝纫，袖窿底部上移，可以同时减少里布袖山的吃势。

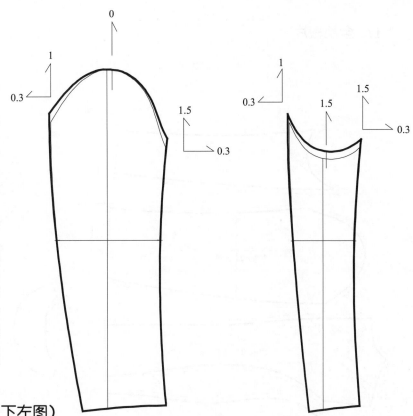

15. 里布后中线的形状(下左图)

16. 圆形领脚线的西装领(下右图)

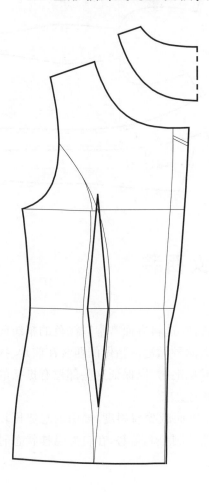

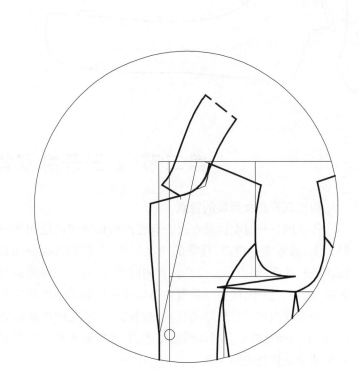

17. 全部裁片

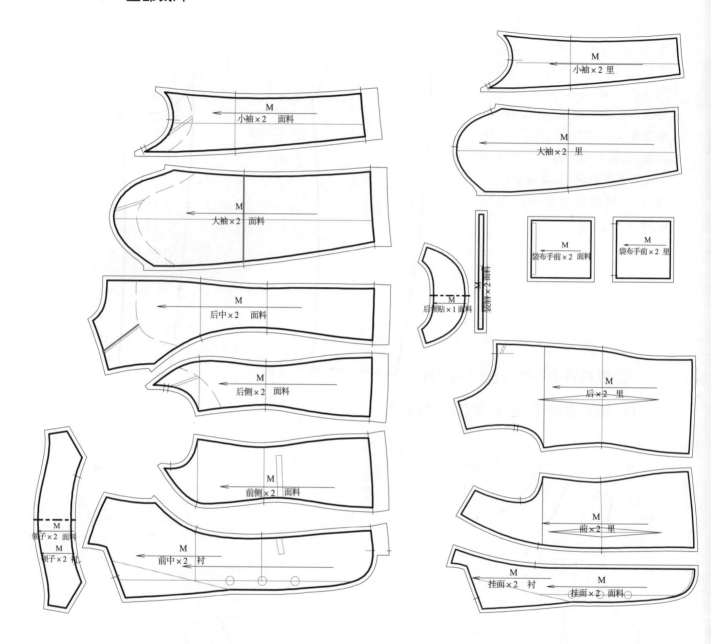

第二节　三开身双排扣女西装

传统三开身女西装的特点

传统的三开身女西装在过去有着严格而固定的绘图和制作模式,在选料方面常常以深色的精纺面料为主,着重表达内敛、优雅的内在气质,在缝制方面分精做与简做两种做法。精做的西装在前片、挂面、领子、袖窿、袖山等部位都黏有相同型号、有一定弹性的马尾衬或拉毛衬,以保证这些部位有挺括的效果,而对于领子、驳头的造型和串口线的缝制和整烫都有非常严格的要求。

传统女西装都有较厚的垫肩(肩棉),在制图时要根据垫肩的厚度而减少肩斜度,袖山的吃势比较多,袖子与袖窿缝合后再加弹袖棉条,完成后要求袖子有明显而自然的圆势和盖势,在自然悬挂状态时要求袖子盖住袋盖的一半。

在女装走向时装化,款式多姿多彩的今天,传统三开身女西装以独特的三开身结构和标志礼仪性的枪驳领型、精致的做工,对于我们研究女时装、制服、职业套装和礼服都有不可忽视的借鉴和指导意义。

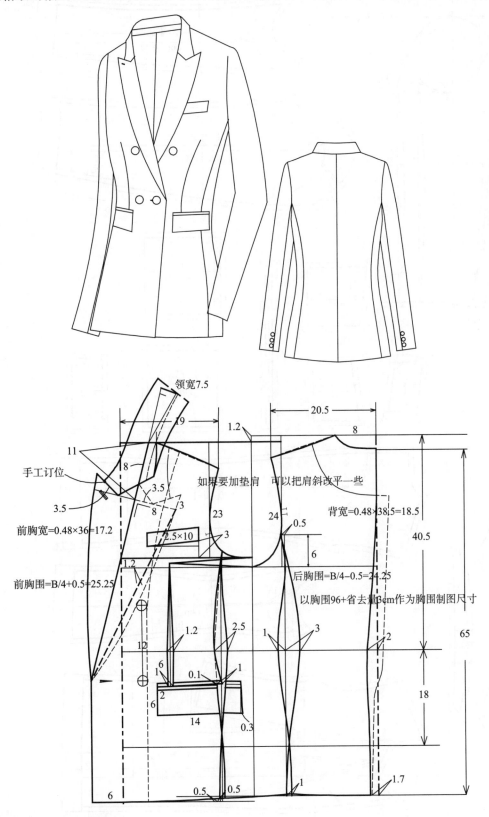

精确计算的三开身的腰围

以胸围 99cm(含省去量)－腰围 79.5cm ＝19.5cm,再除以 2 等于 9.75cm 是胸、腰差。其分配为:后中 2cm,后腰 4cm,前腰 2.5cm,胸下省 1.25cm。注意,这些数值在特殊款式中会有所变化。

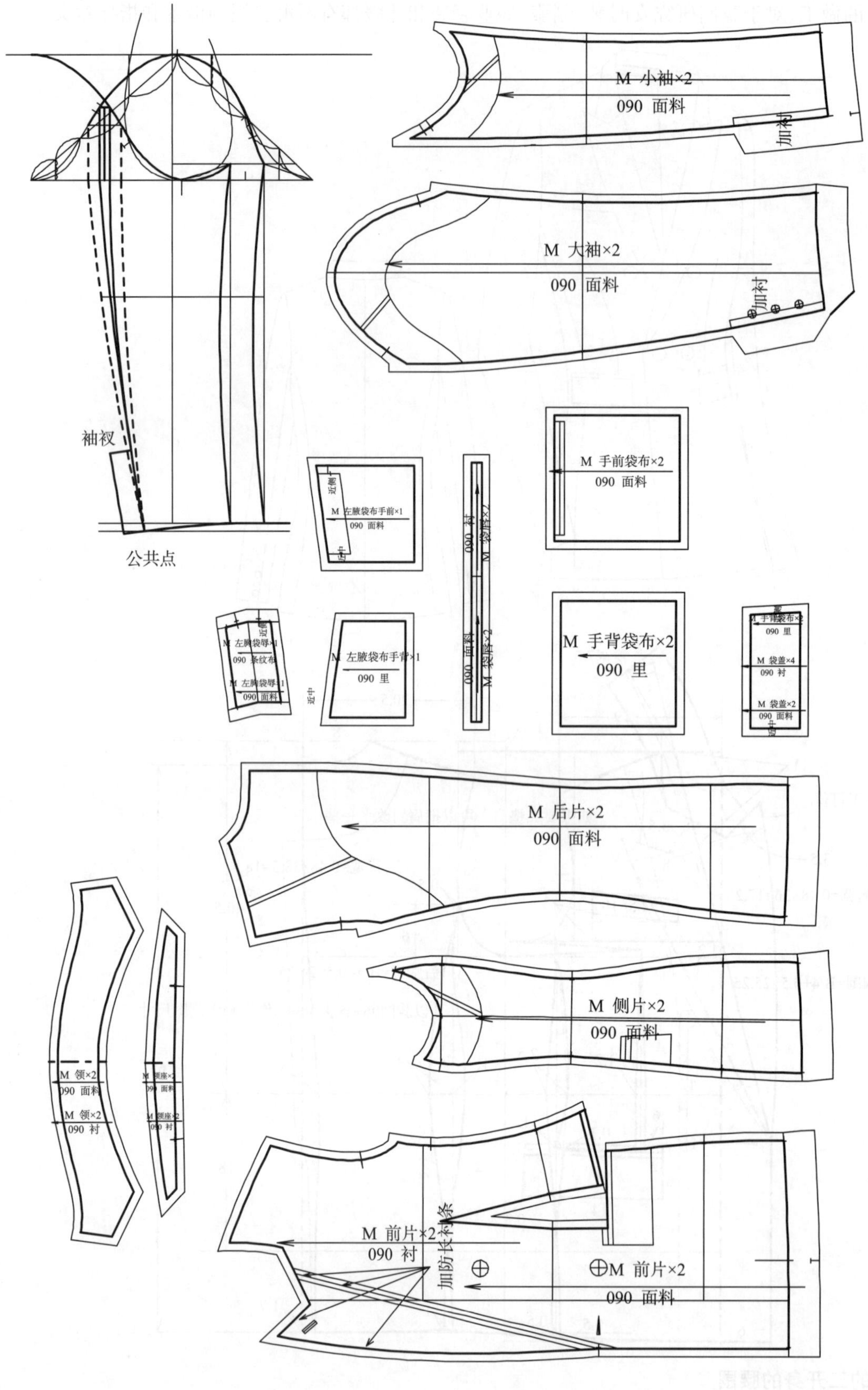

M 小袖×2
090 面料
加衬

M 大袖×2
090 面料
加衬

袖衩

公共点

M 左腋袋布手前×1
090 面料

M 手前袋布×2
090 面料

M 左腋袋布手背×1
090 里

M 手背袋布×2
090 里

M 左腋袋垫×1
090 系纹布
M 左腋袋垫×1
090 面料

M 手背裂袋布
090 里

M 袋盖×4
090 衬

M 袋盖×2
090 面料

M 后片×2
090 面料

M 侧片×2
090 面料

M 领×2
090 面料
M 领×2
090 衬

M 领座×2
090 面料
M 领座×2
090 衬

M 前片×2
090 衬

加防长补条

M 前片×2
090 面料

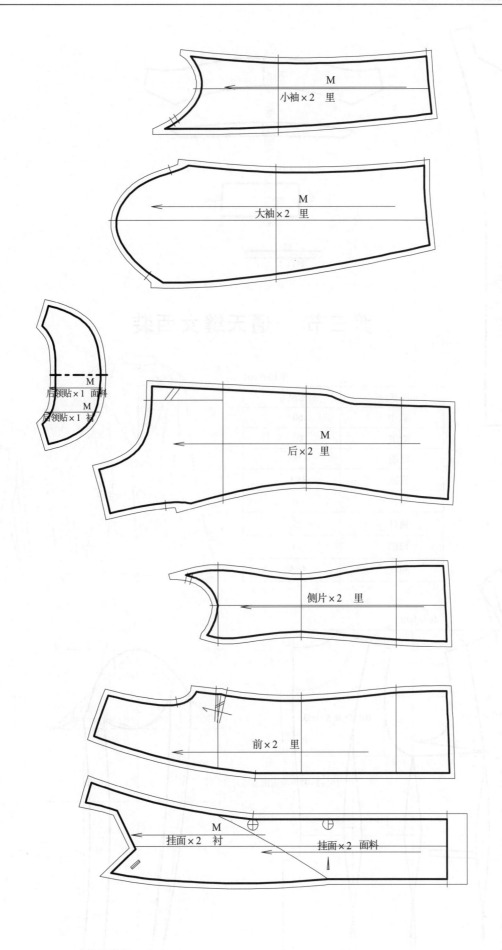

小袖×2 里

大袖×2 里

后领贴×1 面料
后领贴×1 衬

后×2 里

侧片×2 里

前×2 里

挂面×2 衬

挂面×2 面料

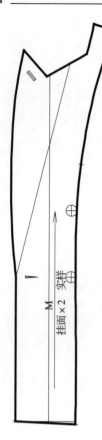

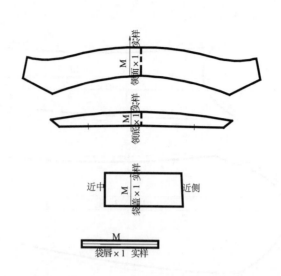

第三节　通天缝女西装

单位：cm

制图部位	制图尺寸
后中	60
胸围	95
腰围	78
肩宽	38.5
袖长	60
袖口	25
袖肥	34
袖窿	46.5

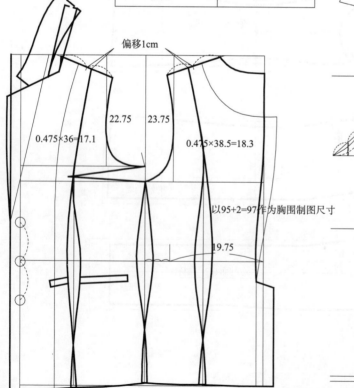

偏移1cm

22.75　23.75

0.475×36=17.1　　0.475×38.5=18.3

以95+2=97作为胸围制图尺寸

19.75

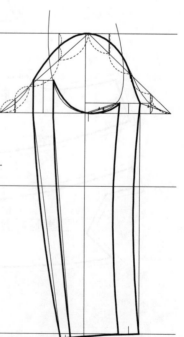

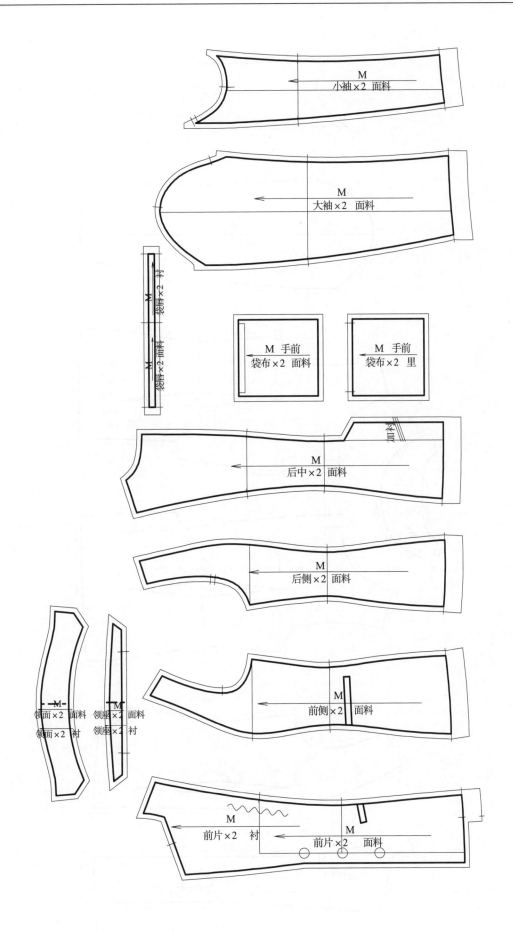

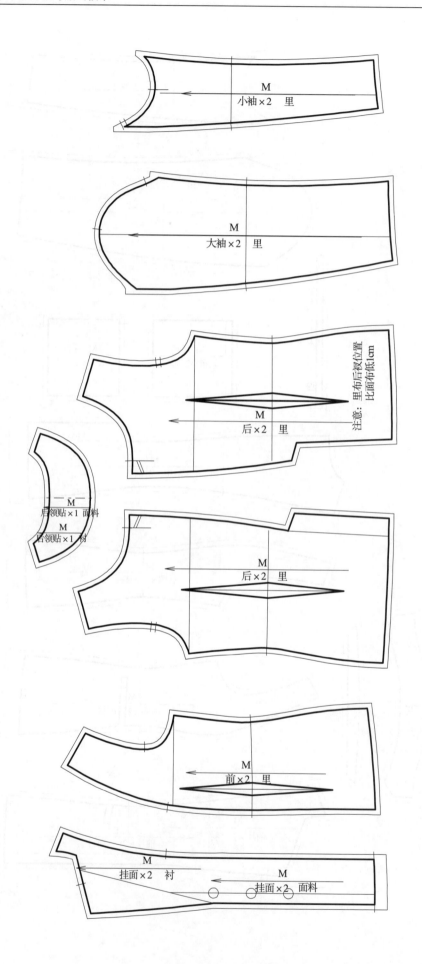

第四节　宽松上衣(无腋下省)板型

　　无腋下省的结构就是指无胸省结构,它可以从有胸省的结构上进行演变,原理是把胸省量分为三等份,分别在前片的前胸围线下面抽掉1cm,再把前袖窿整体向下拉伸1cm,即前肩斜变得更倾斜了,然后把侧缝整体向上拉伸1cm,最后把线条连顺,(见下图),熟练后可以直接绘图。

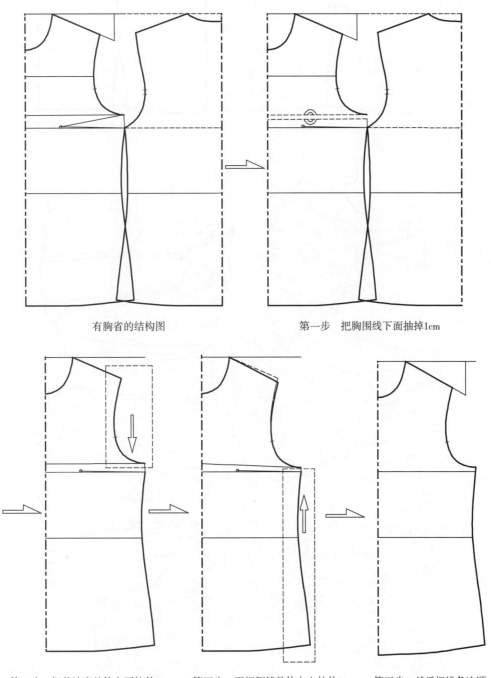

　　　　　有胸省的结构图　　　　　　　　　　第一步　把胸围线下面抽掉1cm

第二步　把前袖窿整体向下拉伸1cm　　第四步　再把侧缝整体向上拉伸1cm　　第五步　然后把线条连顺

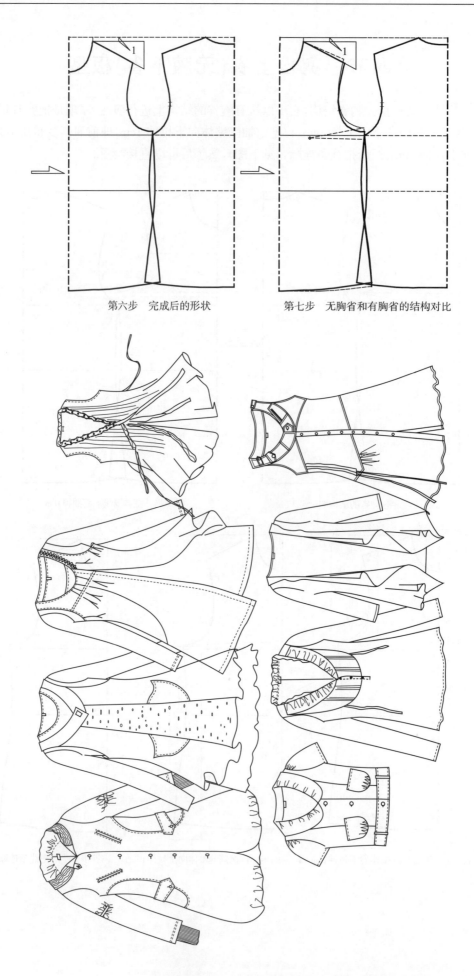

第六步　完成后的形状

第七步　无胸省和有胸省的结构对比

第八章　西装袖的变化

第一节　一片袖转化为西装袖

西装袖可以在一片袖的基础上,合并袖底缝,增加前袖缝和后袖缝,通过这两条袖缝的分割,使袖子更符合人体手臂的立体形状和运动规律。

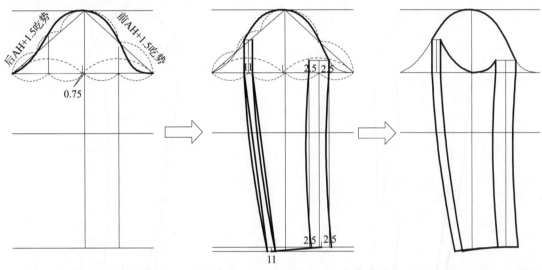

常见的西装袖有两种情况,第一种情况是后袖口的点为大袖和小袖的公共点,见下图 A,这种情况适合于有袖衩的袖型,因为这样从袖子的侧面可以看到装饰性的袖衩钮扣,袖子的整体形状和线条也比较顺畅;第二种情况是后袖口的点同步离开了公共点,见下图 B,这种情况适用于没有袖衩的休闲类西装,在袖子完成后,从侧面将完全看不到后袖缝。

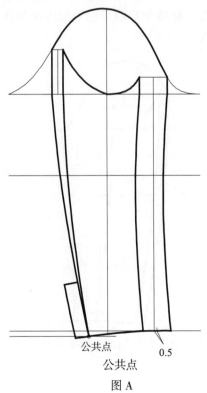

公共点

图 A

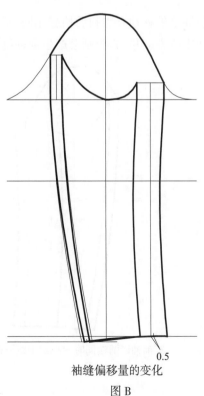

袖缝偏移量的变化

图 B

第二节　西装袖的袖缝变化

1. 后袖缝的移动变化

西装袖的后袖缝变化有两种：（1）后袖缝上端向小袖中线方向移动；（2）后袖缝上端向大袖中线方向移动。

不论哪种方式的移动，后袖山弧线和袖肥的总长是不变的，学习和掌握后袖缝的移动规律，可以使我们将后袖缝的上端点准确地设置在后袖窿的指定位置。

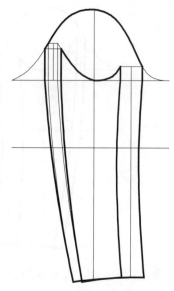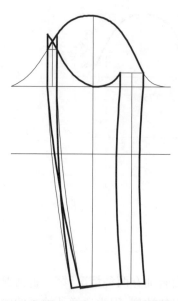

　　1. 后袖缝上端向小袖中线方向移动　　　　　　　　　2. 后袖缝上端向大袖中线方向移动

2. 前袖缝的移动变化

前袖缝的移动方法和后袖缝相同，只是和后袖缝相对比，前袖缝通常只向小袖中线方向移动，而不向大袖中线方向移动，否则会产生前袖缝外露而影响美观的弊病。

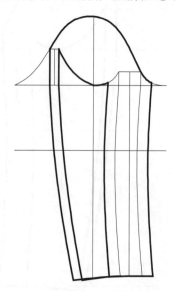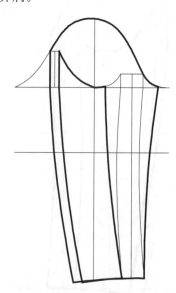

　　3. 前袖缝两端同时向小袖中线方向移动　　　　　　　4. 前袖缝上端向小袖中线方向移动

3. 仅有后袖缝的袖型

（1）在一片袖的基础上，再按照西装袖的方法，确定前袖口点和后袖口点下落线上的点 B，连接 AB 并将这条线段延长。

（2）根据具体的款式要求，确定后袖山的分割点 C。

（3）同样确定后袖口上的分割点，这个点也是可以移动的，在没有明确的要求时，此点也可以和 B 点重合。

（4）连接各点之间的线段，同时得到后袖口的"☆"。

（5）在后袖肘设置肘省，省量等于"☆"量，然后合并袖肘省。

（6）画顺各部位线条。

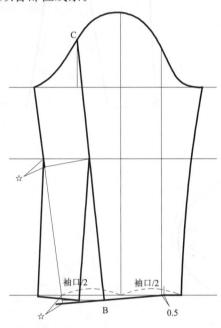
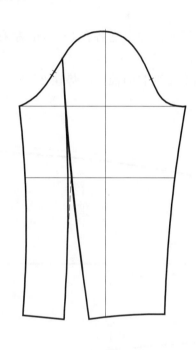

4. 设置后肘省

（1）在后肘部位画准备切展的线条；

（2）切展拉开各线条，加入所需要的省量；

（3）确定肘省的长度，画出新省线和省折线。

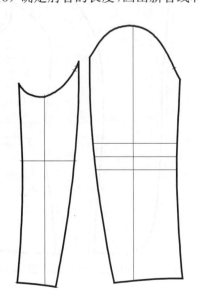
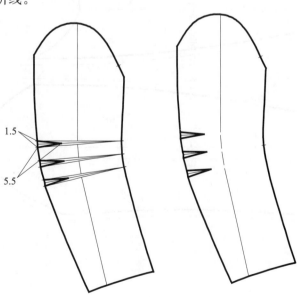

5. 装袖缝边倒向与吃势量

一般情况下,装袖的缝边倒向袖片,袖山要加入适当的吃势,但是如果是袖窿缉有明线的款式,装袖缝边是倒向衣身的,这种方式多用于休闲衬衫和西装,这时袖山不可以有吃势,为了能有理想的效果,可以将袖山弧线的长度在顶端少设置0.2~0.4cm,在装袖时稍拔开,并在袖窿缝边上打几个斜刀口,这样中袖完成袖山比较平服而不会起皱。

正统女西装的袖山吃势在 3~4cm 左右(全围计)

而休闲类女西装的袖山吃势在 2~2.5m 左右即可

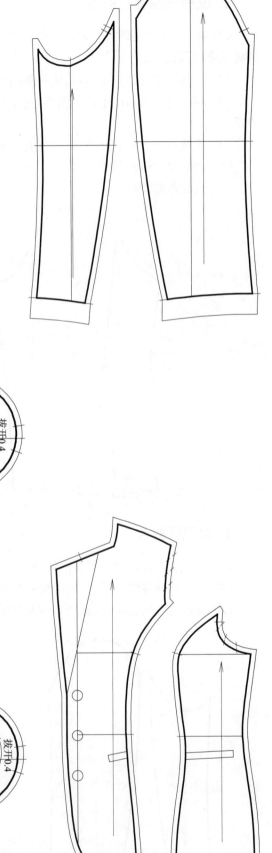

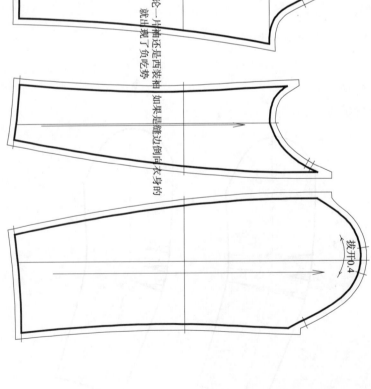

不论一片袖还是西装袖 如果是缝边倒向衣身的 就出现了负吃势

拔开0.4

拔开0.4

6. 袖子配里布

由于袖窿底部的缝边是直立的,占有1cm的空间,为了避免袖子的面布受到里布的牵扯而起吊,在配袖子的里布时,袖口部位要和衣身的下摆一样,做成能伸能缩的"风琴位"结构,袖山底部要在面布的基础上向上移动1.5cm,另外,为了方便于装里布袖子,里布袖山要减少一部分吃势。

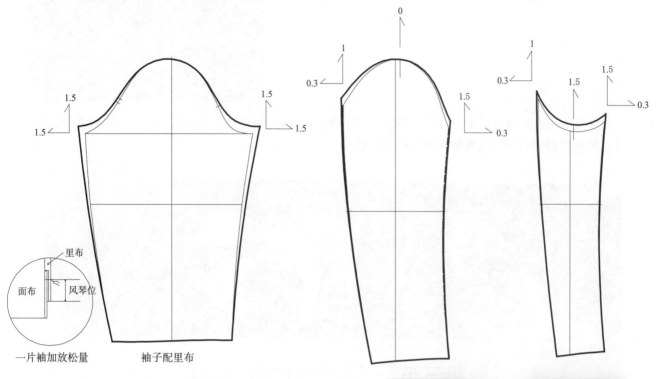

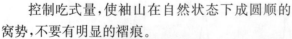

一片袖加放松量　　　　袖子配里布

7. 怎样使西装袖更加圆顺

在西装袖的袖山上半截缉两道线抽吃势,这两道线距离边缘分别是0.3cm和0.75cm。

控制吃式量,使袖山在自然状态下成圆顺的窝势,不要有明显的褶痕。

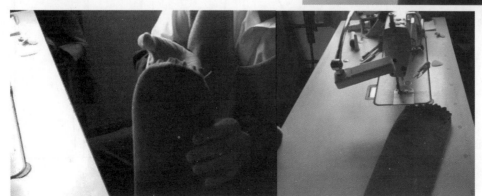

用手缝针缝到衣身上,观察实际效果。

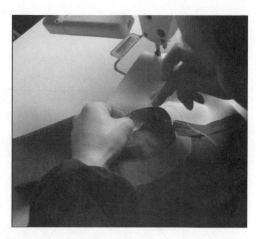

袖底如果有不吻合的部分,可适当修剪,再用缝纫机缝合,加上弹袖棉,经过这种方式安装的西装袖可达到比较圆顺、饱满、袖底没有多余量的效果。

第三节　西装袖加褶、加皱

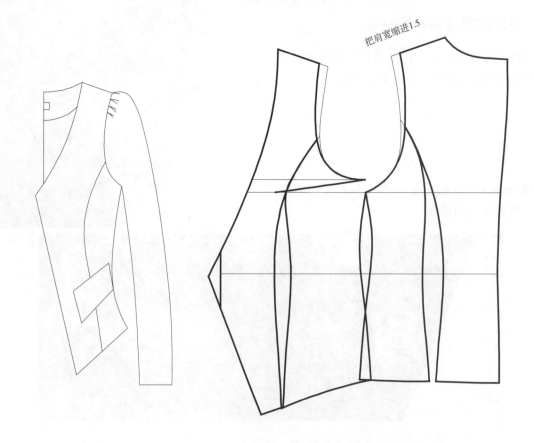

把肩宽缩进1.5

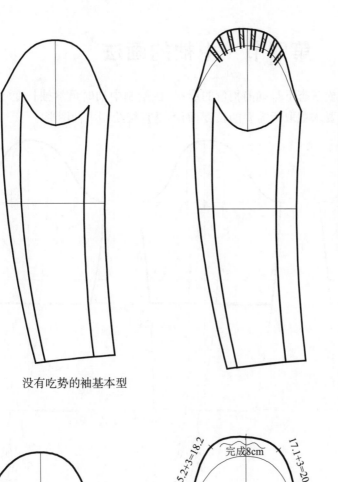

没有吃势的袖基本型

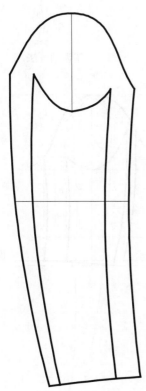

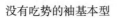

没有吃势的袖基本型

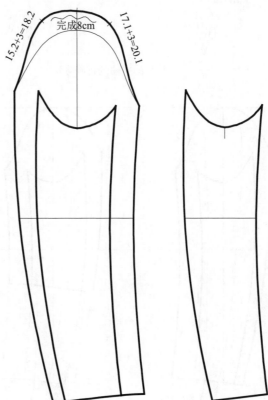

第四节　中袖的画法

由于人体手臂在自然、放松状态下是朝前稍弯的形状,在绘制中袖时虽然袖长变短了,仍然要把长袖画出来,再根据具体的款式要求截取所需要的长度,而不是直接绘制中袖图形。

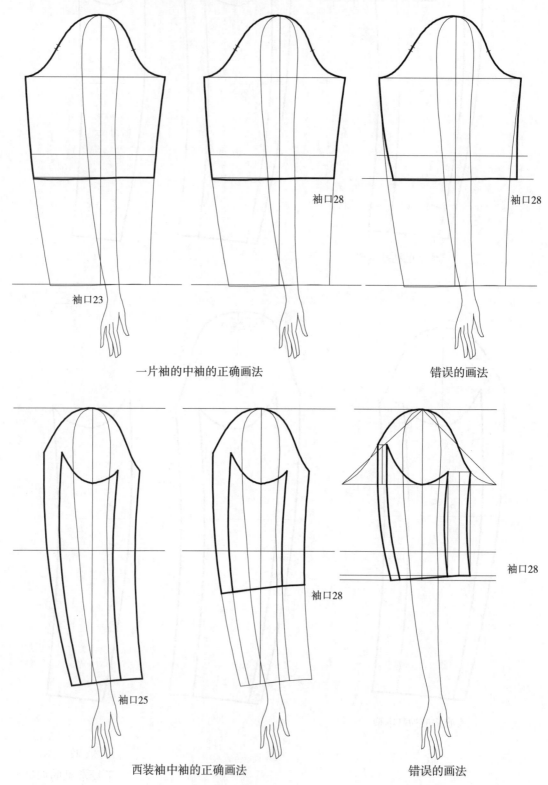

袖口28　　　　　　袖口28

袖口23

一片袖的中袖的正确画法　　　　　　错误的画法

袖口28

袖口28

袖口25

西装袖中袖的正确画法　　　　　　错误的画法

第九章　快速准确配领技术

第一节　配领的方法

1. 领子的部位名称

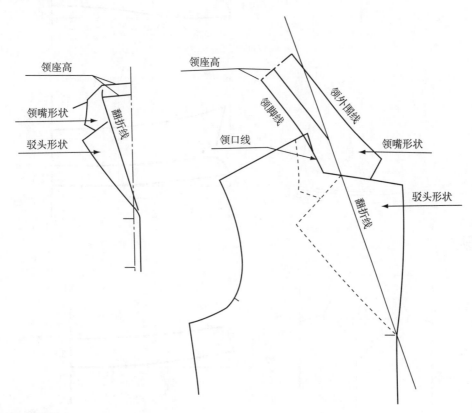

2. 领子的分类

女装领型种类非常多,不同的领子表达着不同的意境,配领技术是服装打板中相当重要的环节。领子大致可分为:

第一类:无领类;

第二类:立领类(中式立领、衬衣领、连身立领、针织罗纹立领);

第三类:翻领(根据翻折线的形状又分为直线型翻领和弯线型翻领);

第四类:西装翻驳领;

第五类:时装领(各种帽领、缩皱领、波浪领)。

3. 配领的方法

针对不同的领型,我们将采用不同的配领方法来达到快速、准确、方便记忆的效果。例如一些比较简单的领子采用单独制图法,而一些较为复杂的领子采用透视法准确制图。对于较常见的西装领、翻领(直线型),采用公式法制图。

第二节 单独制图配领法

1. 上下相连的衬衫领

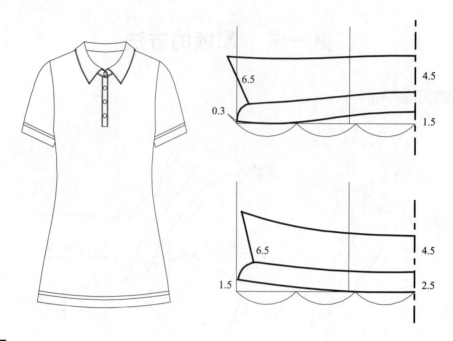

2. 立领

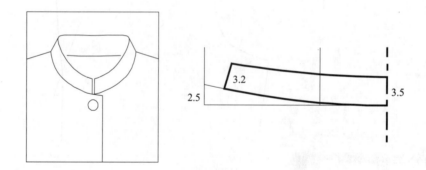

1. 基本立领

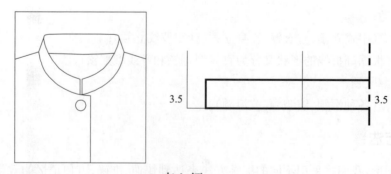

2. 直立领

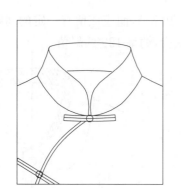
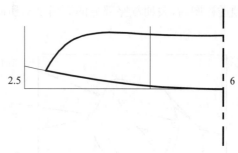

3. 旗袍立领

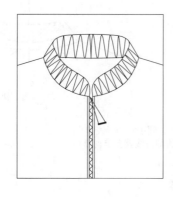
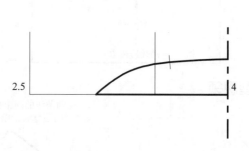

4. 罗纹立领

第三节　透视配领法

透视配领法的原理

透视绘图配领法是模拟衣服穿着于人体时的实际状况,从而精确得到领子的形状(驳头的形状)、领座和领面的形状以及领子外围的长度,根据这些要素来达到精确、快速配领的目的。

通过测量人体或者人体模型可以看到,人体肩斜线和脖颈根部呈大约135°的斜角。

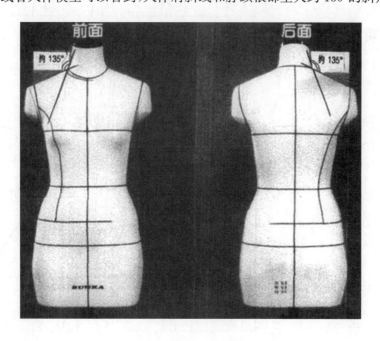

但是,当衣服穿着于人体时,领座上端不可能完全贴合于脖子,而应该留有一定的间隙,因此,我们在建立前领和后领透视图时,要使领座部分的倾斜度有所减少,约呈125°的斜角。

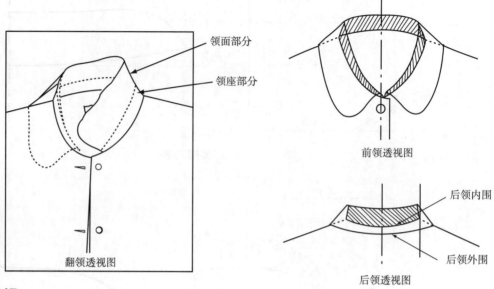

领面部分

领座部分

翻领透视图

前领透视图

后领内围

后领外围

后领透视图

1. 直线型翻领

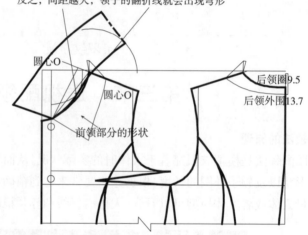

这两条线的间距越小,领子的翻折线越直;反之,间距越大,领子的翻折线就会出现弯形

圆心O

圆心O

后领圈9.5

后领外围13.7

前领部分的形状

2. 弯线形翻领

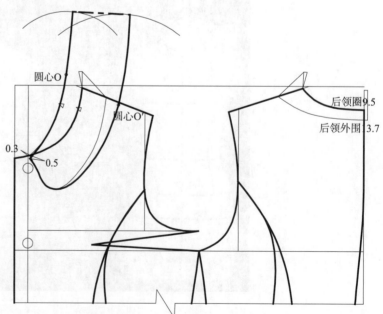

圆心O

圆心O

后领圈9.5

后领外围13.7

0.3

0.5

3. 弯驳领

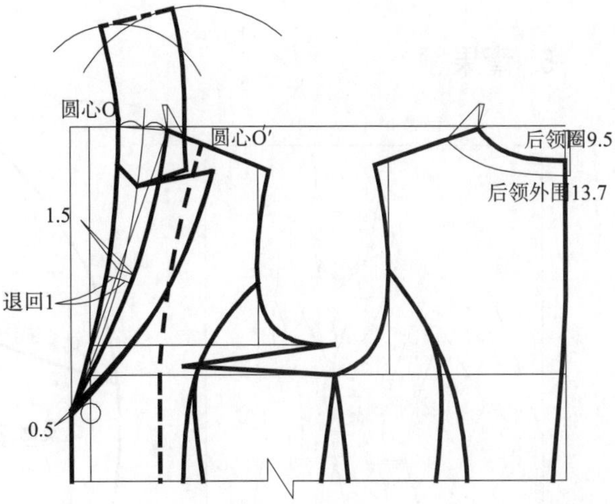

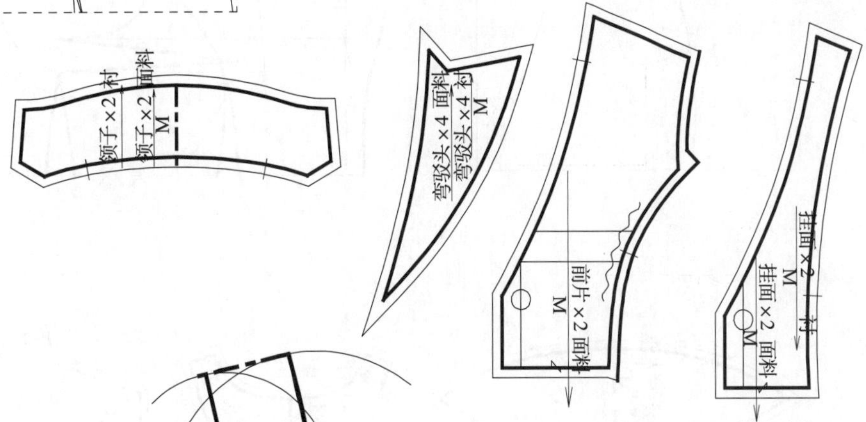

后领圈9.5
后领外围13.7
圆心O
圆心O'
1.5
退回1
0.5

颈子×2 衬
颈子×2 面料
M
弯驳头×4 衬
弯驳头×4 面料
M
前片×2 面料
M
挂面×2 衬
挂面×2 面料
M

弯驳领的造型变化

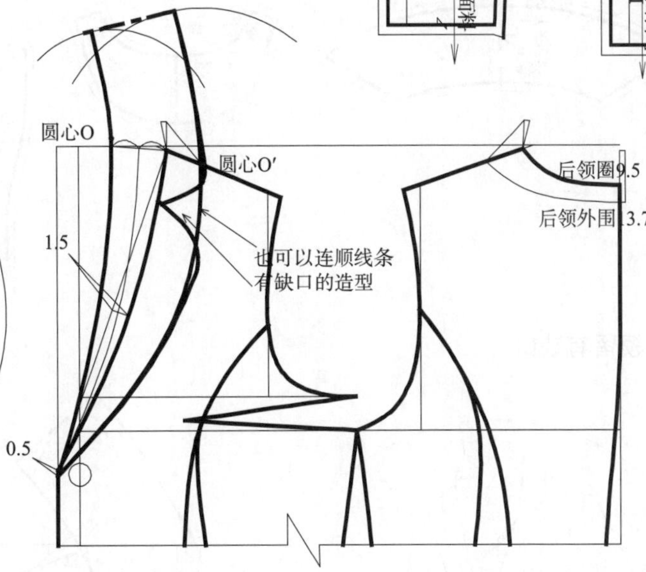

圆心O
圆心O'
1.5
也可以连顺线条有缺口的造型
0.5
后领圈9.5
后领外围13.7

4. 叠驳领

圆心O
圆心O'
0.7~1的外层松量
后领圈9.5
后领外围13.7

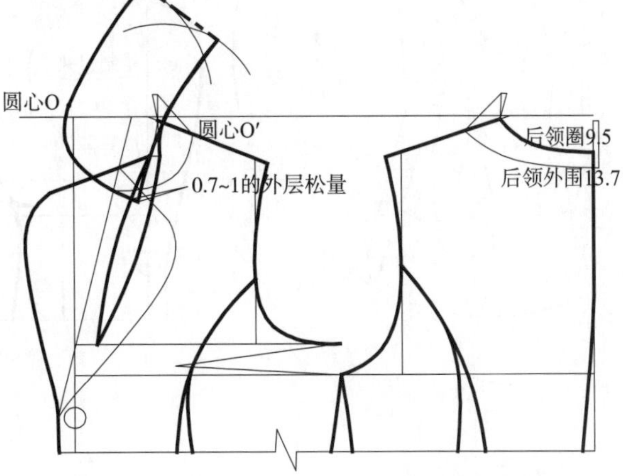

5. 青果领

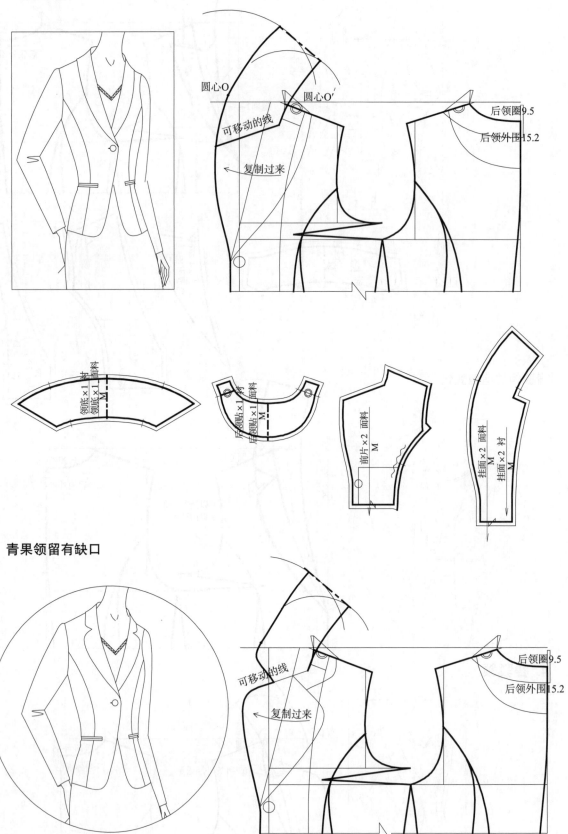

圆心O

圆心O′

后领圈9.5

后领外围15.2

可移动的线

复制过来

领底×1 衬

领底×1 面料

M

后领贴×1 衬

后领贴×1 面料

M

前片×2 面料

M

挂面×2 面料

M

挂面×2 衬

M

青果领留有缺口

后领圈9.5

后领外围15.2

可移动的线

复制过来

第四节 领圈上配领法

1. 连身立领

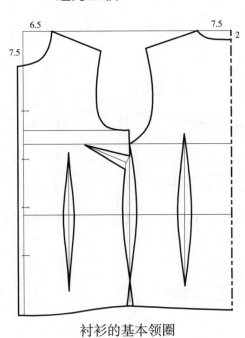

衬衫的基本领圈

连身立领(一)

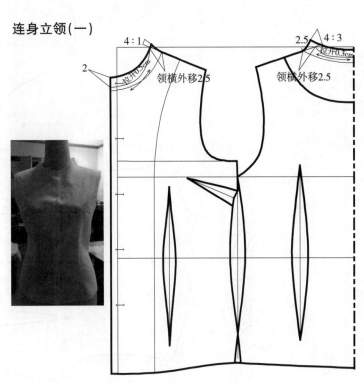

拼合后的状态

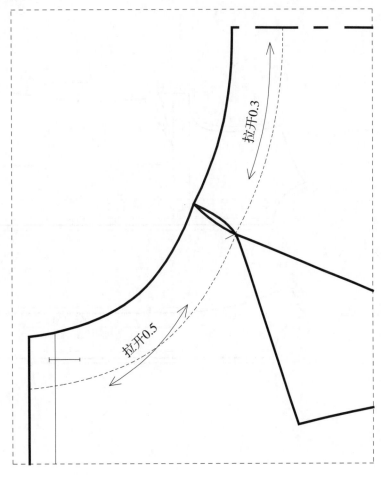

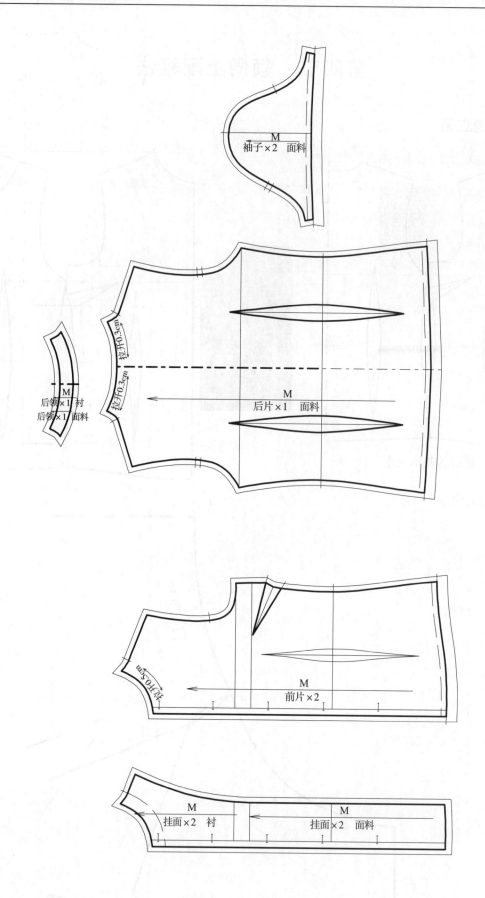

连身立领(二)

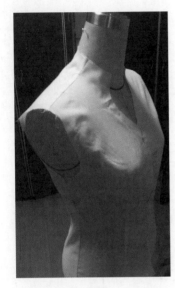

拼合后的状态

3.5

1

偏移1.5cm

3.5

偏移1.5cm

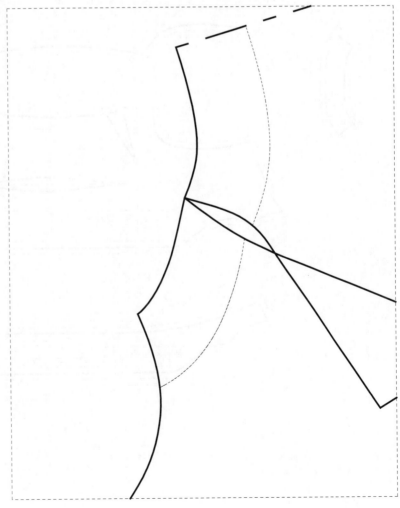

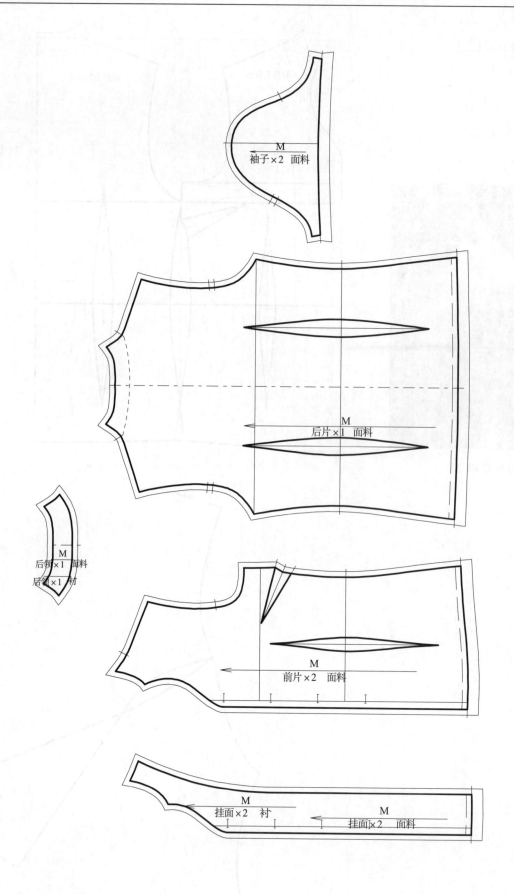

袖子×2　面料

后片×1　面料

后领×1　面料
后领×1　衬

前片×2　面料

挂面×2　衬

挂面×2　面料

连身立领（三）

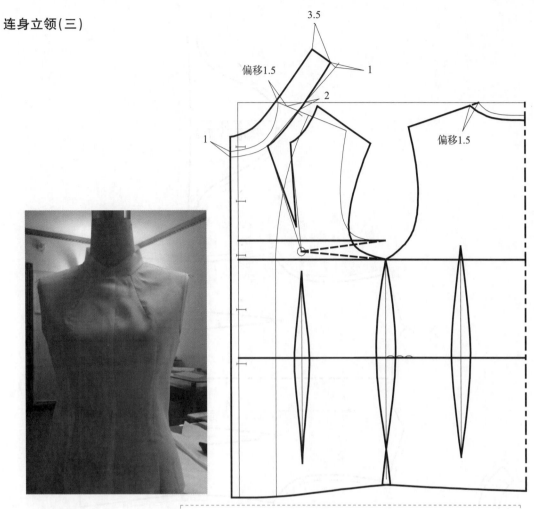

拼合后的状态

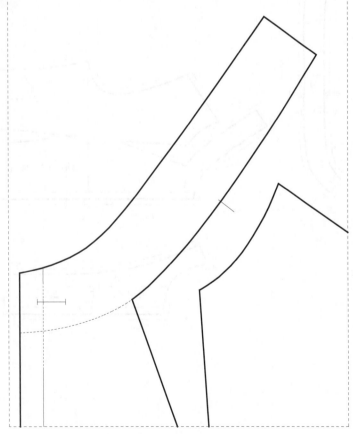

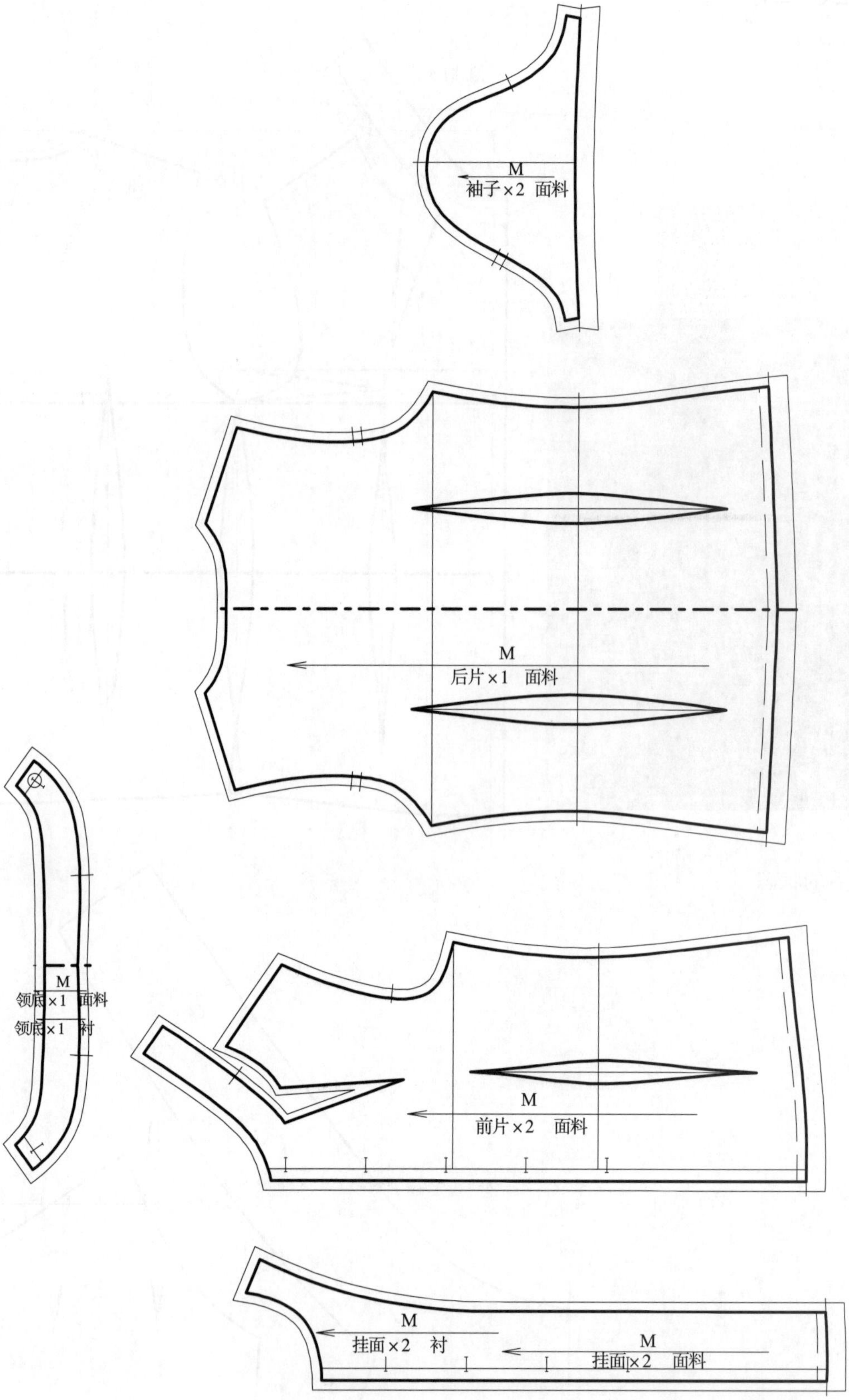

袖子×2 面料

后片×1 面料

领底×1 面料
领底×1 衬

前片×2 面料

挂面×2 衬　　挂面×2 面料

连身立领(四)

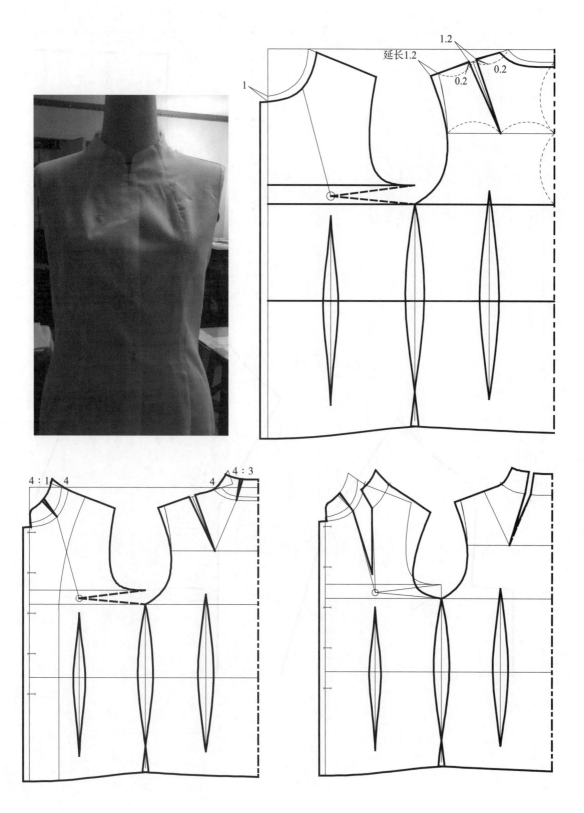

拼合后的状态

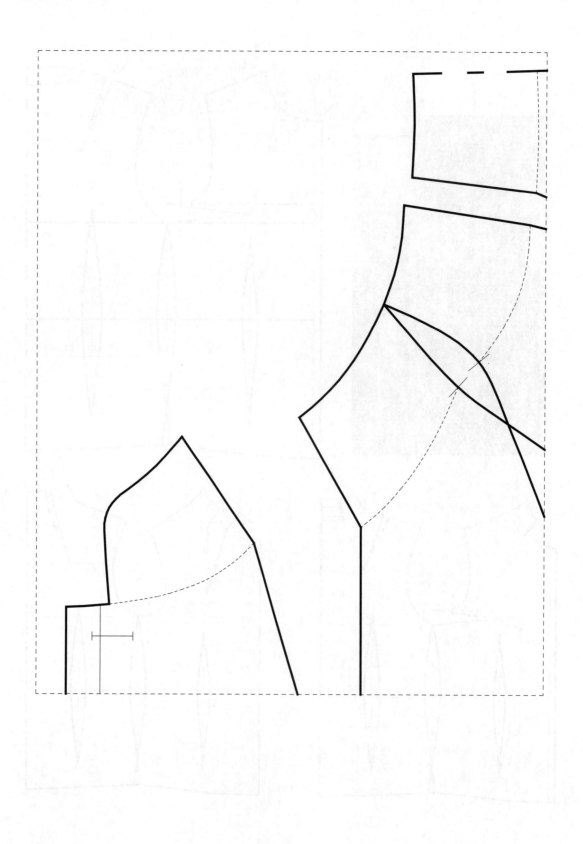

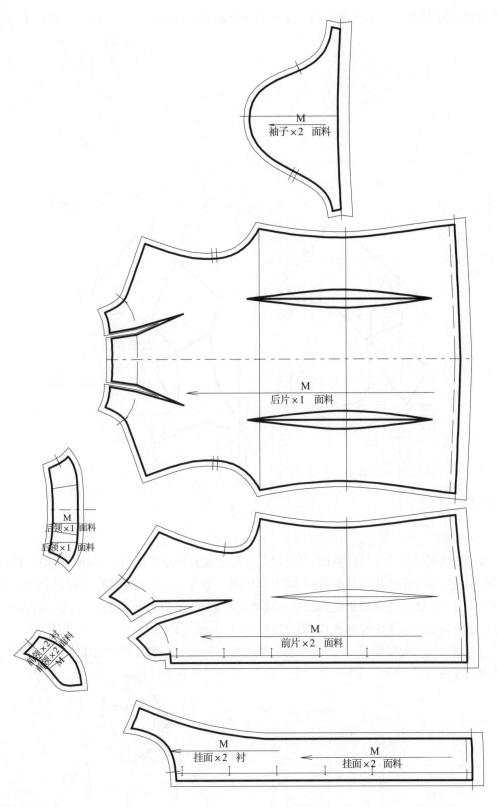

2. 披肩领

披肩领也称袒领,是一种领面几乎贴在肩上的领型,这种领型的领座很低,它的制图方法是将前后肩缝对接,并将肩端点重叠 2cm,这样处理是为了使领子产生少量的领座,注意重叠量不要太多,否则就形成领座较高的翻领。

如果领面的宽度超过肩宽,就要把前后领在肩缝处断开,并按照10:2的比例画断开部位的角度。

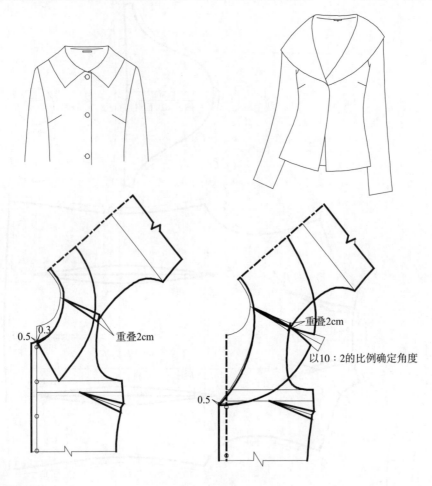

3. 帽领

(1) 帽领基本型

帽领是一种既可以作为服装的装饰,又可以戴在头上起到御寒作用的帽子和领子组合设计,帽领基本型是以前中线和前上平线作为基准坐标,向上向后画一个30cm×22cm的矩形框,这个矩形框在特殊情况下将有所变化。例如在做特别宽大的棉衣或者羽绒服时,可以增大到32cm×24cm,而在做针织衫类或者可以折叠隐藏于领子中间的款式,则可以调小至28cm×20cm。

为了避免帽子过于紧贴脖子,领横至少要向外偏移1~1.5cm,然后再根据图中标注的尺寸,连接并画顺各部位的线条。

单位:cm

制图部位	制图尺寸
后中	60
胸围	96
腰围	89
摆围	76
肩宽	39
袖长	62
袖口	18
袖肥	36
袖隆	47

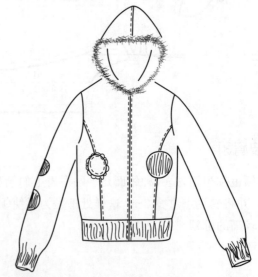

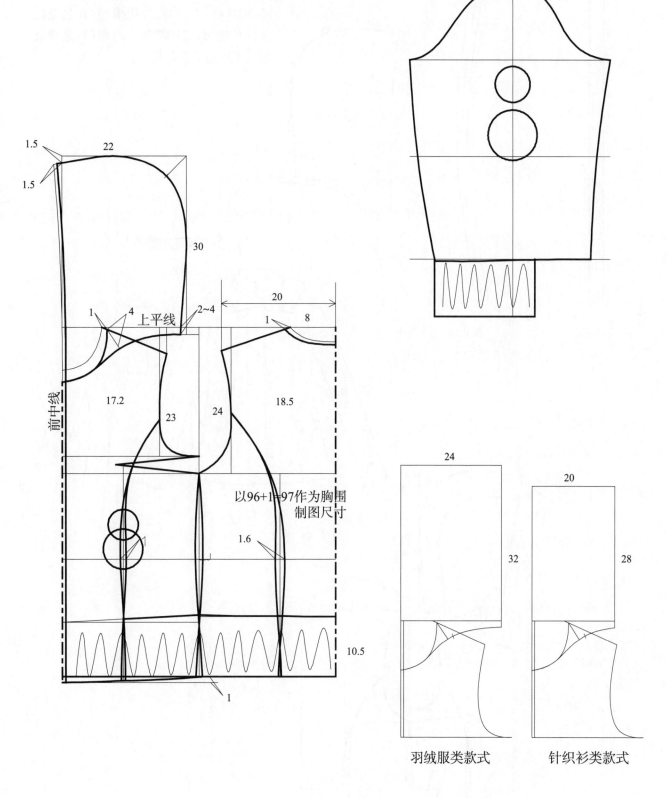

1.5
22
1.5
30
1
4 上平线
2~4
1
8
20
前中线
17.2
23
24
18.5
以96+1=97作为胸围
制图尺寸
1.6
10.5
1

24
32

20
28

羽绒服类款式   针织衫类款式

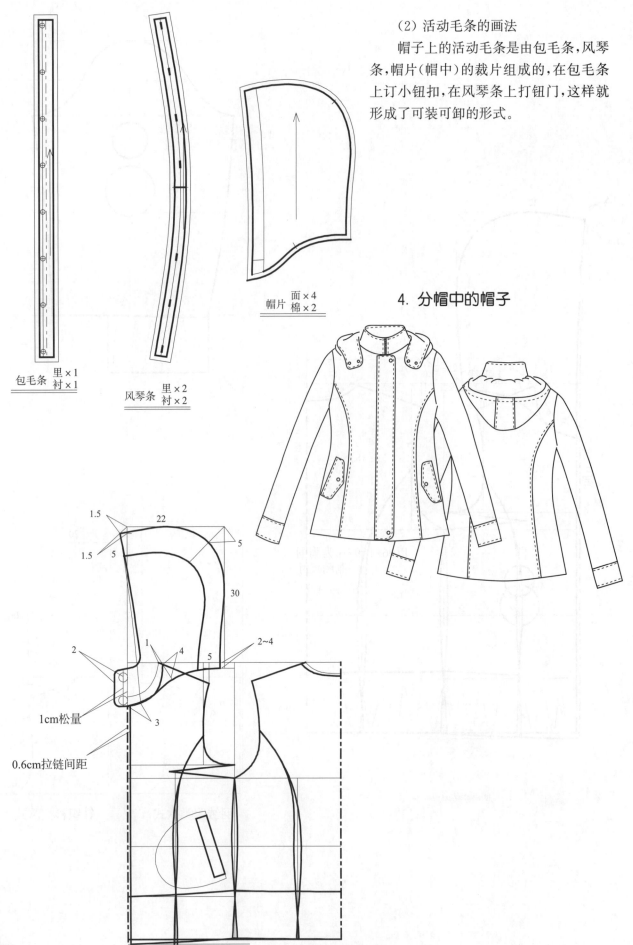

（2）活动毛条的画法

帽子上的活动毛条是由包毛条，风琴条，帽片（帽中）的裁片组成的，在包毛条上订小钮扣，在风琴条上打钮门，这样就形成了可装可卸的形式。

包毛条 里×1 衬×1

风琴条 里×2 衬×2

帽片 面×4 棉×2

4. 分帽中的帽子

1.5
22
1.5
5
5
30

2
1
4
5
2～4
3

1cm松量

0.6cm拉链间距

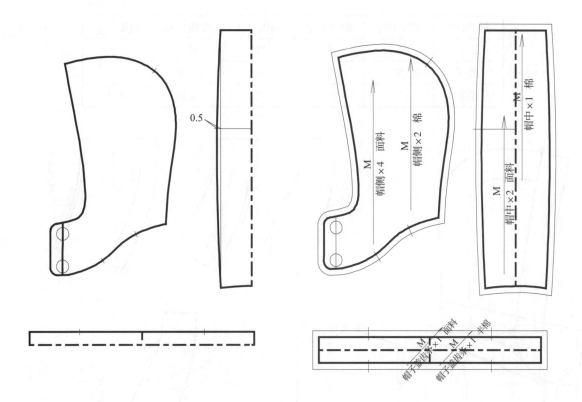

5. 可隐藏的帽子

这个款式的帽子可以卷起来放进领子的夹层,因此,帽子尺寸可以做小一些,并选用比较薄的面料。

单位:cm

制图部位	制图尺寸	制图部位	制图尺寸	制图部位	制图尺寸
后中	75	摆围	112	袖口	25
胸围	95	肩宽	38.5	袖肥	34
腰围	77	袖长	62	袖窿	46.5

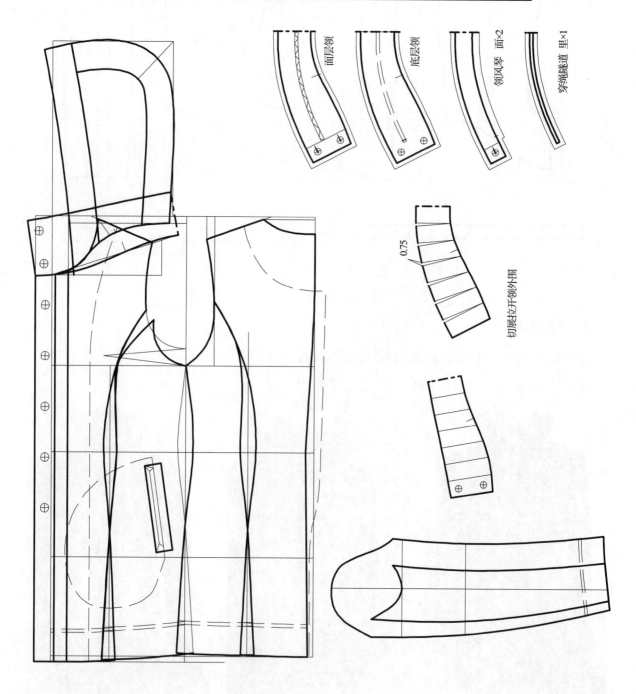

面层领

底层领

领风琴 面×2

穿绳跳道 里×1

0.75

切展拉开领外围

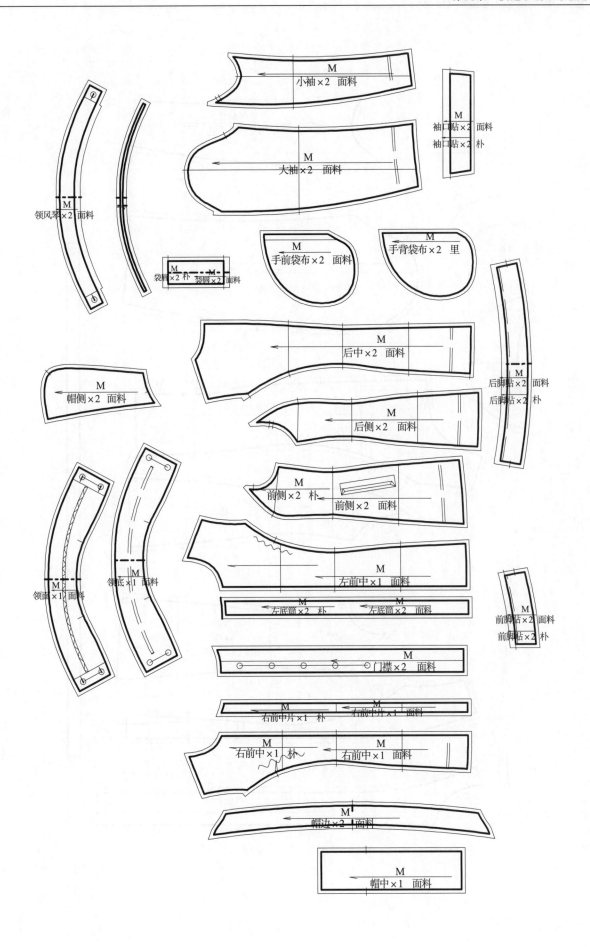

小袖×2 面料

袖口贴×2 面料

袖口贴×2 朴

大袖×2 面料

领风琴×2 面料

手前袋布×2 面料

手背袋布×2 里

袋料×2 朴 袋唇×2 面料

后中×2 面料

帽侧×2 面料

后脚贴×2 面料

后脚贴×2 朴

后侧×2 面料

前侧×2 朴

前侧×2 面料

领面×1 面料 领底×1 面料

左前中×1 面料

左底筒×2 朴 左底筒×2 面料

前脚贴×2 面料

前脚贴×2 朴

门襟×2 面料

右前中片×1 朴 右前中片×1 面料

右前中×1 朴 右前中×1 面料

帽边×2 面料

帽中×1 面料

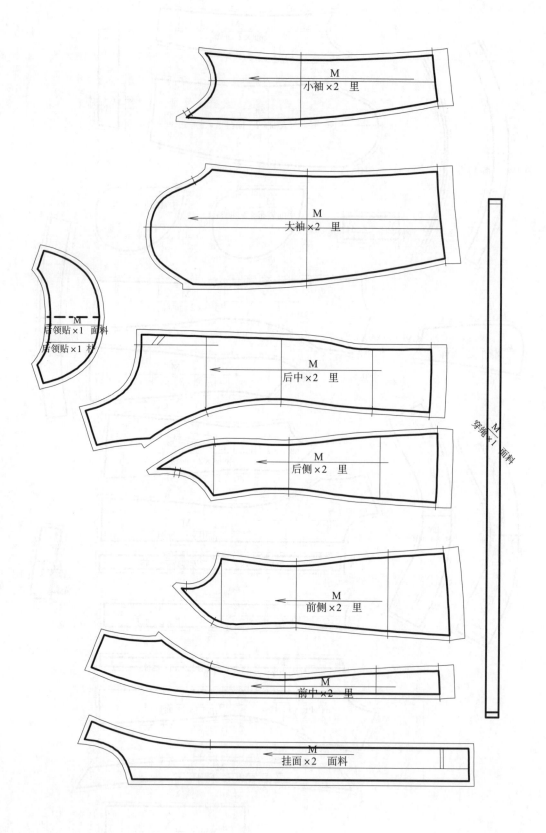

第十章　针织衫与背心

第一节　针织面料的特征和打板要领

（1）针织服装从面料方面可分为无弹力、中弹力和高弹力，而款式方面也可以分为贴体类、合体类和宽松类。

（2）由于针织面料是以线圈穿套的方式织成的，受力时伸长，不受力时就回缩，有很大的弹性，为了控制产品的尺寸，有的部位在工艺上采用直纹布条、纱带或者胶带来加以固定处理。

（3）同样由于弹性较大的原因，针织服装采用有弹性的针织衬，而不采用普通无弹性的无纺衬。

（4）由于针织面料在裁剪时断面容易脱散，因此常常采用包缝、卷边、滚边和缲罗纹的处理方式。

（5）针织面料的横纹在截断后会出现自然卷曲的现象，现代的时装设计中，有时会利用这种特征做自然卷曲的边缘处理。

（6）针织服装在裁剪时对布纹线的方向要求比较严格，如果经纬纱向有偏差就会形成产品左右边长短误差。

（7）针织服装的滚条一般采用横纹方向，而不采用斜纹和直纹。

（8）由于针织面料的弹性较大，一般 M 码尺寸、合体类胸围做到 78～84cm 就可以了，下摆的尺寸不可以大于人体臀围净尺寸。

（9）针织服装在打板时利用面料的特点，要尽量简化衣片结构，与梭织服装相对比，袖窿、袖山的弧线弯度变直，减少袖山高，插肩袖的分割线也要变直。

（10）衣省尽量不收省或者少收省，而采用直接增大侧缝收腰量的方法。

（11）针织服装的拼合一般使用四线包缝机，缝边宽度为 0.75cm。

（12）在制作领圈时，由于针织面料的伸长性和领圈宽度产生内圆和外圆的长度差，所以在计算领圈条的长度时：

原身布按 10∶1 的比例缩短。即假设领圈总长为 40cm，则领圈条只需要 36cm 即可，在拼合时会拉开 4cm；

罗纹布按 10∶2 的比例缩短；

毛线布按 10∶3 的比例缩短。

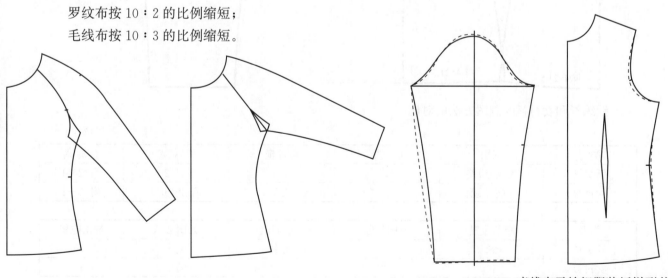

-------------- 虚线表示梭织服装纸样形状

———————— 实线表示针织服装纸样形状

第二节　有省针织衫基本型

单位：cm

制图部位	制图尺寸
后中	56
胸围	84
腰围	74
摆围	86
肩宽	34.5
袖长	57
袖口	18
袖肥	29
袖窿	41

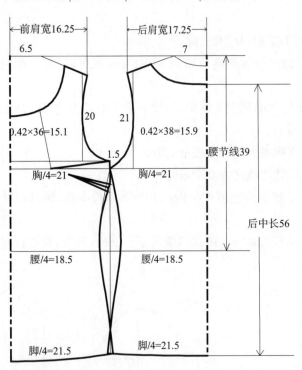

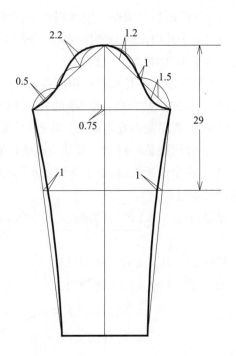

针织衫和女衬衫的制图方法的对比

单位：cm

类型	三围	后领横	前领横	后肩宽	前肩宽
针织衫	无前、后差	7	6.5	肩/2	肩/2-1
女衬衫	有前、后差	7.5	6.5	肩/2+0.5	肩/2-1

类型	腰节位置	肘围位置	袖底缝偏移	袖山数值	袖山吃势
针织衫	39	29	向中	偏大	0
女衬衫	40	30	向后	偏小	1

第三节　无省针织衫基本型

制图部位	制图尺寸
后中	54
胸围	80
腰围	72
摆围	82
肩宽	34
袖长	57
袖口	18
袖肥	29
袖隆	39

单位：cm

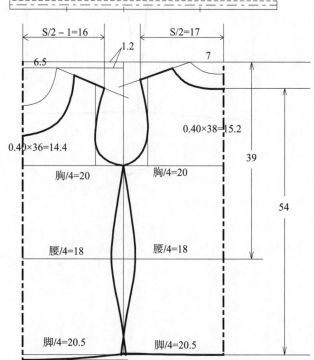

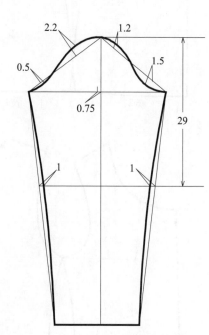

第四节　宽松针织衫

当针织衫的胸围尺寸增大到一定程度，成为宽松型的时候，袖隆下部容易出现褶痕，新板型设有1.5cm胸省，并把胸省转移到领口，再分散处理，这样就能有效地解决这类弊病。

制图部位	制图尺寸
后中长	65
胸围	88
腰围	78
肩宽	36
袖长	58
袖口	18
袖肥	30
袖隆	43

单位：cm

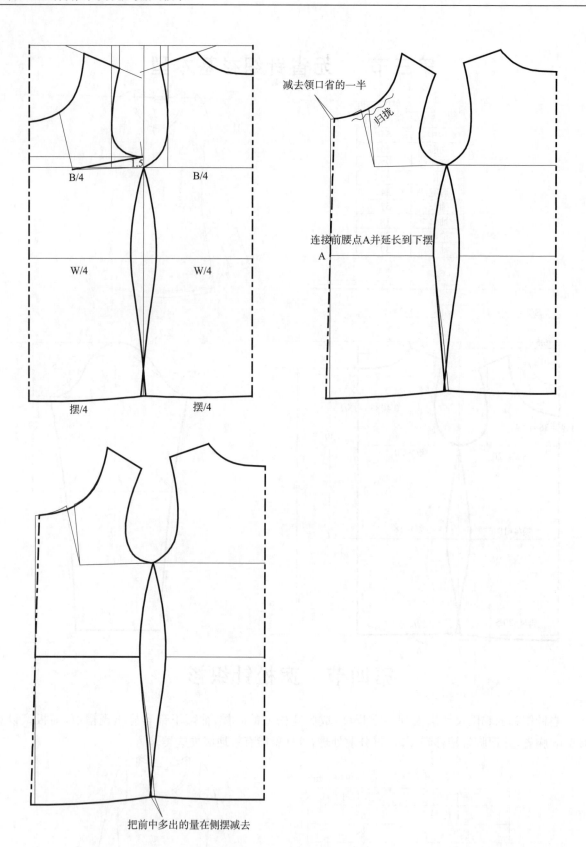

B/4　　　　B/4

1.5

W/4　　　　W/4

摆/4　　　　摆/4

减去领口省的一半

归拢

连接前腰点A并延长到下摆

A

把前中多出的量在侧摆减去

第五节　针织背心

第一款　吊带短背心

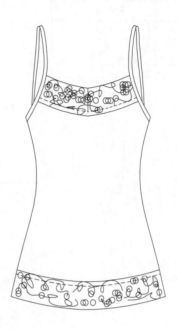

单位：cm

制图部位	制图尺寸
后中	36.5
胸围	82
腰围	72
下摆	84
吊带净长 （参考尺寸）	

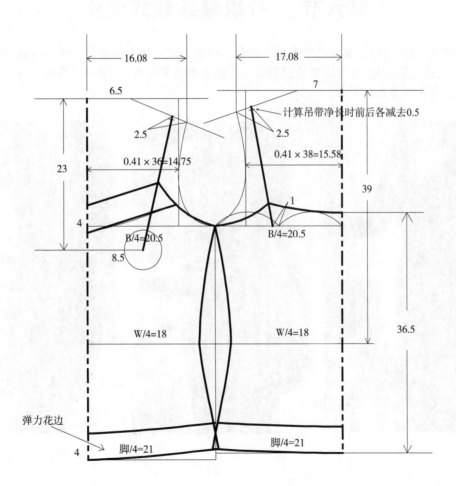

16.08　　17.08

6.5　　　7

2.5　　　2.5　　计算吊带净长时前后各减去0.5

0.41×36=14.75　　0.41×38=15.58

23　　　　　　　　　　　　39

1

4

B/4=20.5　　B/4=20.5

8.5

W/4=18　　W/4=18　　36.5

弹力花边

4　　脚/4=21　　脚/4=21

第二款吊带短背心

单位：cm

制图部位	制图尺寸
后中	14.5
胸围	82
下摆	71
吊带净长（参考尺寸）	

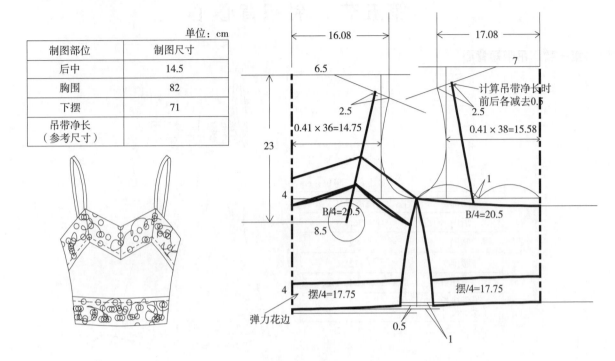

第六节　针织服装款式变化

　　实际上在当今时代，针织服装已经由单一的套头针织衫款式演变为多种多样的变化，用针织布做小西装、长裙等款式也很常见，也可以和梭织服装一样设置胸省和腰省，甚至可以加里布，里布采用有弹性的网布或者斜纹亚纱迪及色丁布。

第七节 针织衫插肩袖

（1）针织衫合体型插肩袖

单位：cm

制图部位	制图尺寸
后中	58
胸围	84
腰围	74
摆围	86
袖长 (肩颈点度)	66
袖口	20
袖肥	36

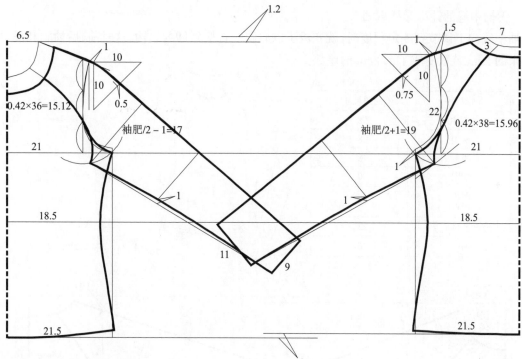

（2）针织衫宽松型插肩袖

单位：cm

制图部位	制图尺寸
后中	58
胸围	88
腰围	78
摆围	90
袖长 (肩颈点度)	66
袖口	23
袖肥	37

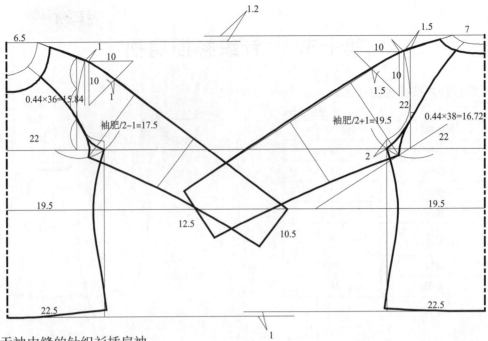

（3）无袖中缝的针织衫插肩袖

当袖中线向上调节到一定程度时,就变成了以肩斜线直接延伸的结构,这时前、后袖肥和前、后袖口都由原来的2cm差数变成了1.2cm的差数。

单位：cm

制图部位	制图尺寸
后中	58
胸围	88
腰围	78
摆围	90
袖长 (肩颈点度)	66
袖口	23
袖肥	40

第八节　　针织三开身

单位：cm

制图部位	制图尺寸
后中	56
胸围	84
腰围	71
肩宽	35
袖长	41
袖口	20
袖肥	29
袖窿	41

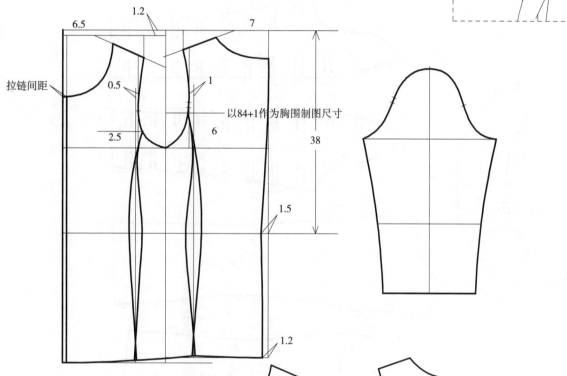

拉链间距

6.5　　1.2　　7

0.5　　1

2.5　　6

以84+1作为胸围制图尺寸

38

1.5

1.2

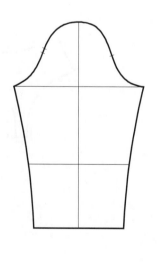

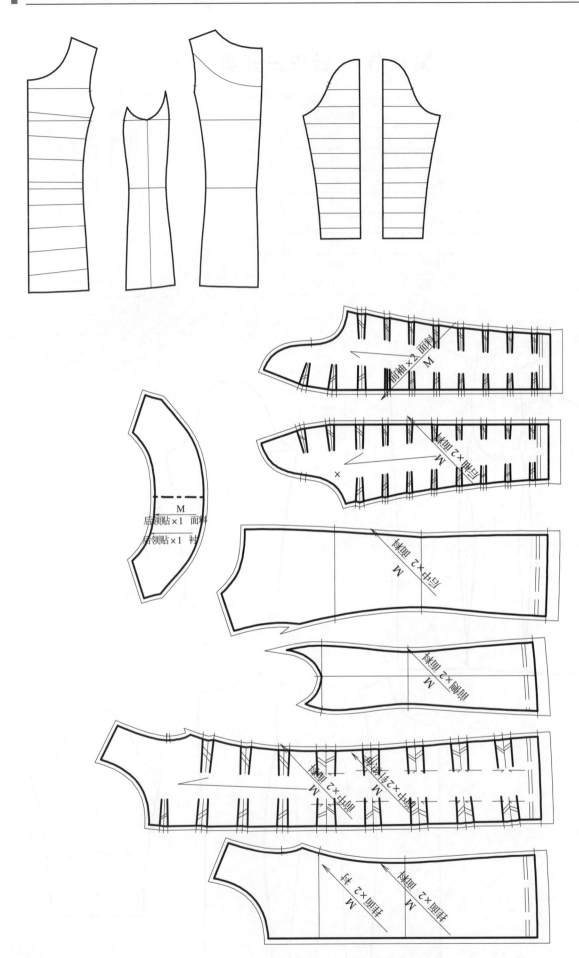

后领贴×1 面料
后领贴×1 衬

第九节　真丝小背心

此款小背心的前胸裁片交叉到靠近侧缝的位置,有里布,左侧装隐形拉链。注意里布不需要分离腰节,但是要加入活褶。

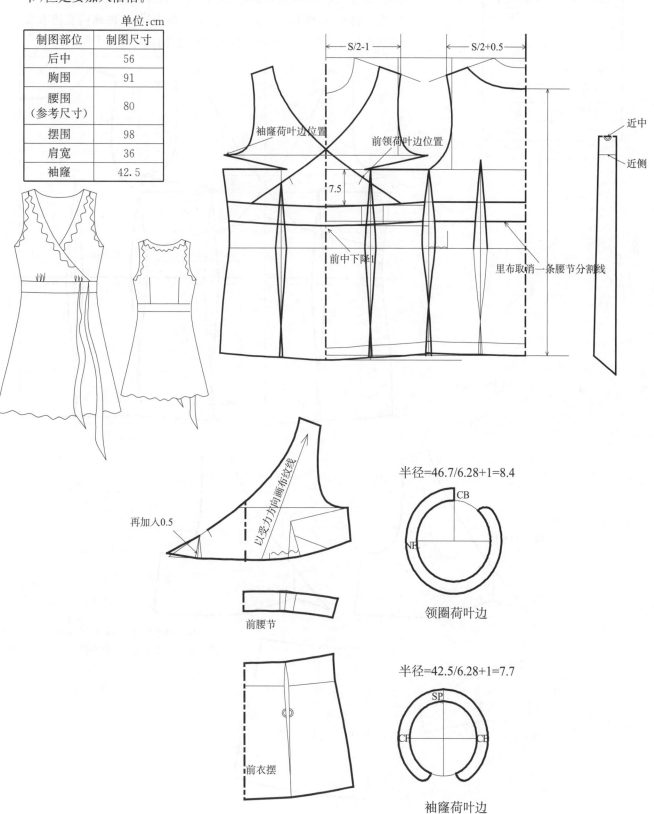

单位:cm

制图部位	制图尺寸
后中	56
胸围	91
腰围 (参考尺寸)	80
摆围	98
肩宽	36
袖窿	42.5

S/2-1　　S/2+0.5

近中
近侧

袖窿荷叶边位置

前领荷叶边位置

7.5

前中下降1

里布取消一条腰节分割线

再加入0.5

以受力方向画布纹线

前腰节

前衣摆

半径=46.7/6.28+1=8.4

CB
NP

领圈荷叶边

半径=42.5/6.28+1=7.7

SP
CH　　CB

袖窿荷叶边

第十节　绣花背心

此款背心的前、后领圈、袖窿、腰节和下摆的边缘都做绣花处理。没有里布，左侧装拉链，前腰节的分割线位于腰围线稍偏上的位置。另外，前胸裁片的交叉位置靠近前中线，这种结构要将衣服的胸围尺寸适当放大，以免穿着受力后前胸口出现不平服的现象。

单位：cm

制图部位	制图尺寸
后中	56
胸围	93
腰围 参考尺寸	76
摆围	99
肩宽	36
袖窿	43.5

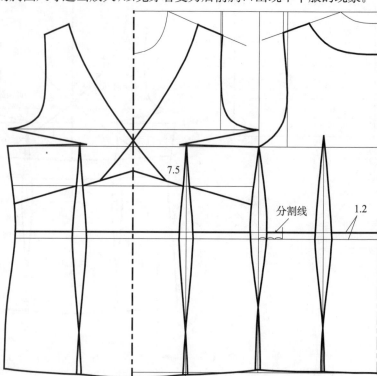

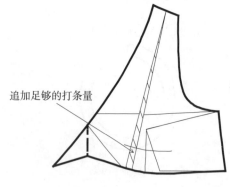

追加足够的打条量

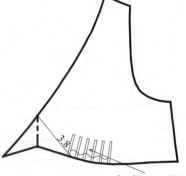

打6根0.2cm的细条，间距1cm，倒向前中，多余的长度收碎褶

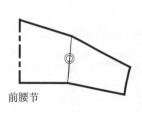

前腰节

前衣摆

第十一章　连衣裙

第一节　圆领连衣裙款和吊带连衣裙结构的区别

用圆领连衣裙的纸样改成吊带连衣裙的款式,就会看到胸上和胸下的部位都出现了空鼓现象,因此这两种板型是不一样的。因此,我们在绘制吊带连衣裙时要在胸口处增加一个省道,这个省道也可以多种方式进行转化,而胸下部位可通过增大腰省量的方式来进行处理。

圆领连衣裙示意图

吊带连衣裙示意图

第二节　连衣裙衣片的形状

1. 连衣裙——平腰节的衣片形状

2. 连衣裙——低腰节的衣片形状

3. 连衣裙——高腰节的衣片形状

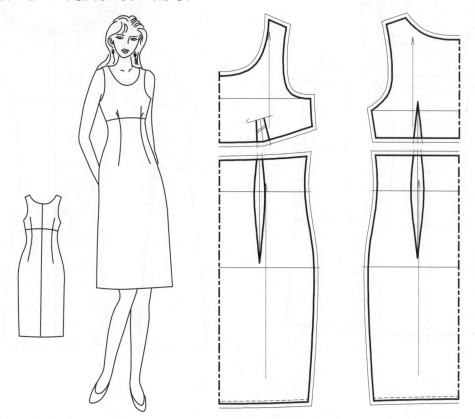

第三节　连衣裙实例

第一款　无袖圆领连衣裙

单位：cm

制图部位	制图尺寸
后中	75
胸围	90
腰围	73
肩宽	36
袖隆	43

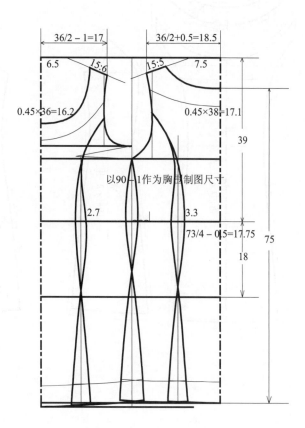

以90−1作为胸围制图尺寸

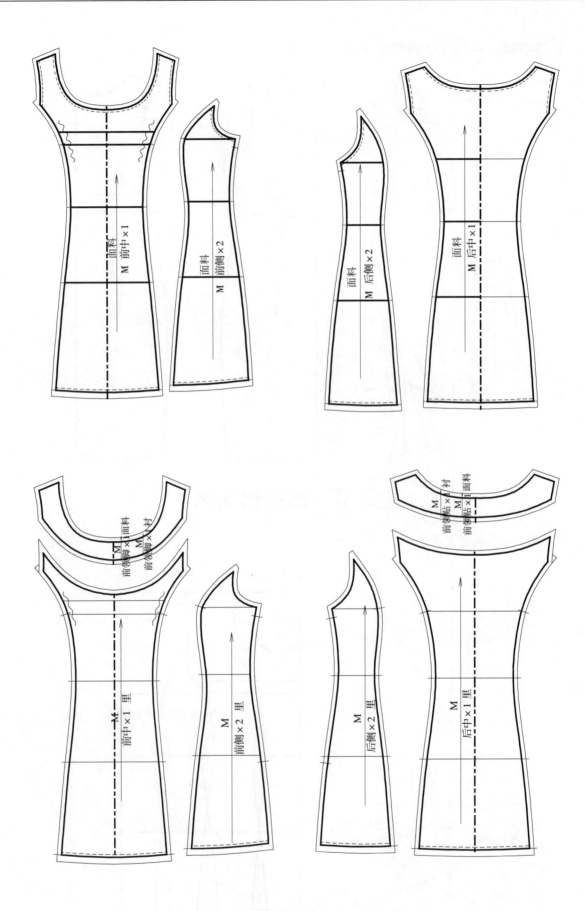

第二款 吊带连衣裙

单位：cm

制图部位	制图尺寸
后中长	85
胸围	90
胸下	77.5
下摆	200

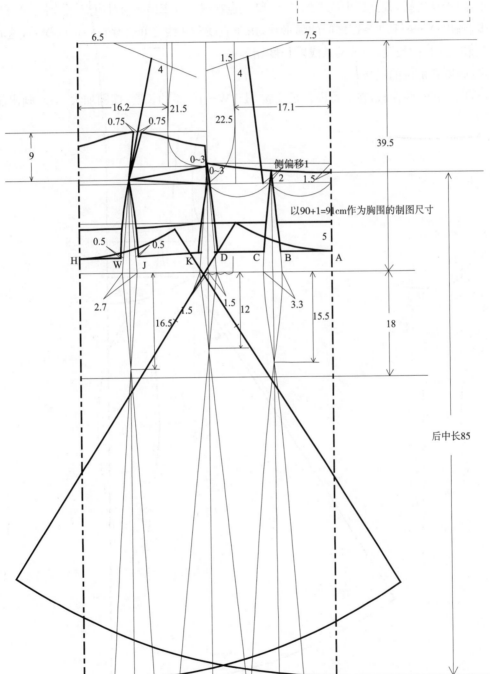

以90+1=91cm作为胸围的制图尺寸

注意:在这类款式中有两个部位尺寸是基本固定的:

① 胸下分割线的位置是位于 BP 点向下 7.5 的位置,在这个位置分割,既符合人的视觉习惯,又可以托住乳房,而不会有不适的感觉,只有在极少的情况下,才会在其它位置分割。

② 胸下收皱的位置应该设置在距离前中线 5.5cm 的位置。

连衣裙下摆的快速画法

腰节断开的连衣裙的裙摆(以后片为例)常规的方法是:把基本型的后中片和后侧片对接合并,再根据摆围的大小,运用切展拉开的方法,调整摆围的尺寸而得到的。这里我们介绍一种当腰节在水平状态断开时,更加简便、快速的下摆制图方法。

第一步:以后片腰部短开的位置,即线段 AB+CD 的长度,画一条与后中线相平行的竖线 EF;

第二步:再以摆围/4-0.5,即 200/4-0.5=49.5,画一条与后中线相平行的竖线 GF;

第三步:将纸样对折,找到后中线上的 A 点和 L 点在线段和 EF 上的对应点,分别是 A′和 L′;

第四步:画出 A~A′和 L~L′之间的弧形线,由于直线和弧线之间会存在一定的误差,这时,要重新调整 A~A′和 L~L′的长度,使这两条线段长度相等;

第五步:画顺各部位的线条;

第六步:以后裙片为模板,在上臀围补足前腰 H~W+J~K 的长度,摆围加大 1cm,画出前裙片。

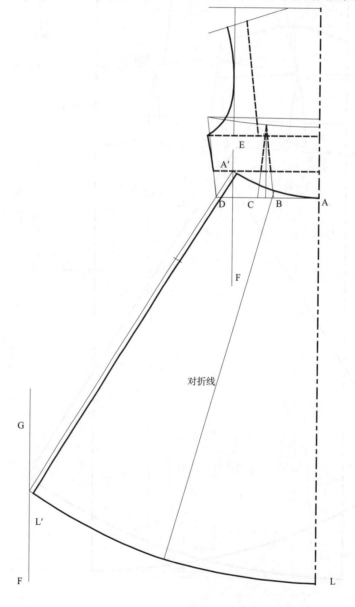

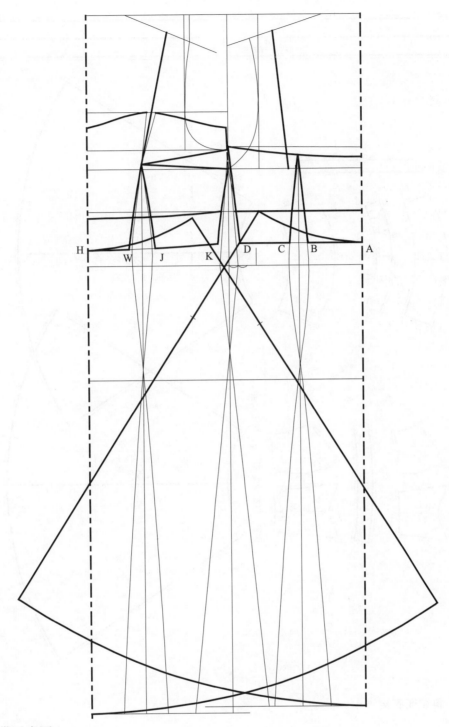

活动吊带示意图

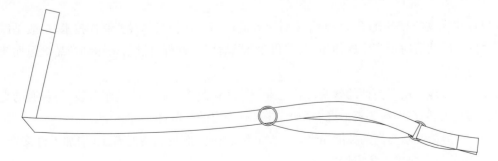

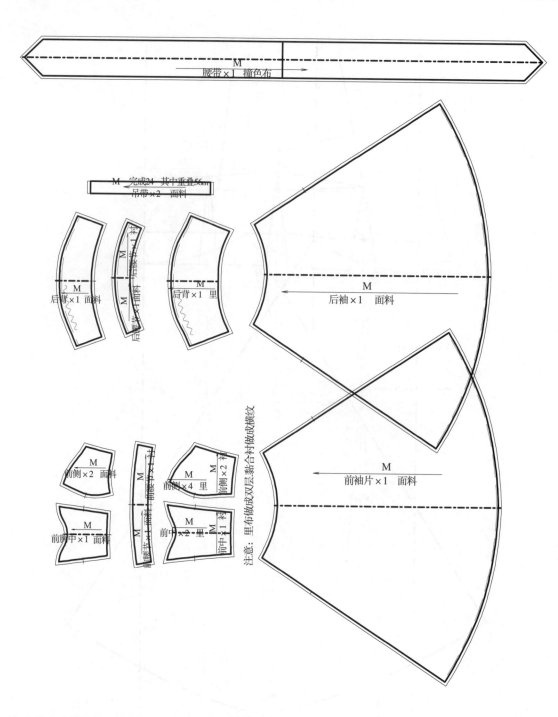

第三款 斜纹连衣裙

1. 斜(纵)纹服装的特点

斜纹也称作纵纹(BIASCUT)，是近年来时装界流行的一种新兴的裁剪制作技术，一般是以45°正斜纹作为裁片的布纹状态时所产生的伸缩性、柔和性、活跃性等特殊的性能，来达到产品飘逸而流畅，自然且时尚的独特效果。

斜纹技术更多地应用于高档的丝绸、绉纱、雪纺等面料制作的高档晚礼服时装，与普通的直纹、横纹服装相比较，斜纹服装在面料要求上更加高档，并且有一定的局限性。

在结构设计方面要求更高的技能和经验。在缝纫制作方面更加费时费工，增加了许多新的工艺处理，对工作人员的技术要求也相应地提高。

2. 斜(纵)纹服装技术要领

① 选料,通常最适合斜纹服装的面料是丝绸,包括电力纺、双绉、雪纺等。另外棉、麻、针织面料也可以用来制作斜纹服装。其它的如有特殊条格、图案纹路的纯毛面料和化纤面料也可以选用。

② 斜纹可以巧妙地与直纹、横纹相结合使用,从而达到更新颖完美的效果。

③ 在用斜纹制作水平下摆或垂坠领型时容易出现左右不对称的现象,这时要有意识地将纸样修剪成不对称的形状,通过反复调节和试制,最终使服装的下摆和垂坠领达到对称平衡的效果。

④ 由于斜纹具有多变性和不确定性,在打板时许多部位往往依靠纸样师的经验和运用平面制图和立体裁剪相结合的方法来完成。

当我们用斜纹来完成一件服装以后在自然状态下会发现围度变小了,而长度由于斜纹悬垂性变大的原因而变长了,因此我们在打板时应适当增加围度,减少衣长。

⑤ 斜纹服装尽量少设省位,也可以只在后片设后腰省,其它的利用面料的悬垂、伸拉性来达到合体的要求。

⑥ 斜纹的方向要根据实际经验灵活地运用。例如吊带款式的斜纹方向要和受力方向一致。

⑦ 斜纹服装在排料裁剪时要注意,较长的连衣裙裁片尽量避免前后同方向,即布纹线呈螺旋形的裁法,这种裁法,会产生衣服完成后朝一边旋转的弊病,衣长越长,弊病越明显,正确的方法是采用前后布纹线呈"人"字形的排料方法进行裁剪。

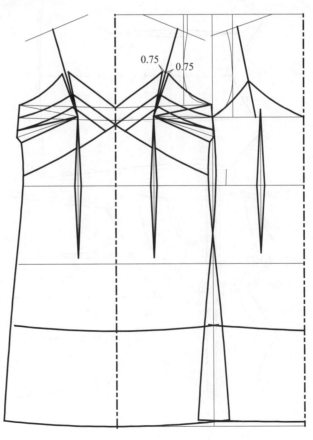

单位:cm

制图部位	制图尺寸
后中	75
胸围	90
腰围	79
肩宽	
吊带长 (参考尺寸)	

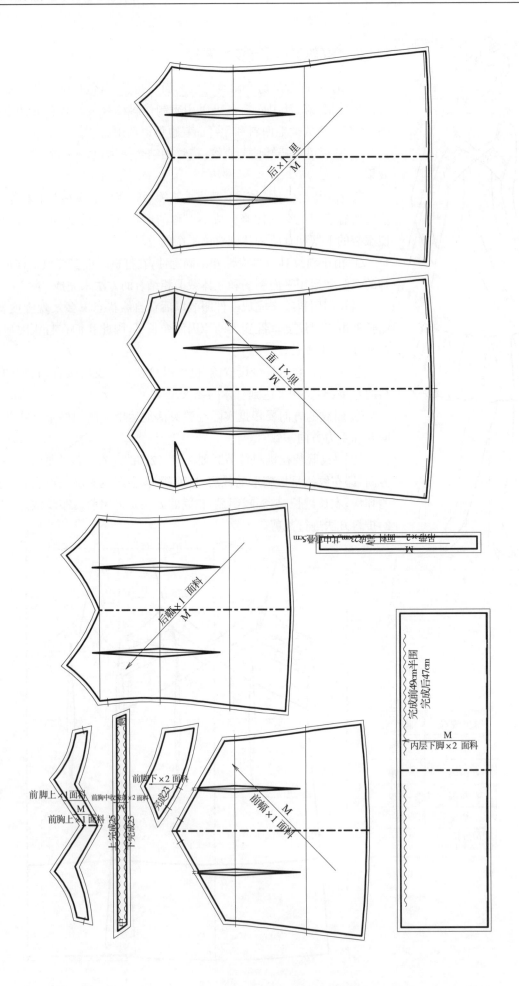

第四款 波浪袖连衣裙

单位：cm

制图部位	制图尺寸
后中	85
胸围	90
腰围	参考尺寸
肩宽	36
袖隆	44

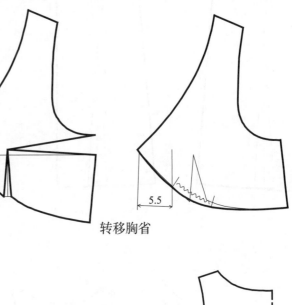

转移胸省

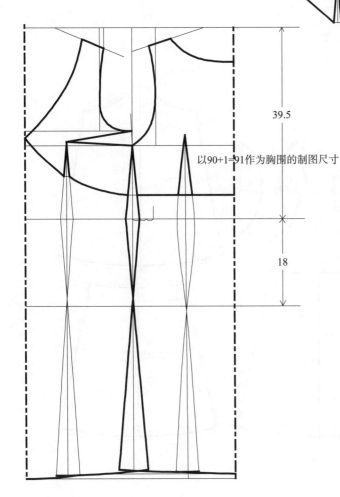

39.5

以90+1=91作为胸围的制图尺寸

18

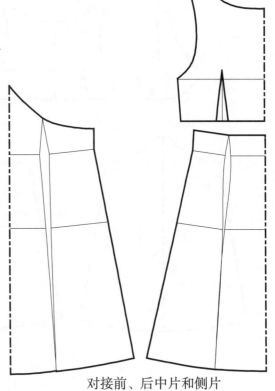

对接前、后中片和侧片

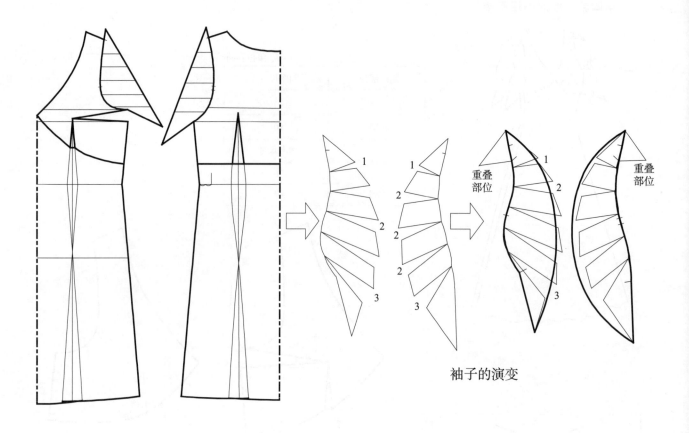

袖子的演变

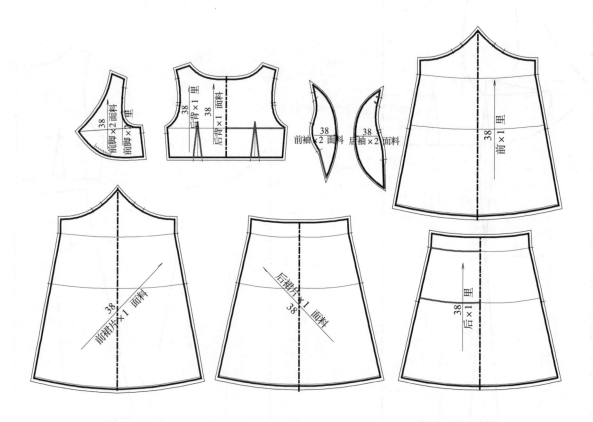

第五款 宽松真丝连衣裙(线耳做法)

制图部位	制图尺寸
后中	75
胸围	94
腰围	93
摆围	120
肩宽	36
袖窿	43

单位：cm

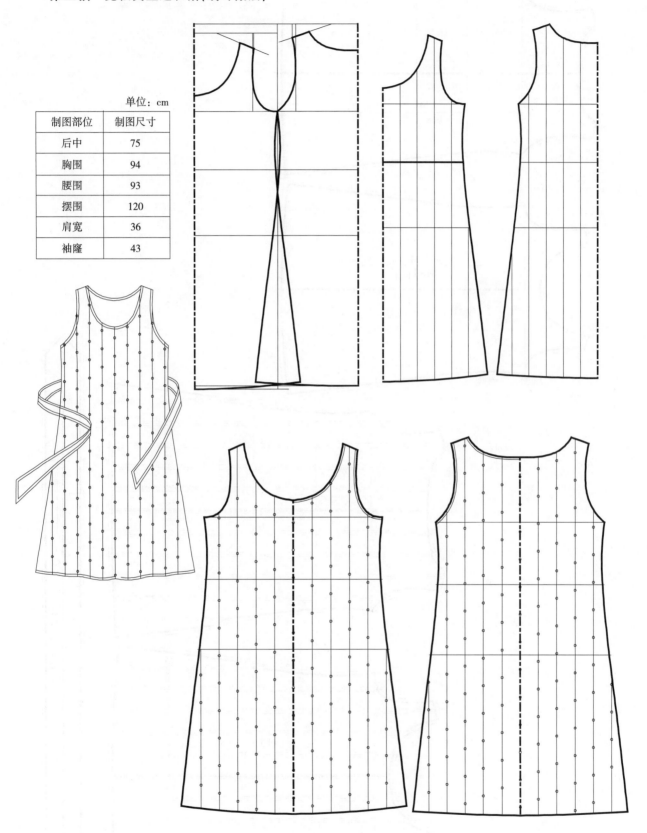

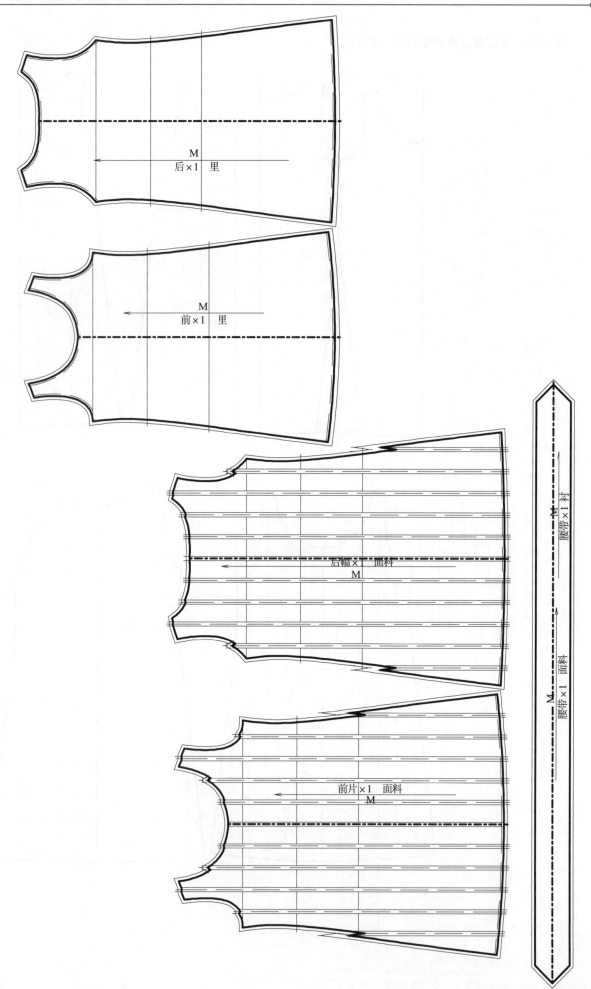

后×1 里

前×1 里

后幅×1 面料
M

前片×1 面料
M

腰带×1 衬

腰带×1 面料

第六款　斜门襟连衣裙

单位：cm

制图部位	制图尺寸
后中	75
胸围	92
腰围	75
肩宽	36
袖窿	43

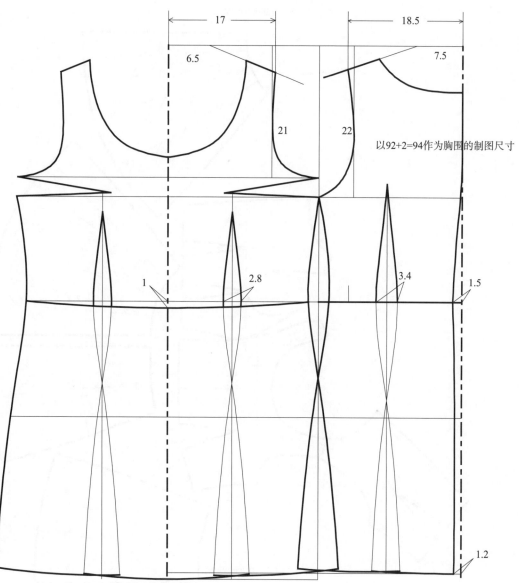

以92+2=94作为胸围的制图尺寸

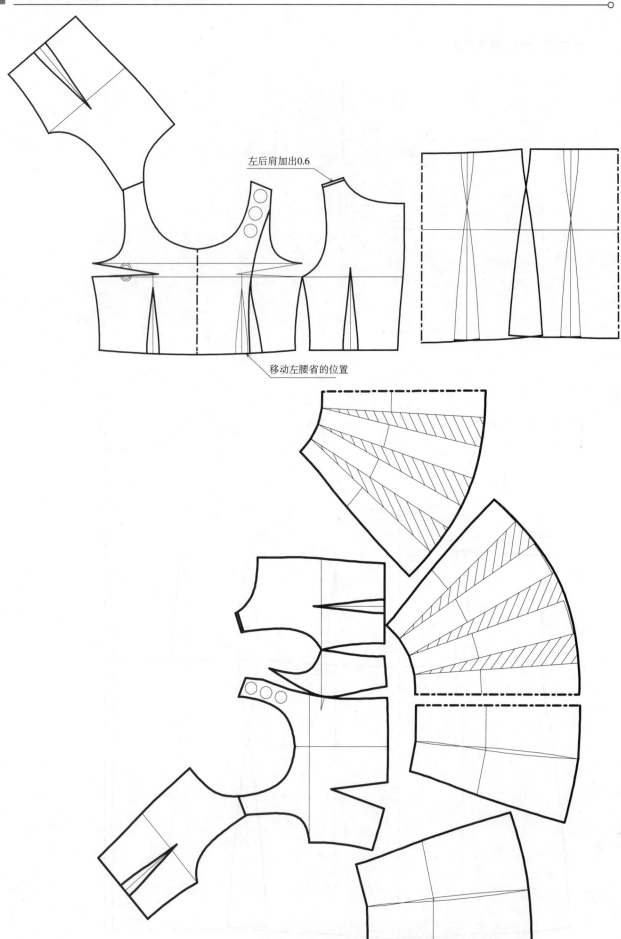

左后肩加出0.6

移动左腰省的位置

第十二章 插肩袖和连身袖

第一节 插肩袖制图要领

插肩袖是将普通的圆装袖的上部分延伸插入衣身肩部和领圈部分的一种比较特殊的袖型结构,由于插肩袖有独特的弧形线造型,因而在时装设计中经常用到,在绘制插肩袖款式时需要注意:

1. 首先确定前、后袖中线的倾斜程度,袖中线的倾斜度越大,袖子越贴体,同时,袖肥越小,袖山高越高,但是,袖中线的倾斜度向下斜到一定程度就不可再增加,否则会抬手困难。

2. 当袖中线的倾斜度越平,袖肥就越大,这时候手臂活动自如,只是在手臂下垂时,袖子底部会出现褶痕而影响美观,因此,袖肥较大的结构常常用于宽松式服装或是运动型服装。

3. 另外,为了使袖中缝不向后偏移,通常前袖中线的倾斜度会比后袖中线要更加斜一些。

4. 合体插肩袖在制图时,可以先按照普通圆装袖的相关数值来确定袖窿深的的位置,然后再下降0.5~1cm;如果是宽松型的插肩袖款式,则可以根据具体的款式要求,在这个基础上再下降1~3cm。

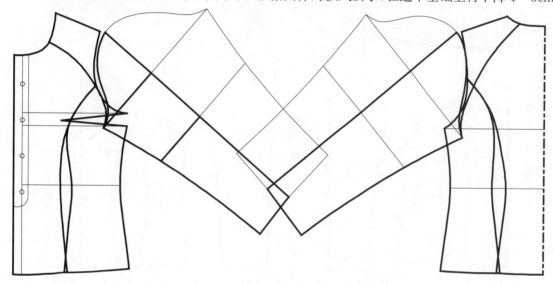

第二节 插肩袖三种基本型

第一种 合体插肩袖

单位:cm

制图部位	制图尺寸
后中	58
胸围	95
腰围	80
袖长（肩颈点度）	70
袖口	25
袖肥	37

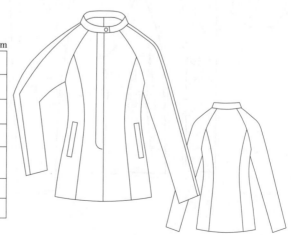

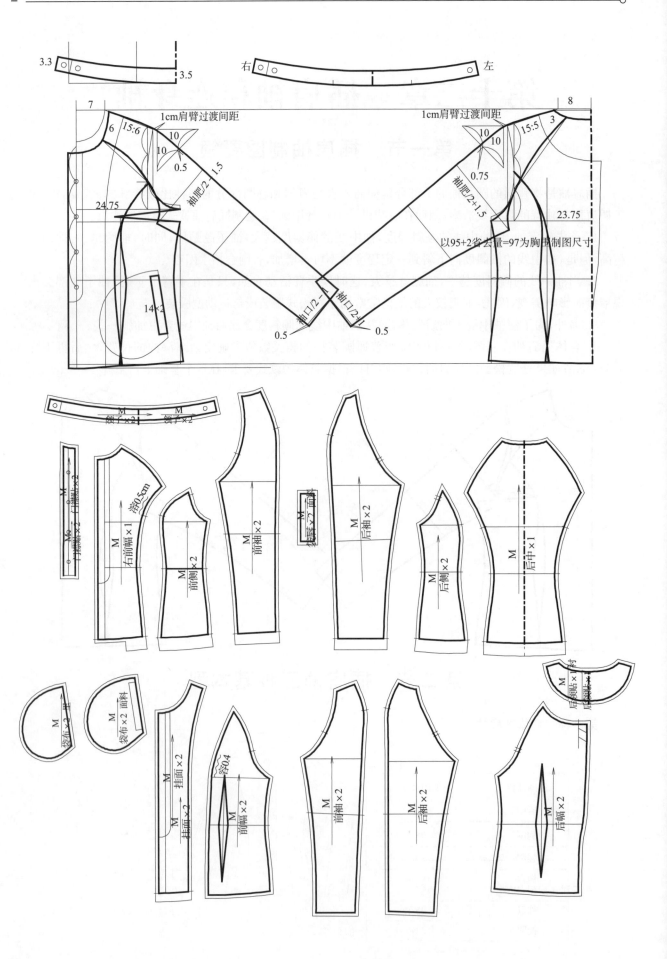

第二种 宽松插肩袖

宽松插肩袖和合体插肩袖相对比,其中:

① 各部位尺寸增大;

② 采用无省的板型;

③ 胸围线继续下降 1~3cm;

④ 袖中线的角度更加平缓。

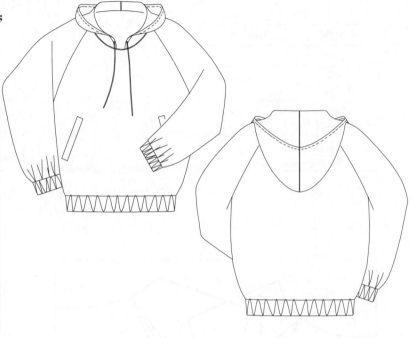

单位: cm

制图部位	制图尺寸
后中	63
胸围	99
腰围	99
下摆 (橡筋)	84
袖长 (肩颈点度)	71.5
袖口	橡筋20
	拉开30
袖肥	43

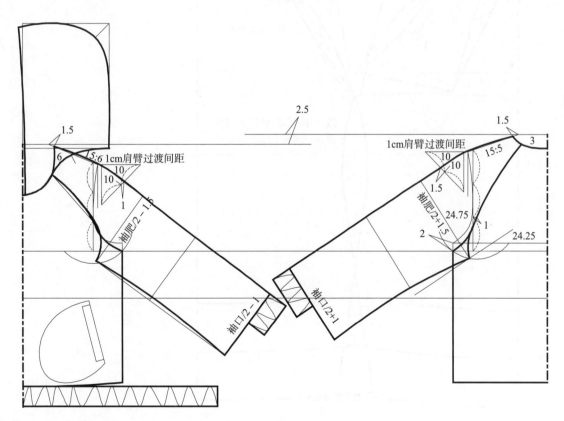

第三种 多褶插肩袖

当前、后领口和袖子都有很多褶的时候,可以采取减小胸围制图尺寸,并把插肩袖的分割线画出直线,再向上和向下各 0.5~1cm 调弯的方式快速制图。

单位：cm

制图部位	制图尺寸
后中	62
胸围 （参考尺寸）	98
腰围 （参考尺寸）	
袖长 （肩颈点度）	16.8
袖口	26

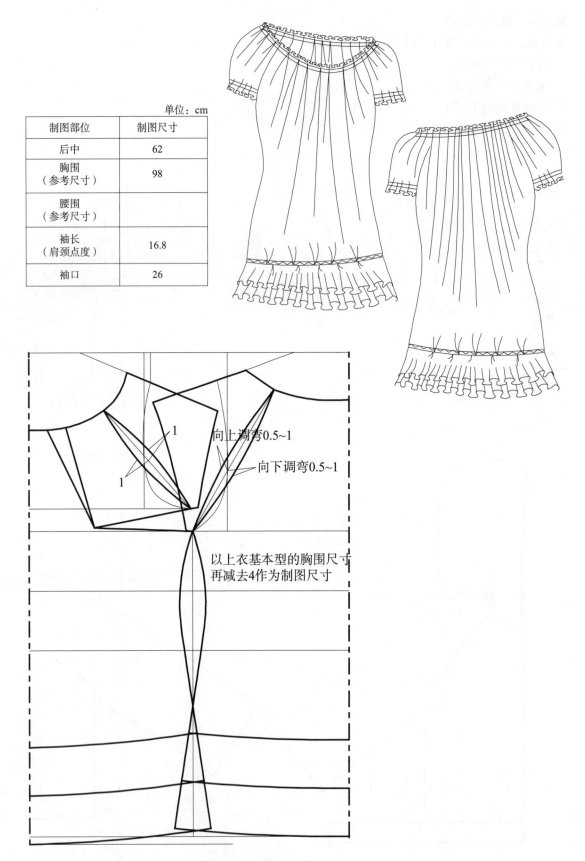

向上调弯0.5~1

向下调弯0.5~1

以上衣基本型的胸围尺寸
再减去4作为制图尺寸

当领口和腰部都有褶时领口褶量加多，腰部褶量加少

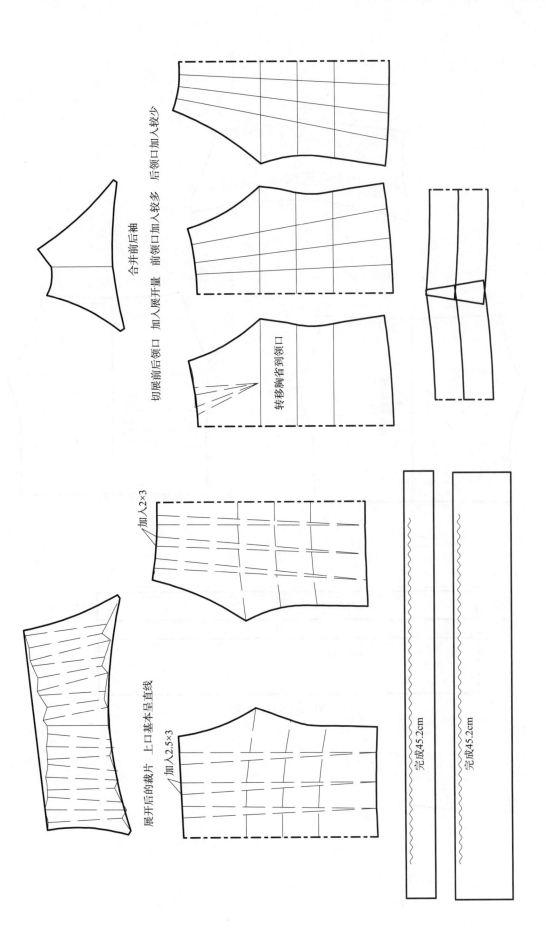

合并前后袖

切展前后领口　加入展开量　前领口加入较多　后领口加入较少

转移胸省到领口

加入2×3

展开后的裁片　上口基本呈直线

加入2.5×3

完成45.2cm

完成45.2cm

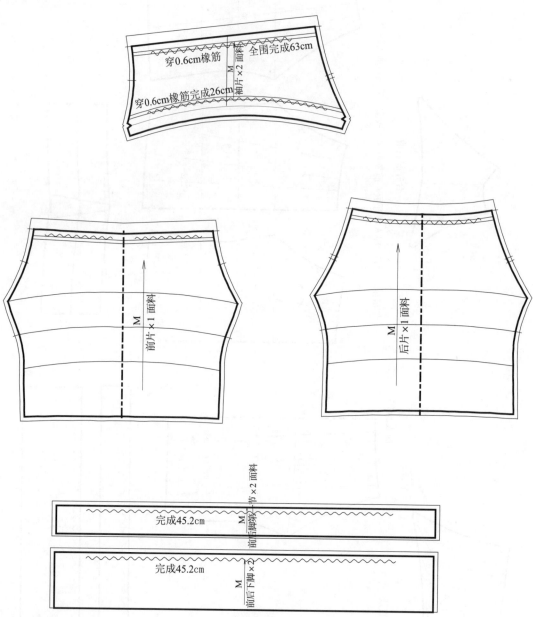

下脚运用直线图形处理

第三节　插肩袖的分割线变化

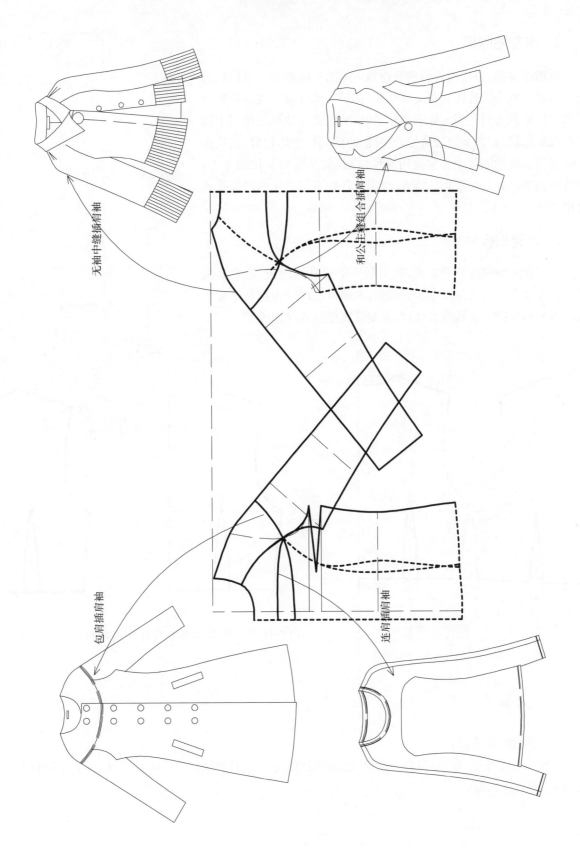

第四节　连身袖

1. 连身袖原理

所谓连身袖,是指袖片和衣身连为一体的特殊袖型。假设我们把人体看成两个圆柱体互相交叉的几何图形,就可以发现这种袖型是用一块整的布料包裹人体躯干和手臂,所以连身袖服装相当于圆装袖服装来说,整体都比较宽松,连身袖的活动机能比较好,在我国传统服饰和运动服装中常常使用这种袖型,就是在时装化的今天,连身袖仍然以轻松而随意的特点,出现于各种不同变化的时装款式之中。

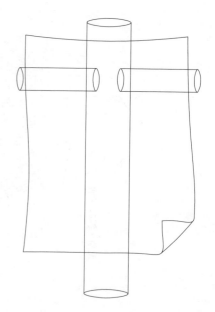

2. 连身袖模板

为了快速制成连身袖款式,我们制作了连身袖模板,这个模板是以合体女上衣的后片基本型为依据,大家可以理解为在合体女上衣基本型的基础上进行放大处理,再制成宽松的连身袖板型。

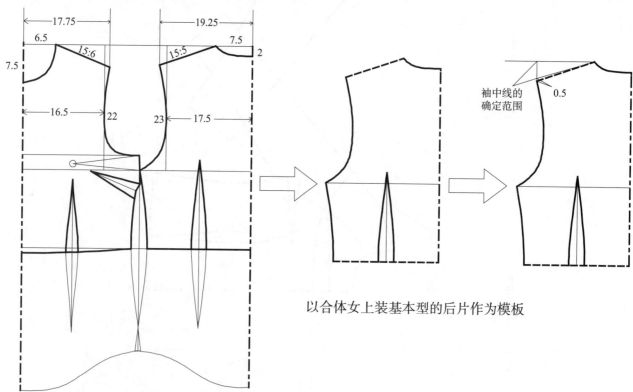

以合体女上装基本型的后片作为模板

连身袖的绘图方法:

在同一个平面上,前、后肩斜一致,袖肥袖口差数为 1.2,前领横和后领横差数为 0.5,如果有门襟可以加 0.5~1cm 的撇胸。

3. 怎样确定连身袖款式的袖子线的角度

没有肩缝的款式和有格子的款式画上平线

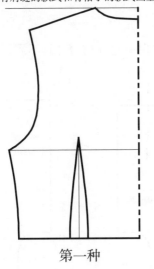

第一种

没有特殊要求的款式把肩缝延长

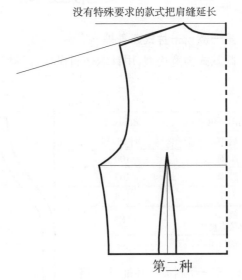

第二种

袖口有波浪的向上画

0.5

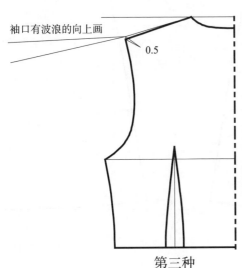

第三种

袖中线为弯形线的画法

10

2

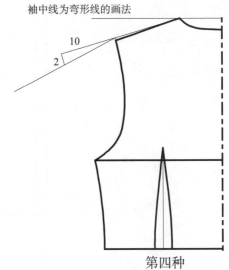

第四种

4. 连身袖侧缝形状

连身袖的袖底缝和衣身侧缝的连线形状可根据款式需要分成三种类型,即 A 型、B 型和 C 型,(见下图)。其中:

A 型为钝角形状,成品效果为蝙蝠袖的袖型;

B 型为接近直角的形状,成品效果为袖子肥大宽松,适合运动装的类型;

C 型为锐角的形状,成品效果相对比较合体。

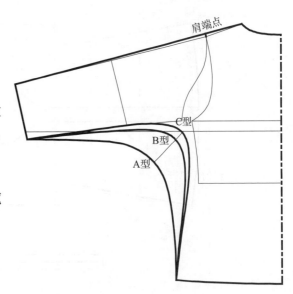

肩端点

C型
B型
A型

第五节　连身袖款式实例

第一款　一片式连身袖

此款式为宽松型,用针织面料做成,门襟和领子连接在一起,没有叠门,不需要钮扣和钮门。

制图部位	制图尺寸
后中	75
胸围	100
腰围	103
下摆	128
袖长 （肩颈点度）	21.5
袖口	54

单位：cm

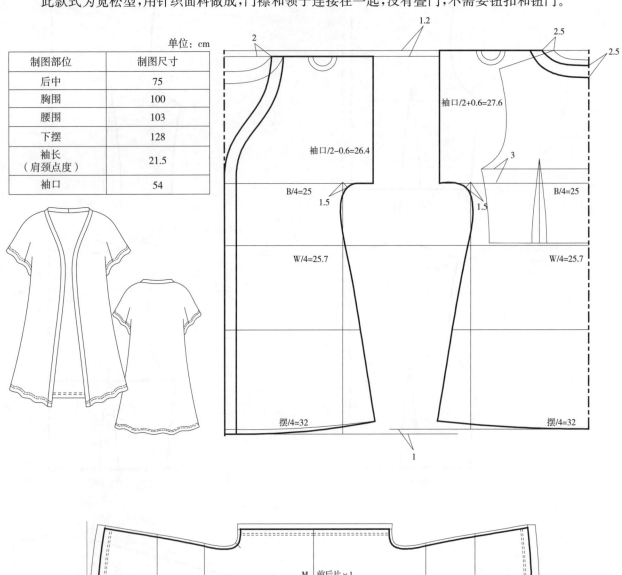

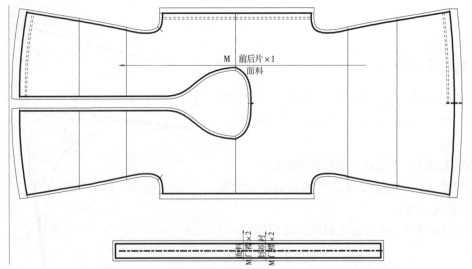

第二款 两片式连身袖

此款无里布,由前后两片组成,领圈、袖口和下摆都做绣花边缘处理,左侧装隐形拉链。

单位:cm

制图部位	制图尺寸
后中	84
胸围	96
腰围	90
下摆	114
袖长 (肩颈点度)	30
袖口	38

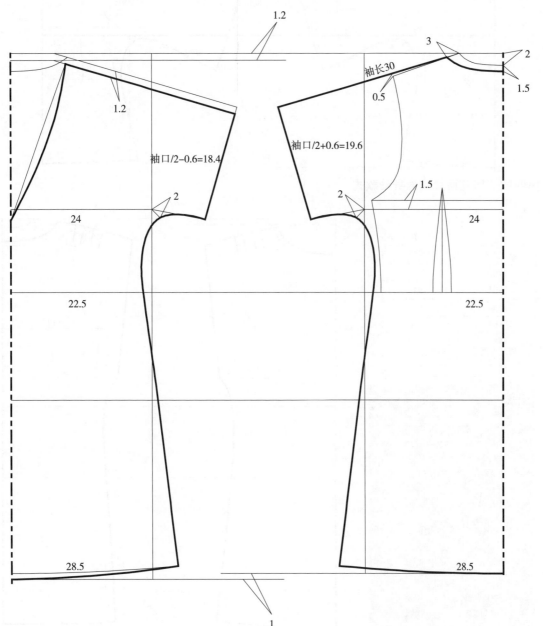

第三款　波浪袖口连身袖

单位：cm

制图部位	制图尺寸
后中	61.5
胸围	104
腰围	94
下摆	114
袖长（肩颈点度）	50.5
袖口	56

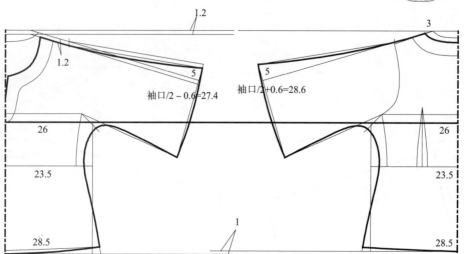

袖口/2 − 0.6=27.4　　袖口/2+0.6=28.6

第四款　印花两片式连身袖款式

单位：cm

制图部位	制图尺寸
后中	86
胸围	94
腰围	94
下摆	106
袖长（肩颈点度）	13
袖口	61

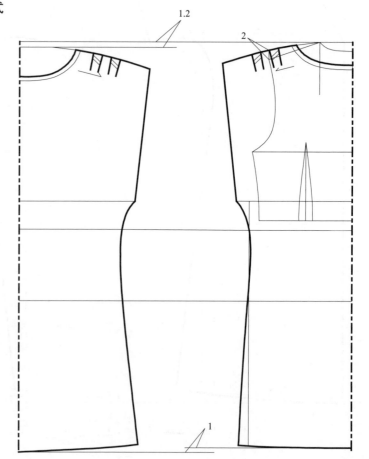

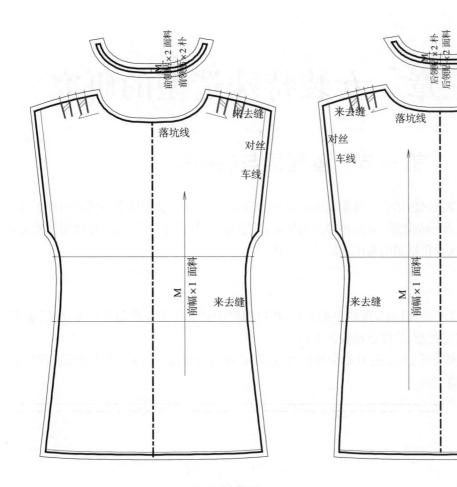

面布

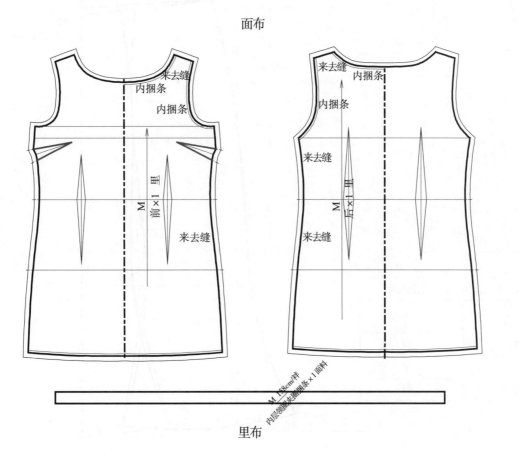

里布

第十三章 女装特殊造型的研究

第一节 鱼尾裙与喇叭裙

鱼尾裙是整体造型像鱼尾的裙子。通常在膝围以上的部分为紧身的,膝围以下的部分向外扩张开。鱼尾裙的种类很多,有长款的鱼尾裙,分割拼接的鱼尾裙,插角鱼尾裙,六片鱼尾裙,八片鱼尾裙等等,这里分别以六片鱼尾裙和八片鱼尾裙的制图方法进行对比。

1. 六片鱼尾裙

鱼尾裙和喇叭裙为了使前、后裙片保持平衡关系,腰口和臀围每一片的长度都是相等,所以采用了一种简化的绘图方式,就是把前、后腰省都设为 2.5cm。

鱼尾裙的下摆在臀围线下 23cm 处开始向外扩大,这样处理的目的第一是为了体现鱼尾造型,第二是使膝围处有更大的活动空间。

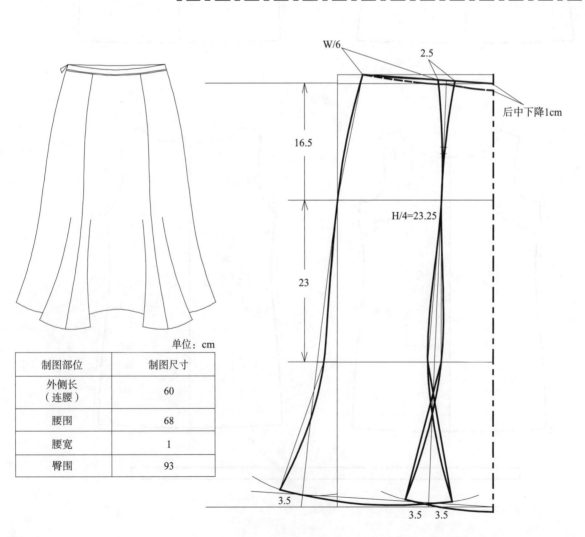

单位：cm

制图部位	制图尺寸
外侧长（连腰）	60
腰围	68
腰宽	1
臀围	93

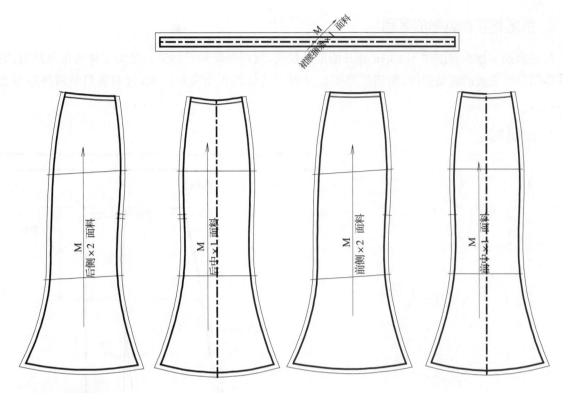

2. 八片鱼尾裙

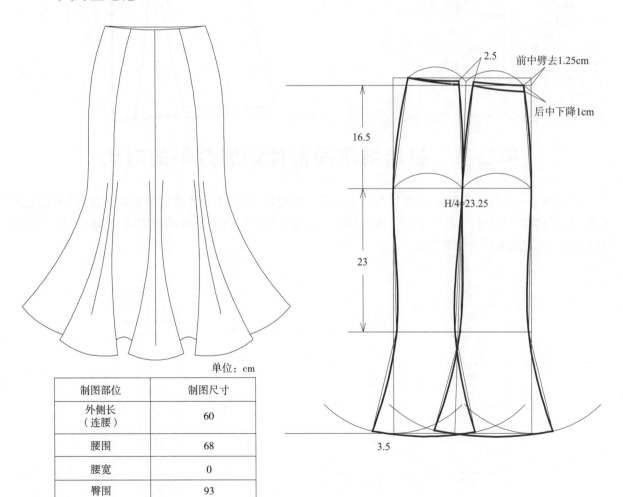

单位：cm

制图部位	制图尺寸
外侧长（连腰）	60
腰围	68
腰宽	0
臀围	93

3. 鱼尾裙和喇叭裙的区别

鱼尾裙的下摆在臀围线下 23cm 处开始向外扩大,这样处理的目的第一是为了体现鱼尾造型,第二是使膝围处有更大的活动空间,而喇叭裙则是从臀围线处就开始向外扩大,这两者只是两种造型上的区别。

4. 喇叭裙

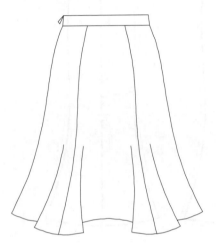

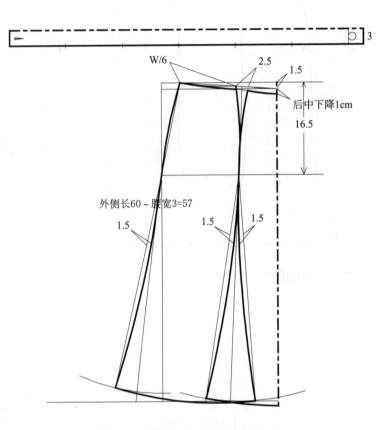

单位:cm

制图部位	制图尺寸
外侧长 (连腰)	60
腰围	68
腰宽	3
臀围	93

第二节　铅笔裤不同部位切展效果的对比

铅笔裤是一种形象的名称,它是指裤管像铅笔一样细长,穿着于人体会有瘦腿的感觉,许多铅笔裤在腰部和口袋之间收活褶,使上下产生视觉反差。这里我们分别以铅笔裤的腿围线、膝围线、脚口线作为基准线,进行切展后的效果对比。

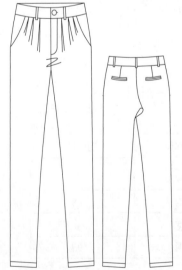

单位:cm

制图部位	制图尺寸
外侧长 (连腰)	95
腰围	75
臀围	89
膝围	36
脚口	30
前裆	22
后裆	33.5

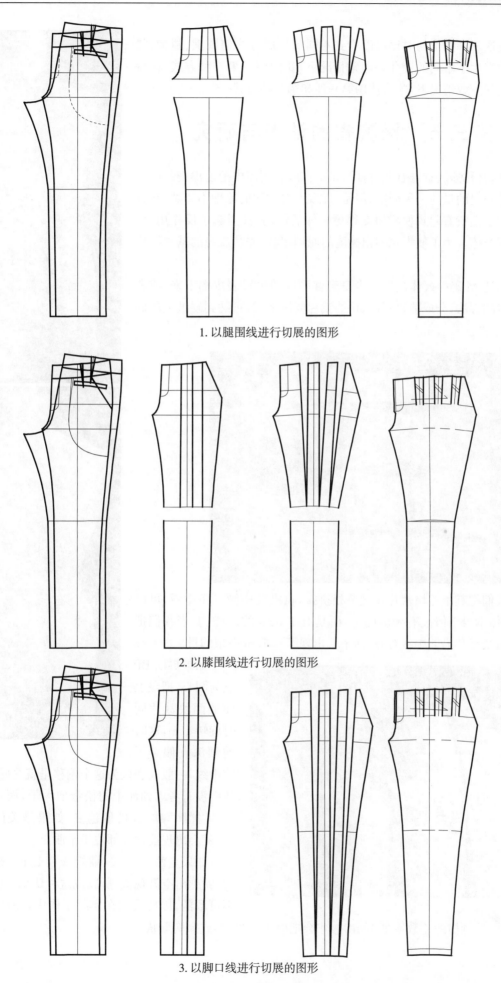

1. 以腿围线进行切展的图形

2. 以膝围线进行切展的图形

3. 以脚口线进行切展的图形

通过这三种图形的对比可以看到不同的切展方式使臀围、腿围、膝围的尺寸产生了不同的变化。通常情况下，我们使用第二种方式，在特殊的款式和少数情况下，才会使用第一种和第三种方式。

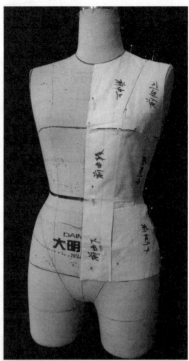

第三节　撇胸省的认识与研究

撇胸，又称撇胸省，撇门和劈门，是指在服装制图中把前襟胸部以上部分切除一定的量的一种做法，但是，许多人对撇胸的原理不清楚，导致加了撇胸不但没有起到使衣服变得更合体的作用，甚至起了反作用，变得更加不合体。为了使大家明白撇胸的原理，我们先从衣身的基本结构来分析：

我们把 M 码的人体模型上半身到臀围线的位置表皮揭下来，或者运用立裁的方法，分成前、后各六块的裁片复制下来，再贴到硬纸上制成模板，见下图。

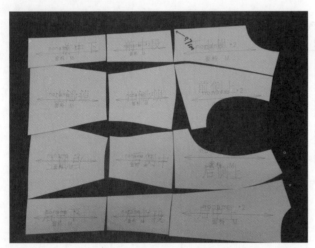

当我们把其中三块裁片在腰节处拼接，再沿前中画一条中线，可以看到，人体本身不但没有撇胸的量，而是有 1.5cm 的反撇胸，当我们把前中的三块裁片沿前中线对齐，前中就出现了 0.7cm 空余的量。

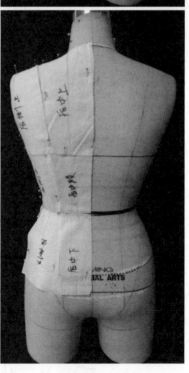

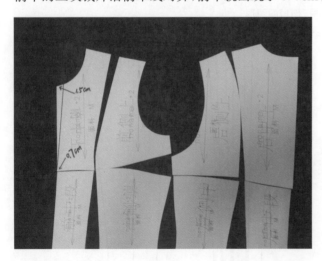

如果再以 BP 点为圆心，把最上面的两块裁片同时旋转 1cm，这时前领深点偏离了前中线，一般人会认为这个偏移量就是撇胸，但是他们没有考虑到前中的松量增大了，而且这个所谓的"撇胸"越大，松量越多，如果是关门领型款式，就会出现前领圈部位不平服，

如果是西装款式，翻折线就越长，穿着人体后，就越出空鼓现象，所以说这种认识和做法是很不可取的，因此我们在实际工作中，要慎用撇胸，只有在前、后领横的差数不足 1cm 时，才会把前中撇去，形成撇胸形状。

第四节　胸口转省

这个款看似简单,关键在于加入褶量后前中线不可断开,只能连接直线,并且胸围不可变小,因此展开线的置位非常重要。

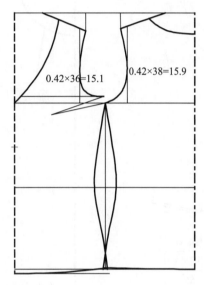

0.42×36=15.1

0.42×38=15.9

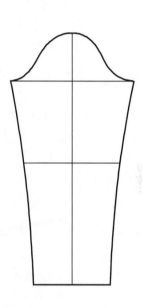

单位：cm

制图部位	制图尺寸
后中	54
胸围	84
腰围	74
肩宽	34
袖长	57
袖口	18
袖肥	29
袖窿	41

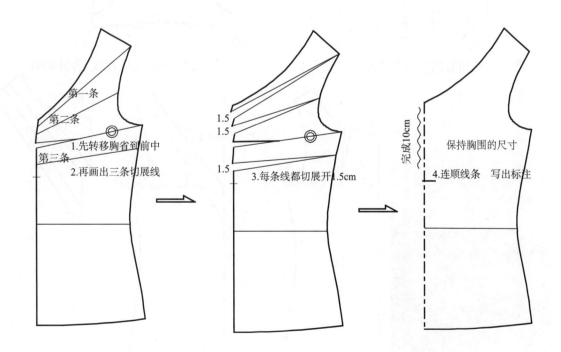

第一条

第二条

1.先转移胸省到前中

第三条

2.再画出三条切展线

1.5
1.5

1.5

3.每条线都切展开1.5cm

完成10cm

保持胸围的尺寸

4.连顺线条　写出标注

第五节　垂坠领演变步骤

垂坠领的效果和以下几个要素有关：(1)增大前领口时保持前胸围尺寸不变；(2)肩缝加褶控制垂坠起浪的数量和方向；(3)尽量不要采用没有垂性和比较厚的面料，而应该采用有垂性的面料，如：真丝、雪纺、化纤、薄针织等面料。

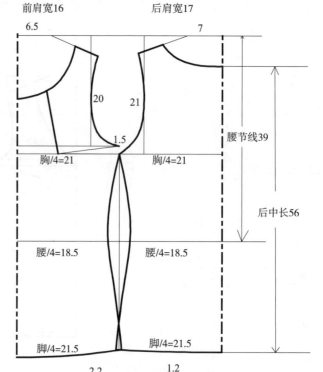

单位：cm

制图部位	制图尺寸
后中	56
胸围	84
腰围	74
下摆	86
肩宽	34
袖长	14.5
袖口	28
袖肥	29
袖窿	41

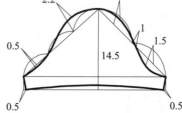

第一步画出有胸省的基本型　　　　　　第二步，测试垂坠程度，合并胸省

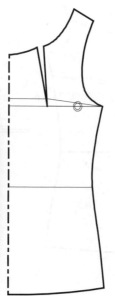

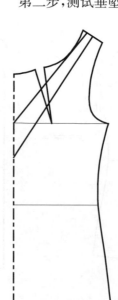

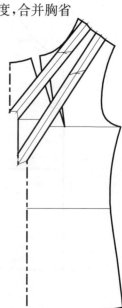

第三步,加入肩缝活褶

第四步,延长前中线,以胸围线侧点为圆心,旋转上半截至需要的垂坠程度

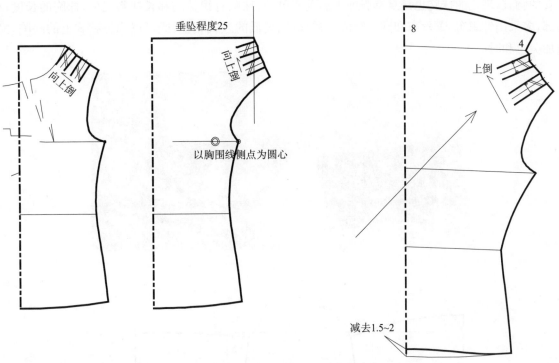

垂坠程度25

以胸围线侧点为圆心

8

4

上倒

减去1.5~2

第五步:1. 加出前领宽折边;2. 使下摆向上弯;3. 前片做成斜纹;

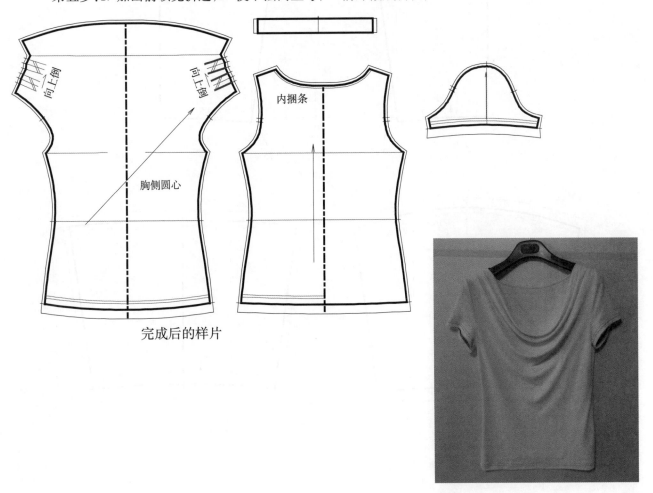

胸侧圆心

内捆条

完成后的样片

附一:短抹胸的绘图方法

在实际工作中,如果垂坠领的领口比较低或者面料比较透明的款式,就要考虑搭配抹胸。抹胸原为古代妇女的胸衣,现代的抹胸也是夏季服饰中的重要单品,抹胸有短抹胸和长抹胸之分,抹胸的长度仅护住胸部,多采用针织布、蕾丝布和网布制成,与领口比较低的款式相配,既可以弥补款式上的缺陷,又可以增加美感和时尚。

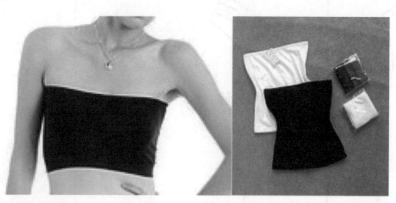

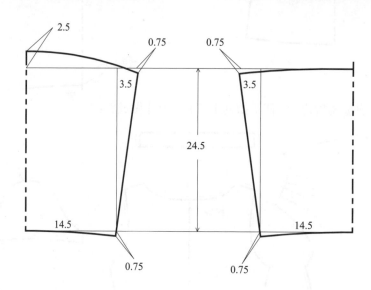

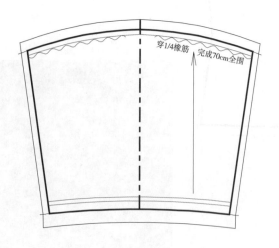

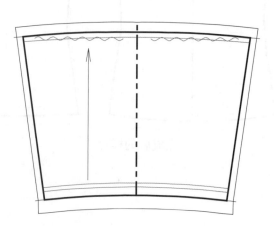

附二:外层变大的垂坠领

　　下面这个款式要求外层胸围可以适当增大尺寸,这种情况可将旋转的圆心放在腰围线的测点上,同时把垂坠程度再加大。

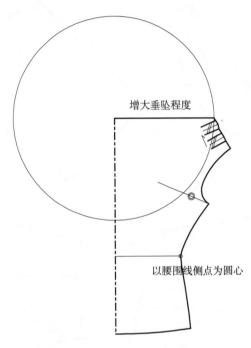

增大垂坠程度

以腰围线侧点为圆心

附三:领口加垂坠领

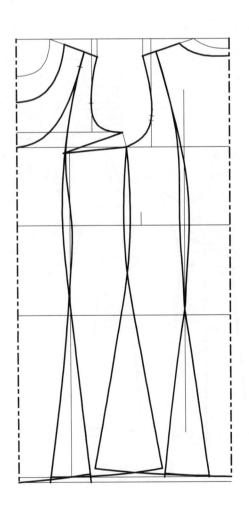

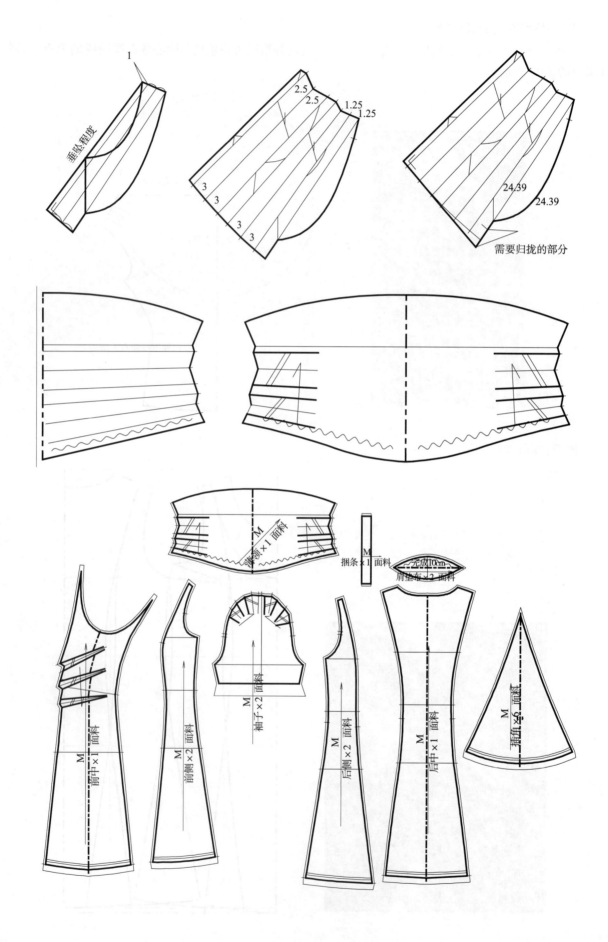

第六节 插角连身袖

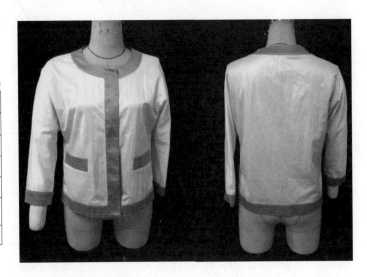

制图部位	制图尺寸
后中	54.5
胸围	100
腰围	96
下摆	102
袖长（肩颈点度）	58
袖口	27.5

单位：cm

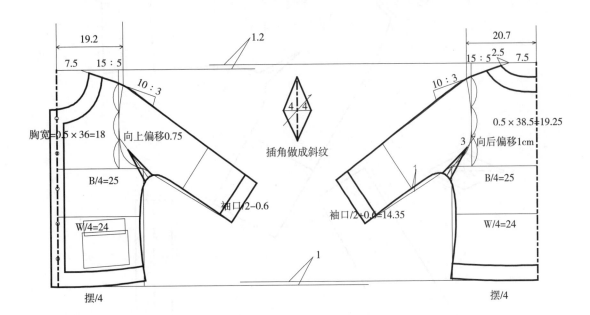

制图步骤

（1）以袖窿＝胸围的一半 50cm，画上衣基本型；并把前肩斜调整到 15：5；

（2）以 10：3 的比例确定前后袖中缝的倾斜度；

（3）后袖窿深分成三等分，在三分之一处向内偏移 1cm；

（4）前袖窿深分成三等分，在三分之一处向上偏移 0.75cm；

（5）插角做成前后一样长度。

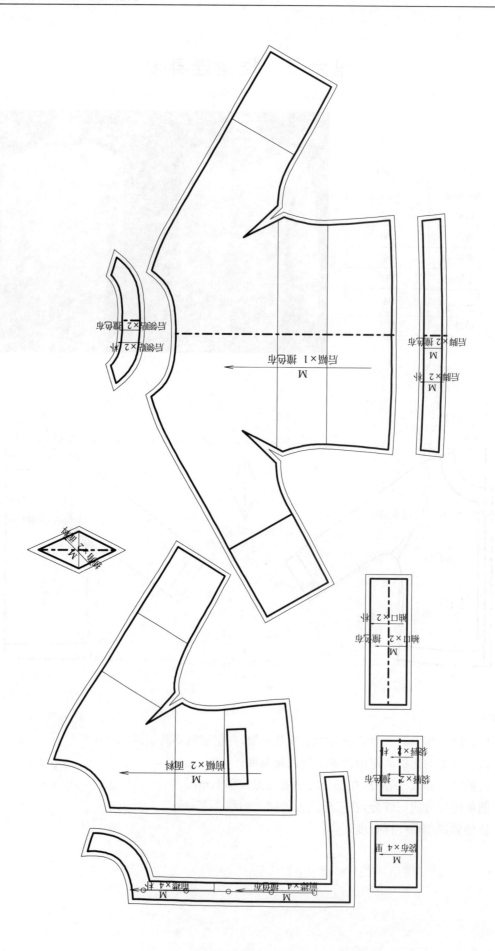

第七节　中披风

单位：cm

制图部位	制图尺寸
后中	67.5
胸围 （参考尺寸）	
腰围 （参考尺寸）	
摆围 （弯度）	254
侧长 （肩颈点度）	52
叠门 （上6）	下3.5

此款披风的肩颈点高出上平线，是为了使领圈部分立起来而设置，与普通的肩缝的形状有所不同。

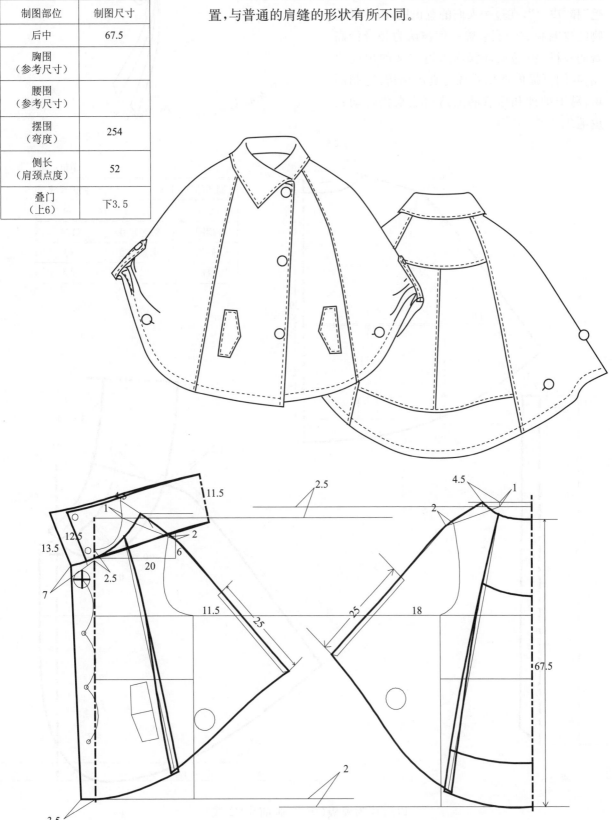

第八节　裘毛短披风

经过鞣（róu）制动物皮毛称为"裘皮"、"裘毛"和"皮草"，在过去人们的意识里，用珍稀动物的皮毛制成的服装曾一度被认为是身份高贵的象征，但是从环保和人道主义的角度出发，我们更提倡选用外观与真皮相仿，缝制简单，易于护理和保管的人造皮毛来代替动物皮毛。

制图部位		制图尺寸
后中		39
摆围	参考尺寸	174
侧长	肩颈点度	43
叠门		2.5

单位：cm

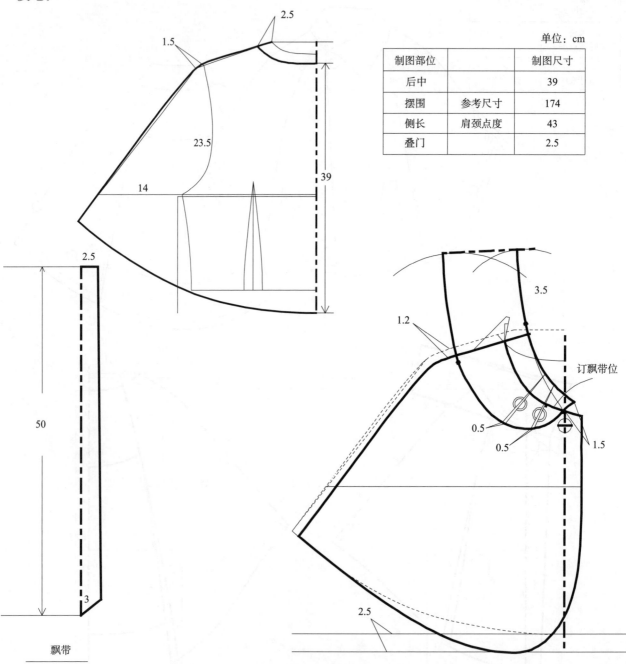

飘带

以后片为模板（虚线）画前片（实线）

第九节　花瓣袖研究

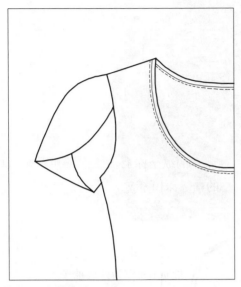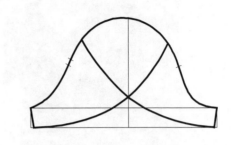

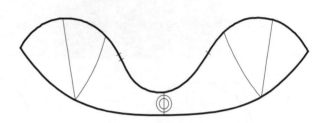

1. 花瓣袖加皱

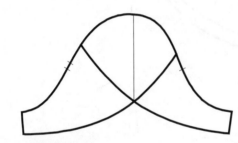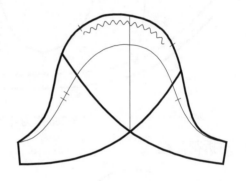

2. 花瓣袖加褶

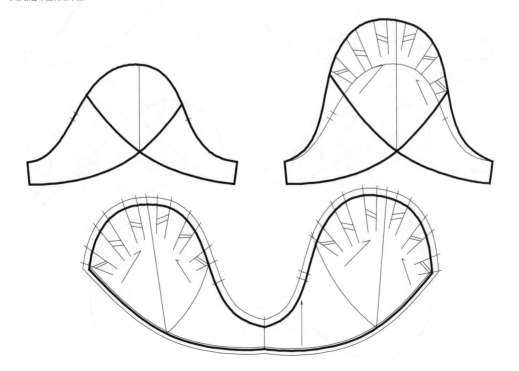

3. 双层花瓣袖

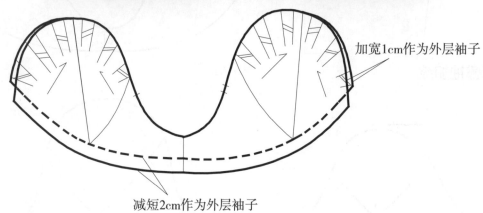

加宽1cm作为外层袖子

减短2cm作为外层袖子

4. 对折花瓣袖

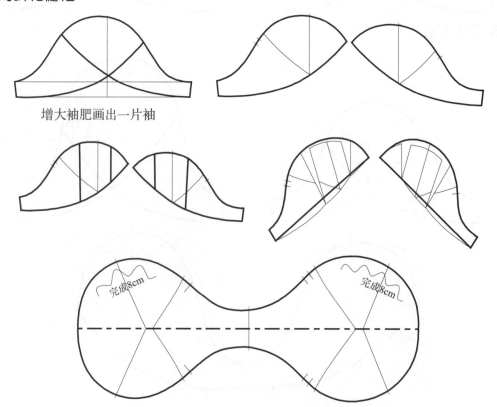

增大袖肥画出一片袖

完成8cm

完成8cm

第十节　其他造型的变化

1. 起纽条

要达到裁片起纽的效果,关键是设置好裁片偏移的角度和对准剪口。注意:偏移的角度不要太大,只需 15°~20° 就有明显的起纽效果。

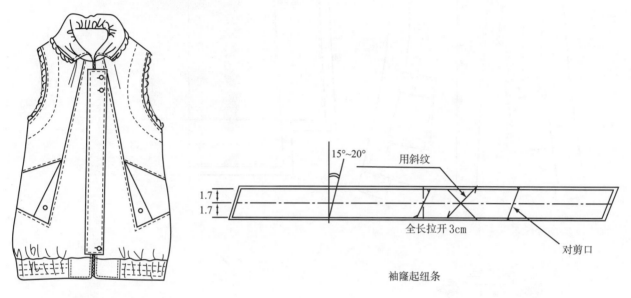

袖隆起纽条

2. 风琴袋

（1）圆角风琴袋纸样

风琴袋有很多种,这里只介绍三种最常见的做法,分别是圆角型、直角型和叠合型。

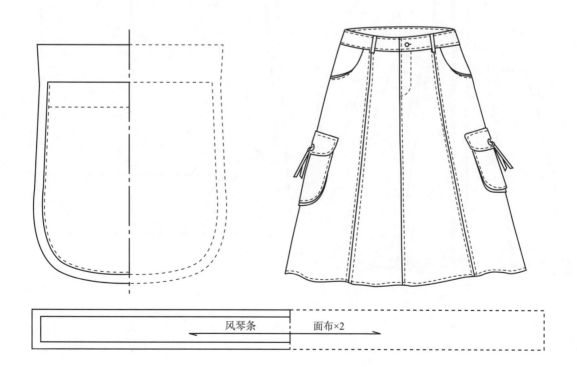

（2）直角风琴袋纸样

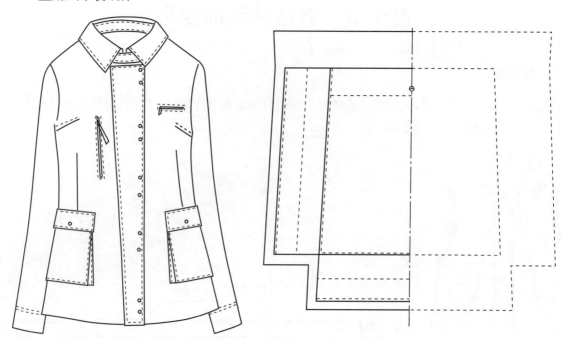

（3）叠合风琴袋纸样

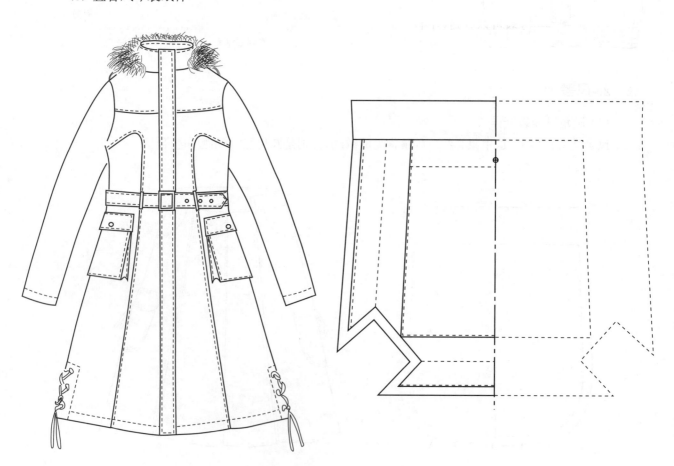

第十四章 外单打板与放码技术

第一节 外单打板技术要领

由于不同的国家和地区的人们体型不同,以及不同的国家的服装规格标准也各不相同,所以外贸服装的打板方法不能完全等同于内销品牌服装公司的方法,具体分为以下几点。

1. 熟悉专业术语

举例来说,日本与使用英文的国家的服装在表达方式和习惯上各不相同,而我国的外贸成衣出口主要由香港国际贸易来承接,再由大陆的省、市制衣厂来生产加工,其中又渗入了香港地区多年来从事服装业务的风格和习惯,因此,作为一个外单技术人员,首先要熟练掌握本公司的客户和产品的专业术语,本书中外单打板章节的内容中,全部采用公司和工厂生产工艺单的原文,没有作如何修改,以供读者参考。

2. 测量方式

从下面这份尺寸表可以看到,外单打板中的测量方式和内单有很多的区别,例如:袖长(后中度下),即表示袖长的尺寸是由后领中点到肩端点,再到袖口,共三个点之间的长度,见下图左。

而有关袖肥和袖窿的度量有多种表达方式,如:夹直,袖阔,夹圈等,这里的夹直是指肩端点到袖窿底部直量的长度,袖阔是袖肥的长度,夹圈是沿着袖窿弯量的长度,见下图右。

制图部位	制图尺寸	制图部位	制图尺寸
后中长	22'	袖长 (后中度下)	31'
膊宽	16'¼"		
胸围 (袖下 1'度)	39'	袖阔	13'¾"
		袖口阔	10'½"
腰围 (肩下 16'度)	35'	袖窿 (直度)	7'⅝"
摆围	41'½"		

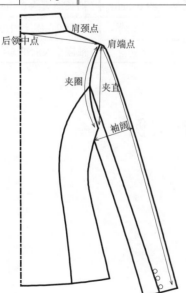

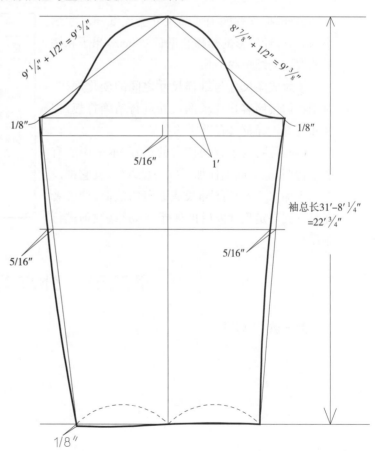

3. 关于不均码的概念

所谓的不均码是指在同一张尺寸表中存在两组或者两组以上的档差,这种并非平均放大和缩小档差的情况在外单打板中比较常见,在本章第二节中将对不均码做详细的分析和演示。

4. 成品尺寸与纸样尺寸之间的变化规律

在实际工作中,我们通过大量的实践和对比,发现完成后的服装成品尺寸和纸样尺寸之间,无论是长度还是围度都存在一系列的变化,有的部位变长了,有的部位却缩短了,造成这种变化的原因是多方面的,例如:

① 面料缩水。

② 面料的自然回缩(包括缝纫线迹产生的收缩和高温熨烫后的收缩)。

③ 布纹方向:领圈,袖窿,裤子的前、后裆的形状是弧形的,当缝纫机的压脚经过这些部位以后,由于压力的作用,这些部位都会产生伸长的现象。

④ 并列多个省或多条分割线产生的影响。

⑤ 收褶和收裥等工艺的精确性。

⑥ 服装造型产生的张力作用。

⑦ 不同的测量方式导致不同的测量结果。

⑧ 裁剪、缝纫时产生的误差。

⑨ 面料自身都有一定的厚度,裤腰和裙腰的内径和外径会存在差数。

在一般情况下,梭织类服装的成品尺寸会比纸样尺寸发生以下变化:

另外,棉衣的胸围成品尺寸会比纸样尺寸缩小约 2cm,针织衫的袖窿会增长 0.5cm,裙子和裤子的臀围会缩短约 1cm。

了解成品尺寸与纸样尺寸之间的变化规律,对于我们按照客户要求的尺寸进行精确打板,控制和复查纸样都具有重要的意义。

(作者注:为了方便读者的运算,本书中所有的结构图,除了胸围预加了省去量以外,其它都没有加入缩水率及可能伸长或缩短的数值,请读者在熟练到一定程度以后再自行加入这些数值进行制图)。

下装	上装
总长会缩短 1 cm	总长会缩短 1~1.5cm
腰围会缩短 1~2cm	胸围会缩小约 1cm
臀围会缩短约 1 cm	腰围会增大约 1cm
前裆会增长 0.3cm	下摆的变化不太明显
后裆会增长 0.3cm	肩宽会增大约 0.5cm
裤脚口会增大约 0.5cm	袖长缩短约 0.5cm
	袖肥会缩短约 1cm
	袖窿全长会缩短约 1cm

第二节　外单打板实例

第一款　八片裙

STYLE DEVELOPMENT WORKSHEET

XX公司

DATE:	09/14/04
PREPARED BY:	TS
DESCRIPTION: 26 8-GORES SKIRTW/LACKE-FULLYINED	GROUP SOLID BISTETCH
REFERENCE : WF05-10	STYLE #
	SEASON:FOLL 2005

MEASUREMNTS:
sample size 10 proposed

CONSTRUSTLON DETAILS
8-GORES
FULLY UNED
LACE 1'3/4" HEIGHT
ATTACHED@LINNG HEM
W/EDGESTITCH
CB INVISIBLE ZIOPPER
1/2" BLINDSTITCH HEM

Wast relaxed	腰围	31'
Above hip 4" frtop	上坐围（腰下4'度）	39'
Low hip 8" frtop	下坐围（腰下8'度）	41'½"
Cinum fetence 13 frtop	（腰下13'度）	43'½"
Sweep	（脚围）	110'
CB lengih frtop	（长到腰中）	26'
Lengih incding lace frtop	（长到腰侧）	26'¼"
Lace height	（花边高）	1'¾"
Zipetr lenght	（拉链长）	7'

1'3/4"
LACE INSIDE VIEW

TRMINFORMATION

DESCRIPTION	QUATITY/COLOR/SIZE	VENDOR	STYLE #
BUTTON			
ELASTIC			
ZIPER	7FINISH INVISIBLLE ZIPPER		
LINING			
TRIM	DTMPOLY TAFFTA		
ASSORTED	1'3/4" LACE		
	WALST TAPE		

FABRIC INFO

	CHANNEL				SUNNY SLIIBO DTM
MILL					
FABROC ARTICLE #					
CONTENT	63%POLY 32%RYN 5%SPDX				
CUT WIDTH	55				
COSTYD	S2.05CIFASIA				
OTHER					

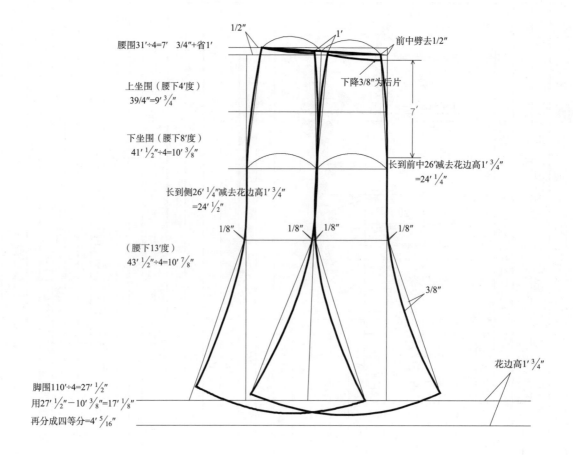

腰围31′÷4＝7′ 3/4″＋省1′

上坐围（腰下4′度）
39/4″＝9′ 3/4″

下坐围（腰下8′度）
41′ 1/2″÷4＝10′ 3/8″

长到侧26′ 1/4″减去花边高1′ 3/4″
＝24′ 1/2″

（腰下13′度）
43′ 1/2″÷4＝10′ 7/8″

脚围110′÷4＝27′ 1/2″
用27′ 1/2″－10′ 3/8″＝17′ 1/8″
再分成四等分＝4′ 5/16″

1/2″

1′

前中劈去1/2″

下降3/8″为后片

7′

长到前中26′减去花边高1′ 3/4″
＝24′ 1/4″

1/8″ 1/8″ 1/8″ 1/8″

3/8″

花边高1′ 3/4″

第二款　××公司女裤

外单牛仔裤分析：

（1）通过观察效果图可以得知此款为低腰结构；

（2）在尺寸表中,选定各个部位尺寸都齐全的10#作为基码；

（3）低腰结构中,低腰的程度越大,腰省量就越小；相反,低腰的程度越小,腰省量就越大；

（4）尺寸表中的链牌长,是指左边拉链缉线的长度,而拉链长则表示订购拉链的长度。

（5）由于前、后浪均为斜纹,缝纫后会伸长,所以在制图时,可以把前、后浪都减去 1/8″(0.3cm)。

制图步骤：

（1）画上平线,作为腰围线；

（2）向下3画平行线,作为上坐围线；

（3）向下6画平行线,作为下坐围线；

（4）前腰32′ 1/4″÷4＋前后差1/4″

生产制造通知单

统一编号　SEMLLR　74－04－2008

供应商　容蓼　　　　　　　　　制单日期：2008－03－22

款号　　02210012　　　　　　　款名　女款牛仔裤

单位　　条　　　　　　　　　　数量　1500

品种　牛－04　平丰 HS28 横竖竹节　　货期　3 月 20 日之前

尺寸 部位	4	6	8	10	12	14	16
1. 外长	39'3/8"	39'3/4"	40'1/8"	40'1/2"	41'	41'1/2"	42'
2. 内长				30'1/2"			
3. 腰围	29'1/4"	30'1/4"	31'1/4"	32'1/4"	33'3/4"	35'1/4"	36'3/4"
4. 腰高				1'1/2"			
5. 上坐围(顶下 3'度)	35'	36'	37'	38'	39'1/2"	41'	42'1/2"
6. 下坐围(顶下 6'度)	37'7/8"	38'7/8"	39'7/8"	40'7/8"	42'3/8"	43'7/8"	45'3/8"
7. 肶围(浪下度)	24'1/8"	24'5/8"	25'1/8"	25'5/8"	26'3/8"	27'1/8"	27'7/8"
8. 膝围(浪下 13'度)	19'1/2"	20'	20'1/2"	21'	21'3/4"	22'1/2"	23'1/4"
9. 脚口	19'1/4"	19'1/2"	19'3/4"	20'	20'1/2"	21'	21'1/2"
10. 前浪(连腰)	8'3/8"	8'3/4"	9'1/8"	9'1/2"	10'	10'1/2"	11'
11. 后浪(连腰)	13'	13'3/8"	13'3/4"	14'1/8"	14'5/8"	15'1/8"	15'5/8"
12. 脚线高				5/8"			
13. 拉链牌长	4'1/8"	4'3/8"	4'5/8"	4'7/8"	5'1/8"	5'3/8"	5'5/8"
14. 前袋口(弯度)	5'1/8"	5'1/4"	5'3/8"	5'1/2"	5'5/8"	5'3/4"	5'7/8"
15. 后袋(宽×高)	5'1/4"×6'	5'3/8"×6'	5'1/2"×6'	5'5/8"×6'	5'3/4"×6'	5'7/8"×6'	6'×6'
16. 后袋距腰(近中/近侧)				4'1/8"×3'3/4"			
17. 后袋距后中	1'7/8"	2'	2'1/8"	2'1/4"	2'7/16"	2'5/8"	2'13/16"
18. 表袋宽	2'5/8"	2'3/4"	2'7/8"	3'	3'1/8"	3'1/4"	3'3/8"

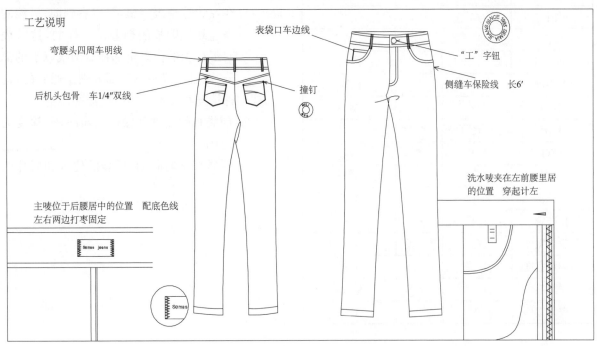

工艺说明

弯腰头四周车明线

后机头包骨　车1/4"双线

表袋口车边线

撞钉

"工"字钮

侧缝车保险线　长6'

主唛位于后腰居中的位置　配底色线
左右两边打枣固定

洗水唛夹在左前腰里居
的位置　穿起计左

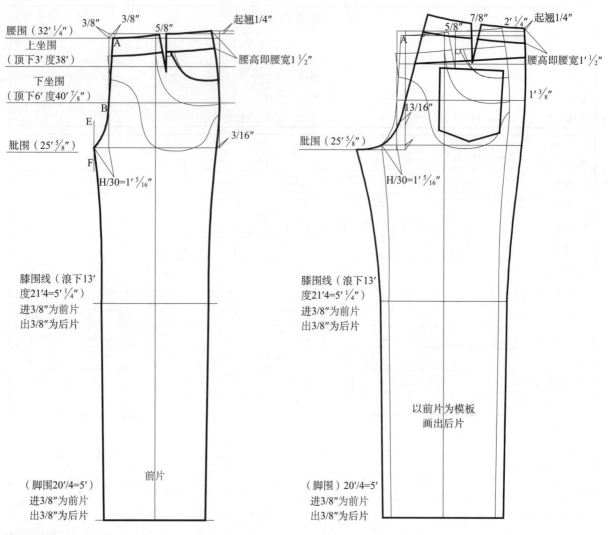

档差分析：

部位	4 - 6 - 8 -	10	- 12 - 14 - 16
外长	3/8″		1/2″
腰围	1′		1′ 1/2″
上坐围	1′		1′ 1/2″
下坐围	1′		1′ 1/2″
肥围	1/2″		3/4″
膝围	1/2″		3/4″
脚口	1/4″		1/2″
前浪	3/8″		1/2″
后浪	3/8″		1/2″
拉链牌	1/4″		1/4″
前袋口宽度	1/8″		1/8″
后袋口宽度	1/8″		1/8″
后袋距后中	1/8″		3/16″
表袋宽	1/8″		1/8″

提示：1. 在左边这个表格里，可以看到前、后浪的档差和外侧长的档差是一样的，这就表明了裤长的档差全部在肥围线以上的部分，而肥围线到脚口部分则是通码的，这种情况在外单放码中很常见。

2. 前袋布的宽度和腰围同步跳码，深度为通码。

3. 后袋都是通码的，后袋的位置和后片的上端同步跳码。

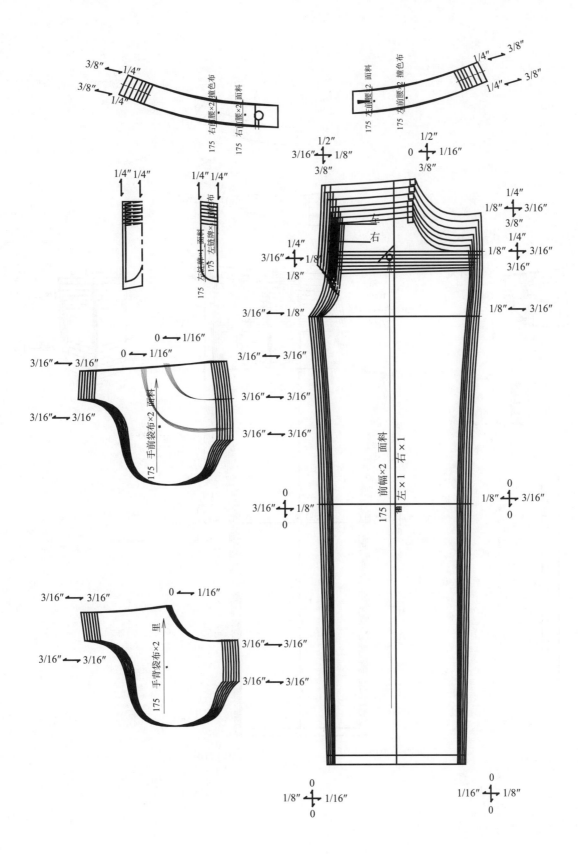

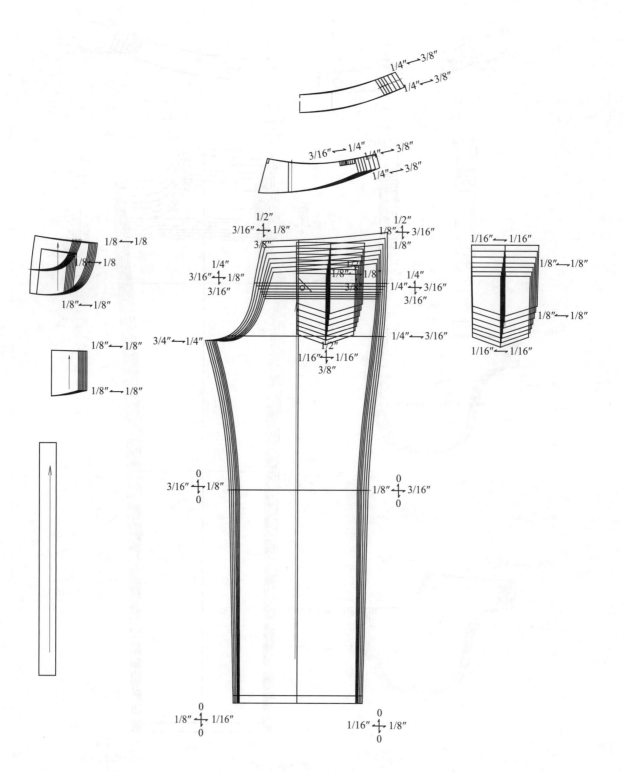

第三款　外单女西装

生产制造通知单

客户	×　×　×		制单人　Michael

落货期　3－25/2004（走飞机）　　　制单日期　3－20/2004
数量　　18　PCS　　　　　　　　　　PO编号　　　　060879
布料　♯3S02－迷你双细条
（♯3S02MINI　PINSTRIOE）　　　　客人款号　3S02423
布到期　已到厂　对/不对花　　　　每件用料　10Y(53)♯
款式　女装 JKG－34225　　　　　　朴号

	部位	（量法）	XS	S	M	L	XL	工差
生产数量	后中长		21″	22′½″	22′	22′½″	23′	
	膊宽		15′¼″	15′¾″	16′¼″	17′	17′¾″	
	前胸宽	（肩顶下 5′）	13′⅜″	13′⅞″	14′⅜″	15′⅛″	15′⅞″	
	后背阔	（后中下 4′）	14′⅜″	14′⅞″	15′⅜″	16′⅛″	16′⅞″	
	前中叠位		1′½″	1′½″	1′½″	1′½″	1′½″	
	胸围	（夹下 1′度）	35′	37′	39′	42′	45′	
	腰围	（肩顶下 16′度）	31′	33′	35′	38′	41′	
	脚围		37′½″	30′9⁄16″	41′½″	44′½″	47′½″	
	袖长	（后中度下）	30′⅛″	39′½″	31′	31′⅝″	32′¼″	
	夹圈	（直度）	7′	7′5⁄6″	7′⅝″	7′15⁄16″	8′¼″	
	袖阔	（夹下 1′度）	12′¾″	13′¼″	13′¾″	14′½″	15′¼″	
	袖口阔		9′½″	10′	10′½″	11′	11′½″	
	驳头深	（肩顶水平线）	7′⅜″	7′⅝″	7′⅞″	8′⅛″	8′⅜″	
	前领深	（肩顶水平线）	3′	3′⅛″	3′¼″	3′⅜″	3′½″	
	后领深	（肩顶水平线）	1′	1′	1′	1′	1′	
	领横		6′¼″	6′½″	6′¾″	7′	7′¼″	
	后中领高		3′⅛″	3′⅛″	3′⅛″	3′⅛″	3′⅛″	
	领尖		3′	3′	3′	3′	3′	
	襟嘴		1′¼″	1′¼″	1′¼″	1′¼″	1′¼″	

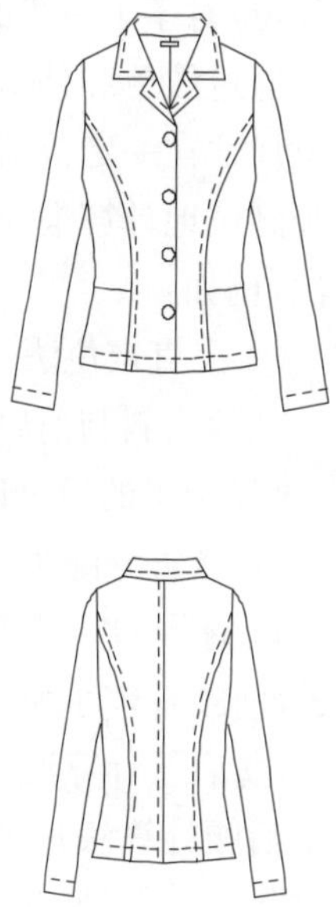

钮部门	钮门	
	钮数量　领　粒　　　前中 24♯　　　　4 粒	
	钮样板　　　　24♯ YF 胶钮	
	颜色分配　　　　配色线	
	钮部门注意	

熨部	挂装　　　　　　衣架尺寸　15″　　　　咭纸尺码	
	衣架颜色/编号　　　　　　拷贝纸/盖肩纸	
	黑色　502♯ 灰色 5mm 衣架棉	
	落纸领条/领托	

款式分析：

① 首先要仔细地阅读和分析生产通知单,如果发现有明显的疑问和错误,则可能是由于制单人在书写,翻译或者打印时出现的错误,遇到这类情况时,就需要及时和客户方面进行沟通,寻找改正的方法和途径。

② 由于此款的后中有剖缝,并且胸围度量的尺寸是由袖窿下 1′ 的,这时前公主缝和侧缝产生了省去量,而后中缝和后公主缝的省去量都有所变大,所以在制图时,胸围尺寸要加入 2′ 的省去量。

③ 胸高点的定位方法

胸高点实际上并不是指某一点，而是指某一个范围而言的，所以我们在画省道时并不直接连线到胸高点，线条优美的人体，并不因为胸高点低一点或者高一点而对整体产生太大的影响，所以我们把胸高点的定位分为三种情况：

第一种是胸围在 88~92cm（$34'\frac{11}{16}''$~$36'\frac{3}{16}''$）之间时，横向为 9cm（$3'\frac{1}{2}''$），纵向为 23.5cm（$9'\frac{1}{4}''$）；

第二种当胸围少于 88cm（$34'\frac{11}{16}''$），横向设为 8.5cm（$3'\frac{5}{16}''$），纵向设为 23cm（$9'$）；

第三种为胸围超过 92cm（$36'\frac{3}{16}''$），则全部设为横向 9.5cm（$3'\frac{3}{4}''$），纵向 24cm（$9'\frac{7}{16}''$）。

制图技巧：

由于工业纸样的上衣是先画后片，再以后片为模板，来画出前片的，因此我们熟练地画好后片的各个部位，对于下一步的制图，起着非常重要的作用。

通过内单和外单的对比，可以看到它们之间的另外一个区别，就是内单通常要求线条顺畅，具体的部位尺寸在一定范围内是可以自由设置和变化的，而外单则必须遵从客户对尺寸的要求，再制图时尽量一步到位地计算准确，而不是通过反复调试来达到的，因此，我们在实际工作中，总结了一些独特的计算方法，例如：

① 夹直定位法

从后肩斜与前肩斜的中点 A，量取夹直的长度 $7'\frac{5}{8}''$ 到侧缝线上的 B 点，并以 B 点作为前胸省的中点，这样画出的后 AH 和前 AH 就能保持夹直的长度。

② 腰省分配法

以胸围 $41''$－腰围 $35'=6'\div2=3'$，再减去后中剖缝的 $5/8''=2'\frac{3}{8}''\div3\approx3/4''$，其中，后腰省较大为 $7/8''$，前腰省较小为 $5/8''$，剩下的为侧缝。

③ 后腰计算法

后腰计算法其实是腰省分配的另一种形式，以腰省 $35'\div4$－前后差 $3/16''$ 再加上半个后中剖缝量 $5/16''=8'\frac{7}{8}''$，即 C—D 之间的长度（加上半个后中剖缝量的原理是：假设另一半的量在前片上，这样前后侧缝的弧线就成为相同的弯度）。将剩下的 $1'\frac{1}{8}''$ 分为三等份，其中的 2/3 为后腰省，1/3 为前腰省，由于后腰省较大为 $7/8''$，前腰省较小为 $5/8''$。

④ 后脚围计算法

以脚围 $40'\frac{1}{2}''\div4=10'\frac{3}{8}''$ 减去前后差 $3/16''=10'\frac{3}{16}''$ 再加上半个后中剖缝的量 $5/16''=10'\frac{1}{2}''$。

用这种方法画好后片以后，前片的腰围和脚围不需要再计算，只需要按照后侧缝相同的弯度画出前侧缝即可。

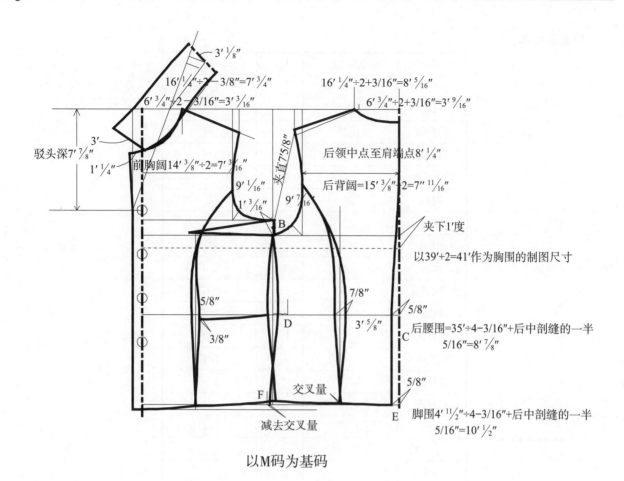

$3' \frac{1}{8}''$

$16' \frac{1}{4}'' \div 2 - 3/8'' = 7' \frac{3}{4}''$

$16' \frac{1}{4}'' \div 2 + 3/16'' = 8' \frac{5}{16}''$

$6' \frac{3}{4}'' \div 2 - 3/16'' = 3' \frac{3}{16}''$

$6' \frac{3}{4}'' \div 2 + 3/16'' = 3' \frac{9}{16}''$

$3'$

驳头深$7' \frac{7}{8}''$

$1' \frac{1}{4}''$

前胸阔$14' \frac{3}{8}'' \div 2 = 7' \frac{3}{16}''$

夹直$7' \frac{5}{8}''$

后领中点至肩端点$8' \frac{1}{4}''$

$9' \frac{1}{16}''$

$1' \frac{3}{16}''$

$9' \frac{7}{16}''$

后背阔$=15' \frac{3}{8}'' \div 2 = 7'' \frac{11}{16}''$

B

夹下$1'$度

以$39' + 2 = 41'$作为胸围的制图尺寸

$7/8''$

$5/8''$

$5/8''$

$3' \frac{5}{8}''$

后腰围$=35' \div 4 - 3/16'' +$后中剖缝的一半

$5/16'' = 8' \frac{7}{8}''$

D

$3/8''$

C

$5/8''$

交叉量

F

E

脚围$4' \frac{11}{2}'' \div 4 - 3/16'' +$后中剖缝的一半

$5/16'' = 10' \frac{1}{2}''$

减去交叉量

以M码为基码

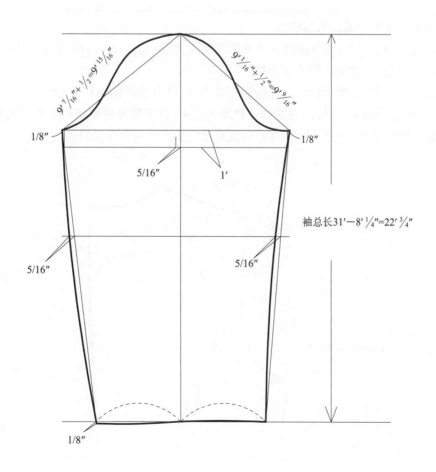

$9' \frac{7}{16}'' + \frac{1}{2}'' = 9' \frac{15}{16}''$

$9' \frac{1}{16}'' + \frac{1}{2}'' = 9' \frac{9}{16}''$

$1/8''$

$1/8''$

$5/16''$

$1'$

袖总长$31' - 8' \frac{1}{4}'' = 22' \frac{3}{4}''$

$5/16''$

$5/16''$

$1/8''$

档差统计表

部位	XS-S	M	L-XL
后中长	1/2″		1/2″
膊宽	1/2″		3/4″
前胸阔	1/2″		3/4″
后背阔	1/2″		3/4″
前中叠位			
胸围	2′		3′
腰围	2′		3′
脚围	2′		3′
袖长	7/16″		5/8″
夹圈(直度)	5/16″		5/16″
袖阔	1/2″		3/4″
袖口阔	1/2″		1/2″
驳头深	1/4″		1/4″
前领深	1/8″		1/8″
后领深			
领横	1/4″		1/4″
后中领高			
领尖			
襟嘴			

怎样根据已知档差来测试出未知档差

常见的款式在放码过程中,袖山弧线和袖窿弧线的变化有一定的规律,但是当三围和袖阔的档差发生变化时,要先从已知的档差中来测试未知档差。

在上面的这个表格中,膊宽、胸围、夹直都是已知档差,只有袖窿深的档差(即不动线以上部分的档差)为未知档差。在这种情况下,可以先把已知档差画出来,再在膊宽的纵坐标上找到 L 码和 S 码夹直的放码点,这两个放码点与基码之间的垂直距离就是我们所需要的袖窿深档差。

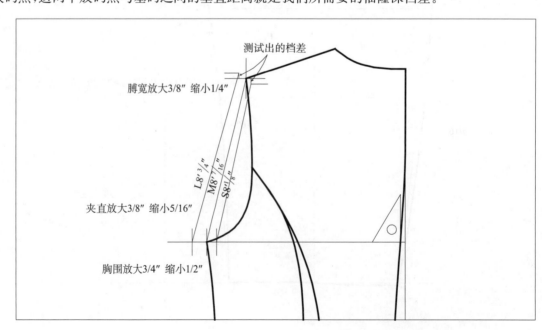

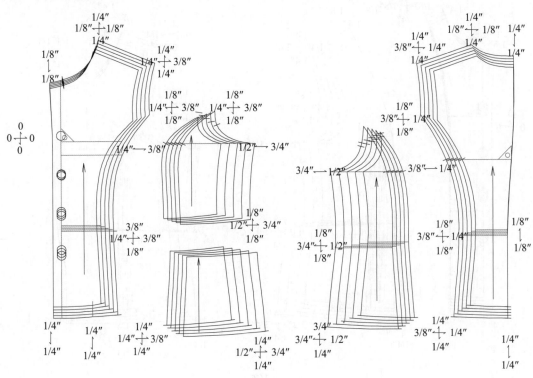

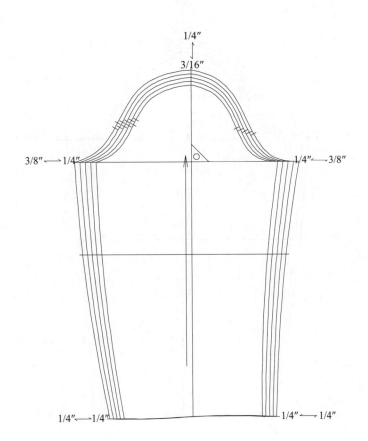

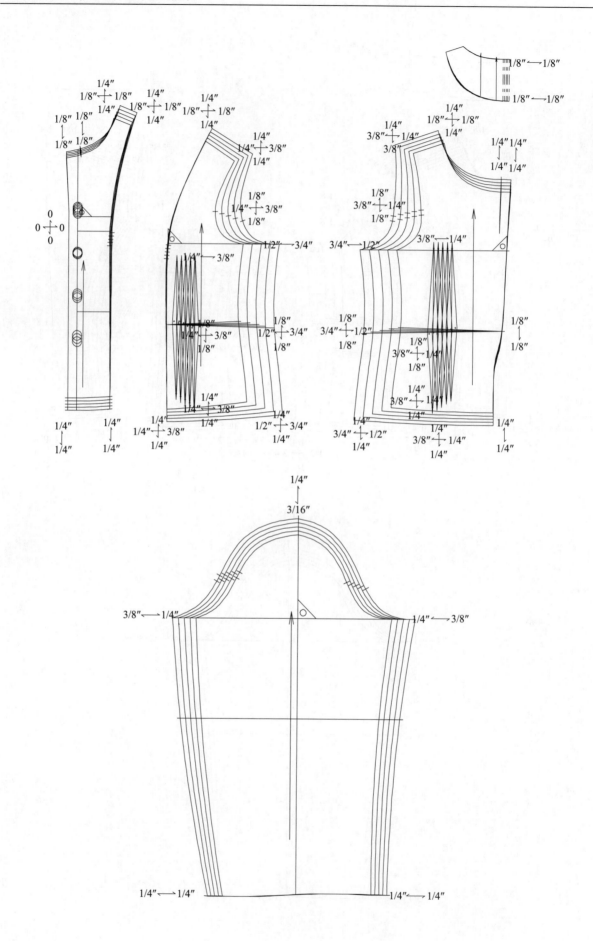

袖子的档差分配:

以总袖长的档差:XS - S - M 为 7/16″

M - L - XL 为 5/8″

分别用减去后领中点至肩端点已经用去的档差:XS - S - M 为 1/4″

M - L - XL 为 3/8″

剩下的就是净袖长的档差XS - S - M 为 3/16″

M - L - XL 为 1/4″

放码完成后要检测袖山弧线和袖窿弧线,它们之间的差数应该是同步而一致的。

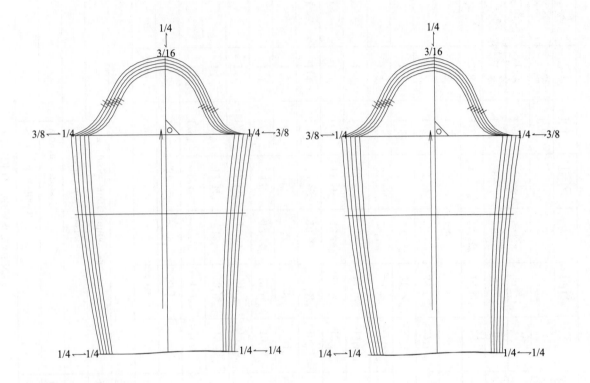

第四款 ××公司长裙

CRADED MEASURMENTS

Dept 50 152479 missy	Style descripeior
Wowon drese	wovcn stress
Anntayor	Ny tech des lester
Factoby store	Ny prod ngrpauline chow
Dreucd typwe w-hpss-top-slvess	
Vender tuugtxra divg coltd	Lnitial season 2007 spring 1 2007
Email teny-lester@ anntaylor.com pauline-chow@anntaylor.com	

Po	Description	Tol−	Tol+	0	2	4	6	8	10	12	14	16	18
01	后长(后中度)	1/2"	1/2"	37 1/2"	39'	39 1/2"	40'	40 1/2"	41'	41 1/2"	42'	42 1/2"	43'
02	肩骨点走前	1/8"	1/8"	1/4"	1/4"	1/4"	1/4"	1/4"	1/4"	1/4"	1/4"	1/4"	1/4"
03	肩宽	1/4"	1/4"	12 3/4"	13'	13 1/4"	13 1/2"	13 3/4"	14'	14 1/4"	14 5/8"	15'	15 3/8"
04	前胸宽(肩顶点下 5'度)	1/4"	1/4"	11 1/2"	11 3/4"	12'	12 1/4"	12 1/2"	12 3/4"	13'	13 3/8"	13 3/4"	14 1/8"
05	后背宽(肩顶点下 5'度)	1/4"	1/4"	12'	12 1/4"	12 1/2"	12 3/4"	13'	13 1/4"	13 1/2"	13 7/8"	14 1/4"	14 5/8"
06	胸围(夹下 1'度)	1/2"	1/2"	31"	32'	33'	34'	35'	36'	37'	38 1/2"	40"	41 1/2"
07	第一横骨位(距前肩点直度)	1/4"	1/4"	10 1/8"	10 3/8"	10 5/8"	10 7/8"	11 1/8"	11 3/8"	11 5/8"	11 7/8"	12 1/8"	12 3/8"
08	第二横骨位(距前肩点直度)	1/4"	1/4"	11 7/8"	12 1/8"	12 3/8"	12 5/8"	12 7/8"	13 1/8"	13 3/8"	13 5/8"	13 7/8"	14 1/8"
09	第三横骨位(距前肩点直度)	1/4"	1/4"	13 3/4"	14'	14 1/4"	14 1/2"	14 3/4"	15'	15 1/4"	15 1/2"	15 3/4"	16'
10	腰围	1/2"	1/2"	24 3/4"	25 3/4"	26 3/4"	27 3/4"	28 3/4"	29 3/4"	30 3/4"	32 1/4"	33 3/4"	34 1/4"
11	上坐围(腰下 3 1/2"度)	1/2"	1/2"		30 1/2"	31 1/8"	32 1/8"	33 1/8"	34 1/8"	35 1/8"	36 1/8"	37 5/8"	39 1/8"
12	下坐围(腰下 7'度)	1/2"	1/2"	34 1/4"	35 1/4"	36 1/4"	37 1/4"	38 1/4"	39 1/4"	40 1/4"	41 1/4"	43 1/4"	44 1/4"
13	脚围	1/2"	1/2"	66'	67'	68'	69'	70'	71'	72'	73 1/2"	75'	76 1/2"
14	夹圈围	3/8"	3/8"	15 1/8"	15 5/8"	16 1/8"	16 5/8"	17 1/8"	17 5/8"	18 1/8"	18 3/4"	19 3/8"	20'
15	后领横	1/8"	1/8"	8 3/4"	9'	9 1/4"	9 1/2"	9 3/4"	10'	10 1/4"	10 1/2"	10 3/4"	11'
16	前领横	1/8"	1/8"	5 3/8"	5 1/2"	5 5/8"	5 3/4"	5 7/8"	6'	6 1/8"	6 1/4"	6 3/8"	6 1/4"
17	后领深	1/8"	1/8"						1 5/8"				
18	成衣开口(拉链长)	1/4"	1/4"	18 1/2"	19'	19 1/2"	20'	20 1/2"	21'	21 1/2"	22'	22 1/2"	23'

××××工艺单

GRADED MEASUREMENTS

Factory store		Terry lester	Teny——lester @ anntanylor. com
		Nyprod mgr	
	Pauline chow	Emall pauline chow @ anntanylor. com

1/4" SNTS
1/4"单针面线

1/4" SNTS at both sides of seam
1/4"单针面线于骨两侧

EMPIRE SEAM
横骨

PANEL SEAM
横骨

WAIST SEAM
腰骨

1+1 PRINCESS SEAMS
1+1公主骨

INVISIBLE ZIPPER
隐形拉链

lina continues
延伸

2+2 PANEL SEAMS
2+2副

1/4" SNTS at both sides of seam
1/4"单针面线于骨两侧

Garment constru tion is as per stanfards detaied in ann taylor constuction manual anless

Otherwise specified in gament specifarification pkg

NOTE: garment spec pkgsuperdes constnction manual

6/12/2006

237

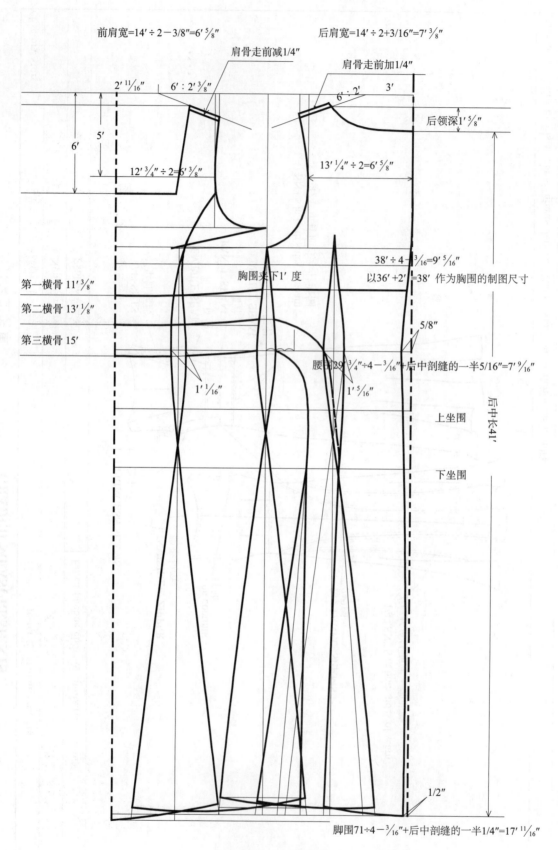

前肩宽=14'÷2-3/8"=6' 5/8"　　　　后肩宽=14'÷2+3/16"=7' 3/8"

肩骨走前减1/4"

肩骨走前加1/4"

2' 11/16"　　6' : 2' 3/8"　　　　　　6' : 2'　　3'

后领深1' 5/8"

5'

6'

12' 3/4"÷2=6' 3/8"　　　　　13' 1/4"÷2=6' 5/8"

第一横骨 11' 3/8"

38'÷4-3/16"=9' 5/16"

胸围来下1' 度　　　以36'+2'=38' 作为胸围的制图尺寸

第二横骨 13' 1/8"

第三横骨 15'

5/8"

腰围29' 3/4"÷4-3/16"+后中剖缝的一半5/16"=7' 9/16"

1' 1/16"　　　　　　　　　1' 5/16"

上坐围

后中长41'

下坐围

1/2"

脚围71÷4-3/16"+后中剖缝的一半1/4"=17' 11/16"

以10# 为基码

第十五章　工业纸样放码

第一节　放(缩)码的原理

1. 工业纸样放码原理

放码是服装工业生产中,在基码的基础上进行放大和缩小出其他各码的统称。

放码的方法有很多种,如:推画法(也称网码法),推剪法(也称擦剪法),推移法等等,每一种方法都有各自的优点,也有其固有的缺陷,这里我们介绍的是推画法,这种方法的特点就是非常准确,各裁片的档差画好以后可以比较方便地进行检查和校对,也比较有利于初学者对档差分配原理的理解。

放码其实是裁片按照一定的规则进行放射状的放大或者缩小。因此首先要确定一个不动点,不动点在理论上可以设置在裁片的上、下、左、右和中间的任何位置,而在实际工作中,不动点不宜设置在弧度较大或者线条过于复杂的部位。

通过不动点竖线和横线,称为纵向不动线和横向不动线。

纵向不动线和横向不动线,为我们设置分配档差提供

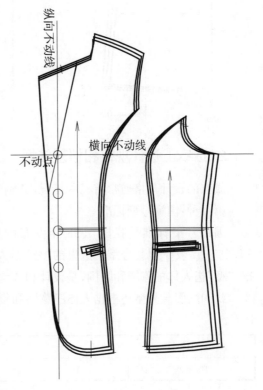

了重要的坐标系统,凡远离不动点和不动线方向的移动点均为放大,反之,凡靠近不动点和不动线的均为缩小。

下图是女裙的前片以同一种档差进行放码,当不动点分别设置在裁片的:

(1) 前中线的上端;

(2) 前中线的下端;

(3) 前中线和臀围线的交叉点。

用推画法完成放码后,观察这三个图形可以看到,虽然不动点设置的位置不同,但是完成后的各码裁片是完全相同的。

本书中的放码全部采用了第三种方式,即不动点设置在:

(1) 裙子设置在前后中线和臀围线的交叉点上;

(2) 裤子设置在前后中线和腿围线的交叉点上;

(3) 上衣衣身的不动点设置在前后中线和胸围线的交叉点上;而袖子的不动点设置在袖肥线和袖中线的交叉点上。

这样就将裁片分为上部分和下部分来看待和分析。这种思路更有利于初学者对放码的理解。

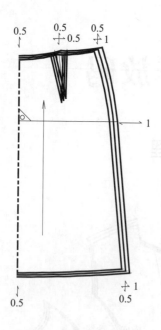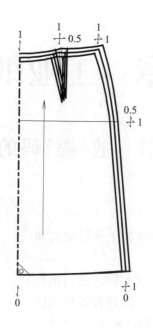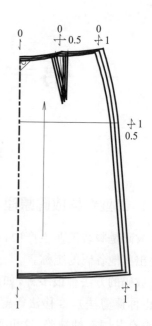

2. 成衣的设计规格和档差依据

成衣的设计规格通常有三种情况,分别为:

第一种:国家号型标准

国家号型标准是我国 1998 年发布的经过修改后的最新服装号型系列,就是目前使用的 GB/T1335—97 女子服装号型。这里的"号"指人体身高,都是以厘米为单位,是设计和选购服装的长度依据,"型"指人体的胸围和腰围,是设计和选购服装围度的依据。

我国的服装号型还根据人体净胸围和腰围的差数,把人体分为四种不同的体型,代号分别为:Y,A,B,C。

女子体型	Y	A	B	C
胸腰差	24～19	18～14	13～9	8～4

在国家标准的《服装号型》中,身高均以 5cm 分档,胸围以 4cm 分档,下装腰围以 2cm 或者 3cm 来分档,即身高与净胸围搭配组成 5.4 系列和 5.3 系列,身高与净腰围搭配组成 5.2 系列和 5.3 系列。

由此我们应该知道:

服装号型是人体的高度和围度的净尺寸;

服装规格是根据具体的款式和风格,加入了相应的放松量的尺寸;

而服装号型已经为我们设置了符合我国国情的总体档差。

第二种:企业标准

企业标准是在遵守国家标准的前提下,企业根据自身产品销往地区的特点和习惯,而总结出的规格,在珠江三角洲地区,应用亚洲品牌服装常用标准的企业相当广泛。

第三种:客户标准

客户标准是根据不同的客户要求来确定成衣规格和档差,例如欧美和日本的客户要求就各不相同,我们要熟练掌握放码的基本原理和客户所在地区的标准和习惯,才能灵活自如的应对不同的放码要求。

上装

部位	长袖衬衫	短袖衬衫	西装	连衣裙	背心	风衣	棉衣	弹力针织衫	档差
后中长	圆摆 64 平摆 56	圆摆 64 平摆 56	62	85	52	85	64	54	1～1.5
胸围	92	92	95	91	94	96	100	78～84	4
前胸宽	33	33	34.2	32.6	33.8	34.6	36		1
后背宽	35	35	36.6	34.6	35.6	37	38.4		1
腰围	75	75	78	73	78	82	86	74	4
臀围				96		101	105		4
摆围	96～97	96～97	98			125		86	4
肩宽	37.5	37.5	38.5	36～37	35	40	40.5	35	1
袖长	58	14～20	58～62			60～62	60～62	57	1
袖口	20	30.5	25.5			26	27～30	18	长袖袖口 1 短袖袖口 1.5
袖肥	32	32	34～35			36～38	37～40	29	1.5
袖窿	45	45	46.5	44.5	46	47	50	38～41	2
领围	38～40	38～40							1

下装

部位	女西裤(平腰)	合体裤(平腰)	低腰裤	中裙	档差
外侧长	102	100	100	38～57	0.6～1
腰围	68	68	71～77	68	4
臀围	93	90	90～93	93	4
腿围					2
膝围	45	42	42		1.5
脚口	44	41	44		1
前裆	26(不连腰)	34.5(不连腰)	24～21(连腰)		0.6
后裆	36(不连腰)	35(不连腰)	35～32(连腰)		0.6

（注：以上为 M 码参考尺寸，特殊的时装款式将有所变化）

3. 总体档差与局部档差

服装的长度、三围、袖长、肩宽、袖肥、袖窿等主要部位的档差是总体档差，总体档差是服装公司参考国家标准，根据销售部反馈的市场信息，客户的意见参照经过不断的修正刷新而得到的。而局部档差是把总体档差按照一定的规则合理地分配到各个放码点上。

4. 局部档差分配的原则

（1）保型：就是尽量保持裁片的形状和造型不变。

（2）与总体档差相符合：在分配档差时要"前呼后应，同点同步"，局部档差要和总体档差相符合，另外，结构图上的刀口点，分离到两个或者两个以上的裁片上以后，这两个刀口点的档差是同步的；而裁片的上部分和下部分、前片和后片、中片和侧片等等在总体档差中都有着前呼后应的关系。另外，弧形线的部位，如袖窿和袖山、领子和领圈的弧形线的档差也必须是同步一致的。

（3）根据放码点在不动点和终点之间所占的比例来设置局部档差。

5. 布纹线对放码的影响

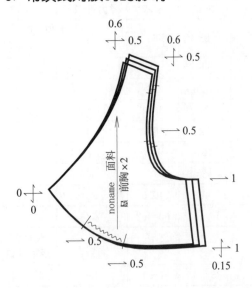
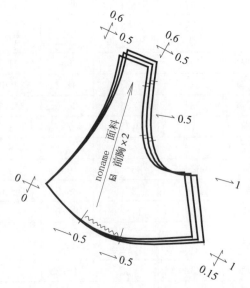

上图这两个图形是连衣裙的同一个前胸裁片,只是它们的布纹线一个是竖直,的一个是倾斜的。我们在绘制横向坐标和纵向坐标时都是与布纹线相平行或者相垂直的,放码完成后将它们放在一起对比,发现是完全相同的,因此,我们得到一个结论:一般情况下,绘制横向和纵向坐标都是以布纹线的方向作为依据的。只要少数情况下,才会采用顺延放码。

6. 顺延放码

顺延放码是指坐标方向是沿着主线条的方向向外或者向内延伸的,这种方式适合于弯形的腰头、弯形的领子以及加入比较多的褶量或皱量的弯形裁片和有斜角的裁片。

7. 展开放码和对齐放码

展开放码法是指放码完成后裁片的边缘是相互错开的,而对齐放码法是指放码完成后裁片的某一边是对齐的,这两种方法我们在实际工作中都可以运用,展开放码法比较适合于电脑放码,而对齐放码法适合于手工放码,这是因为对齐后能比较方便人工用刀片把裁片分离开,电脑放码完成后,直接进入排料系统就可以自动分开裁片了。

8. 增加放码点和减少放码点

在实际工作中我们有时可以在有些弯度比较大的弧形线上增加放码点,也可以把两个距离很短的放码点省去一个,即减少放码点,来达到快速、精确放码的目的。

9. 哪些裁片和部位适合设置为通码

通码是指当号型数量为三个或者少于三个时,比较小的裁片就可以设置为通码,常见的通码裁片和部位有:上衣的门襟宽度、挂面宽度、袋盖、袋唇、袋布、领子的宽度、钮扣位、裤子的门襟和里襟、小襻子等等。

如果号型数量为四个或者四个以上,就可以采用两个码一跳的方式。

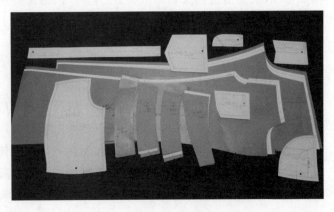

10. 怎样检查档差的正确性

放码完成后,把各码的纸样按照网状图用订书机订在一起,检测各部位的档差是否正确,这种方法可以有效地避免各种误差。另外放码完成后要统计出纸样和实样的总片数。

放码是一项非常细致、责任性很强的工作,放码包括复查基码纸样、加缩水率、绘制坐标、剪板、标记、做净样、全套检查等内容。

放码完成经过自检以后,还要由技术部门主管确认并签字,然后做出基码以外的样衣,因为只有在实物试制的过程中,才能发现一些细小的失误和误差。

11. 底稿放码

底稿放码就是在底稿上进行放码,再复印出来,或者把底稿上放码点档差拷贝到裁片的对应点上。这种方法适合于分割线比较多或者相互交叉分割的款式。

12. 怎样根据已知档差来测试出未知档差

详见第 232 页怎样根据已知档差来测试出未知档差。

13. 怎样用白纸(软纸)放码

一般情况下,工业纸样都是用硬纸放码,硬纸推画法放码是把基码复制到硬纸上,画出各个放码点的横坐标和纵坐标,再移动基码纸样连顺各段线条。

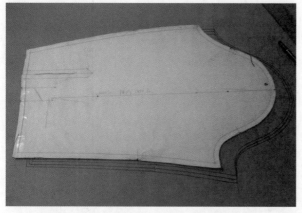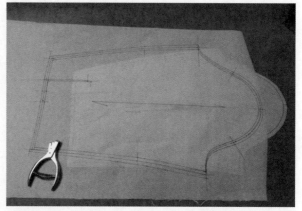

而在少数生产数量少,或者是不准备翻单(重复裁剪)的情况下,也有用白纸,即软纸进行放码,白纸放码的方法和硬纸放码的方法相反,是把基码固定在桌面上,在上面覆盖一张白纸,画出横坐标和纵坐标,再移动这张白纸来连顺各段线条。

14. 收皱条的皱量部分也要加入一定比例的档差

假设一根收皱条的长度是 75cm,加入一倍的皱量后总长度为 150cm,收皱完成后的档差为 1cm,那么在放码时,要把皱量部分也要加入 1cm 的档差,只是在内单放码中,如果码数比较少,往往可以忽略不计。

第二节　放码实例

不同的公司对于放码的总体档差和细节的档差的分配都不完全相同,例如裤子的前袋、后袋、门襟、里襟、上衣的腰节线,有的全部通码有的两个码一跳,还有的逐个跳码,因此我们在放码之前要根据公司要求和客户的习惯,来制定有利于批量生产,不会影响产品质量和造型的合理方案。

内销品牌服装通常有三个码、四个码和五个码的分档,这里我们仅以三个码来分析放码的操作方法。为了不漏掉裁片,我们按照先前片再后片、先面布再里布的顺序来放码。

第一款 单省裙放码

档差:侧长:1 腰围4 臀围4 摆围4

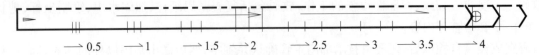

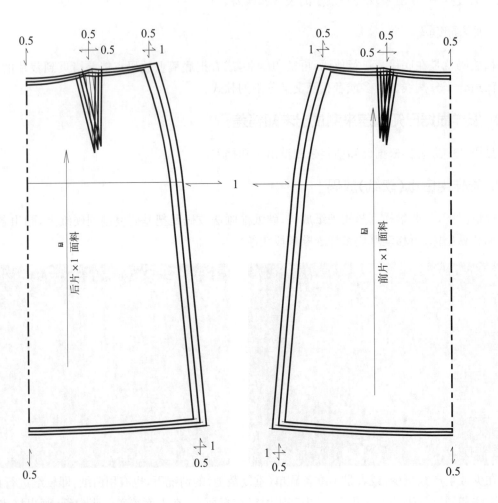

第二款 太阳裙放码

档差:外侧长:1 腰围:4 臀围和下摆为参考尺寸。

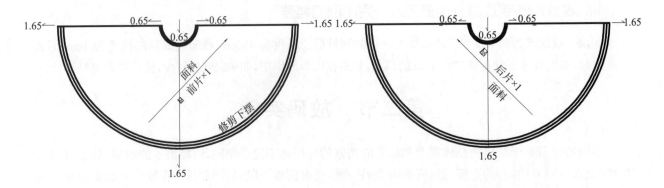

第三款　低腰裤放码

档差：总长 1　腰围 4　臀围 4　腿围 2　膝围 1.5　脚口 1　前裆 0.6　后裆 0.6　拉链长 0.5

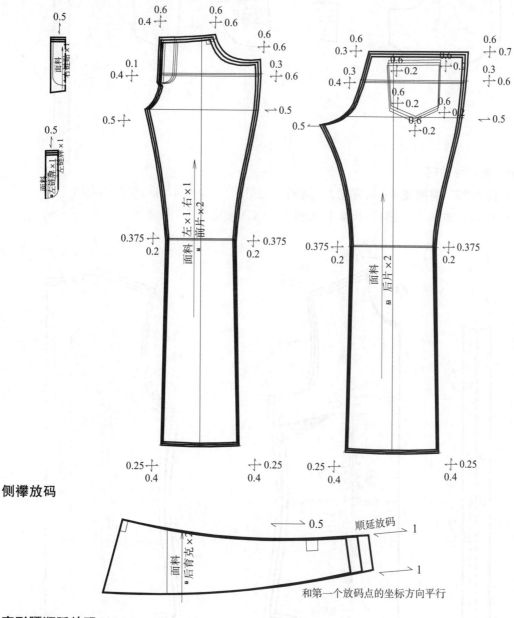

侧襻放码

弯形腰顺延放码

弯度比较大的裁片可以采用顺延放码,这样各码的弯度可以保持一致,如果弯度比较小,则可以采用常规的坐标放码。

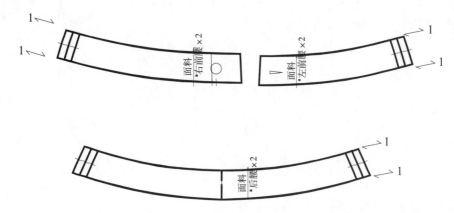

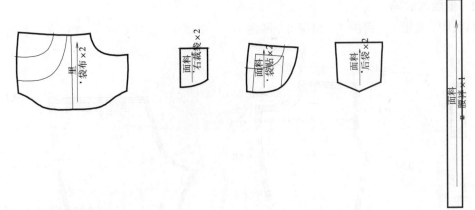

第四款　女衬衫放码

档差:衣长1.25　前胸宽1　后背宽1　胸围4　腰围4　摆围4　肩宽1　领围1
袖长(长袖1,短袖0.5)　袖口(长袖1,短袖1.5)1　袖肥1.5　袖窿2

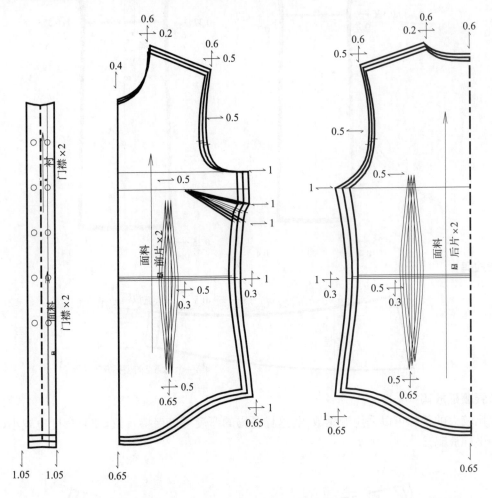

领子放码

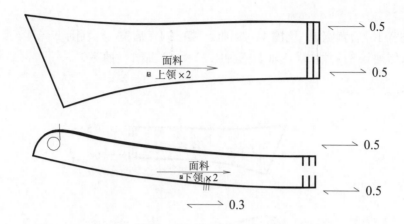

长袖放码

档差:袖长 1　袖口 1　袖肥 1.5　袖窿 2

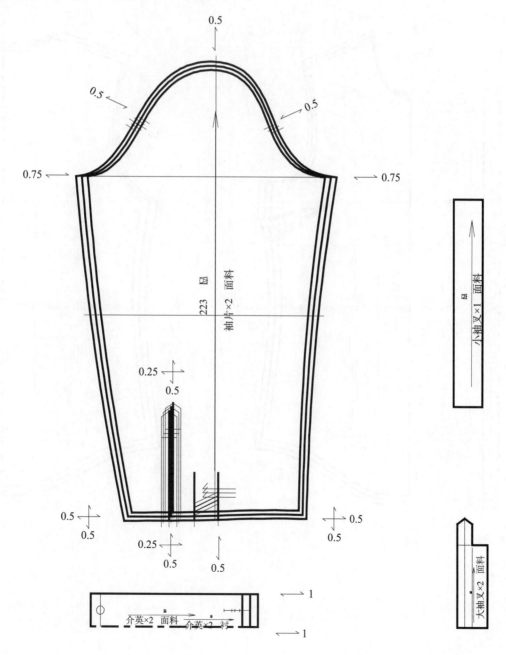

上衣袖窿深为 0.5 放码方式

档差：

衣长 1　前胸宽 1　后背宽 1　胸围 4　腰围 4　摆围 4　肩宽 1　领围 1

袖长（长袖 1,短袖 0.5）　袖口（长袖 1,短袖 1.5）1　袖肥 1　袖窿 1.5

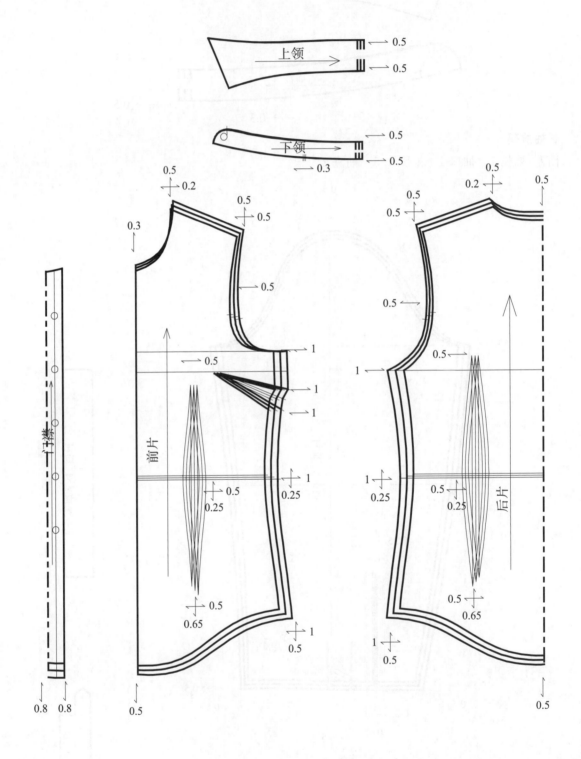

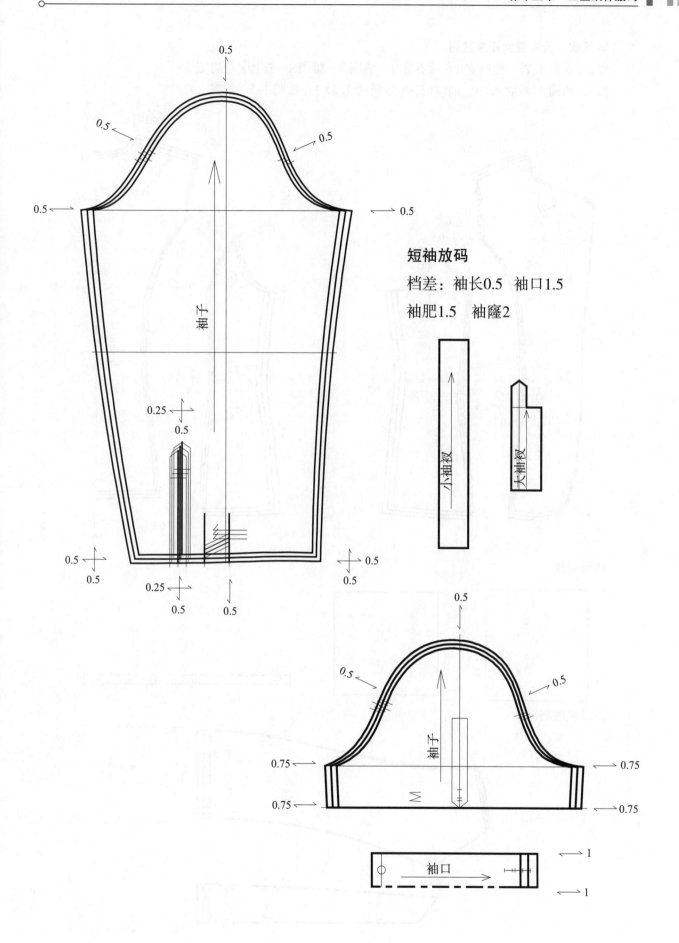

短袖放码

档差：袖长0.5　袖口1.5

袖肥1.5　袖窿2

第五款 公主缝女西装放码

档差:衣长 1.25 前胸宽 1 后背宽 1 胸围 4 腰围 4 摆围 4 肩宽 1

袖长(长袖 1,短袖 0.5) 袖口(长袖 1,短袖 1.5)1 袖肥 1.5 袖窿 2

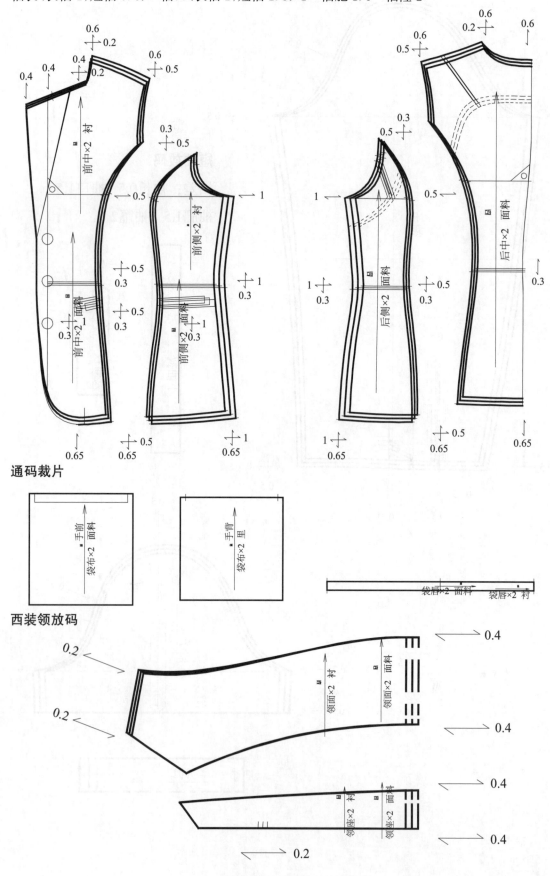

通码裁片

西装领放码

挂面、里布、后领贴放码

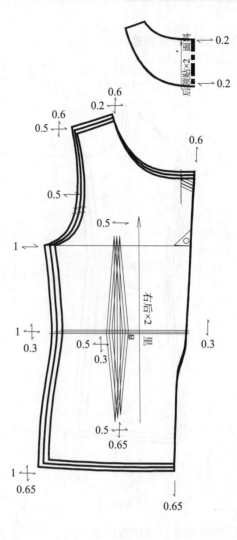

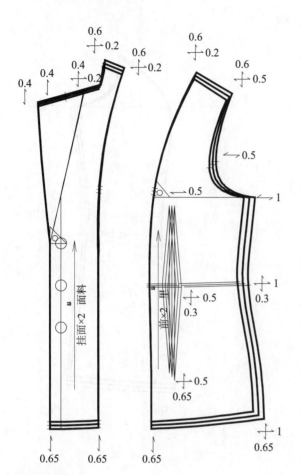

西装袖放码

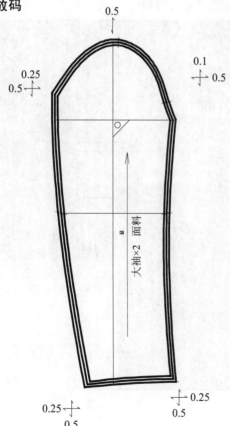

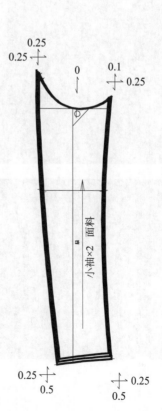

展开放码与对齐放码

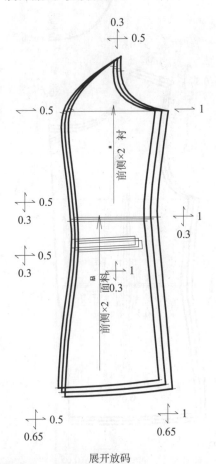

展开放码

对齐放码

增加放码点和减少放码点

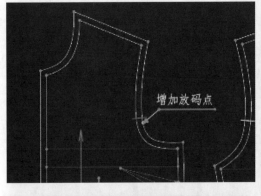

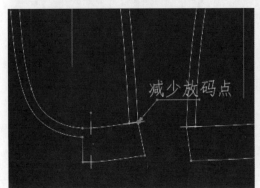

怎样使口袋为通码

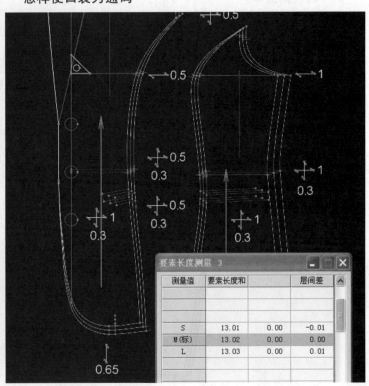

第六款　通天缝西装放码

档差:衣长 1.25　前胸宽 1　后背宽 1　胸围 4　腰围 4　摆围 4　肩:1

袖长(长袖 1,短袖 0.5)　袖口(长袖 1,短袖 1.5) 1　袖肥 1.5　袖窿 2

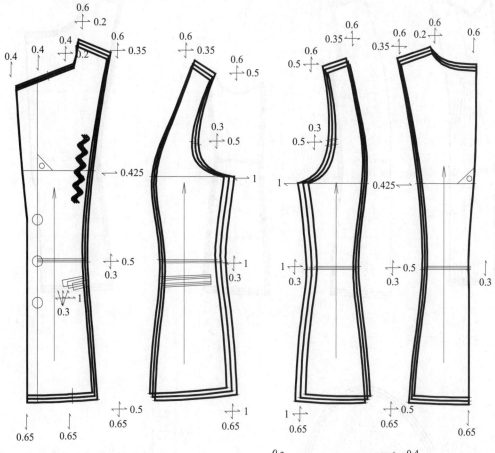

第七款　三开身女西装放码

　档差:衣长 1.25　前胸宽 1　后背宽 1　胸围 4　腰围 4　摆围 4　肩宽 1

　袖长(长袖 1,短袖 0.5)

袖口(长袖 1,短袖 1.5) 1

袖肥 1.5　袖窿 2

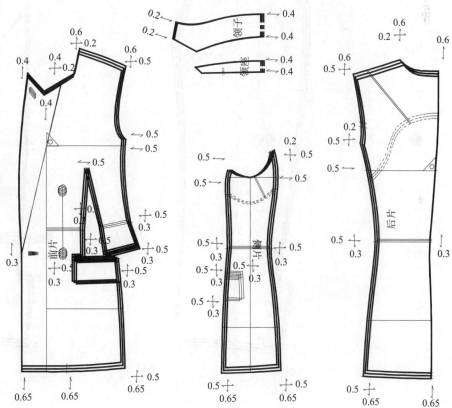

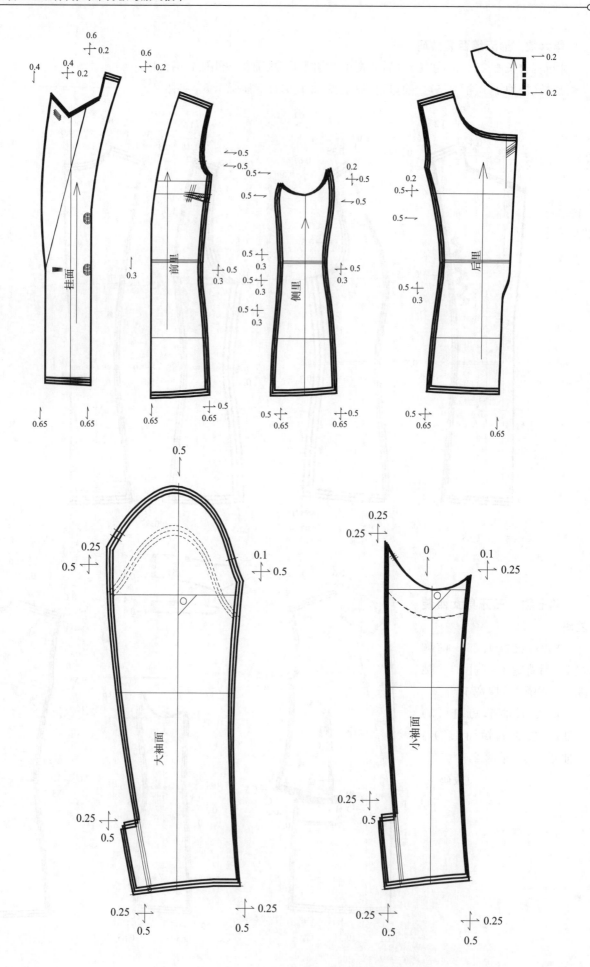

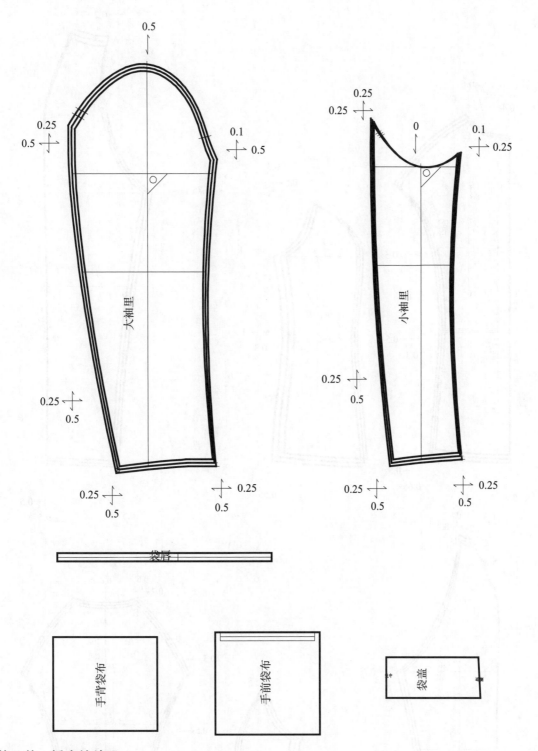

第八款 插肩袖放码

提示:插肩袖款式放码时,可以将前袖上的线段 AB 和后袖上的线段 CD 当作通码,这样,原来的肩颈点档差就转移到前中片的 E 点和后中片的 F 点上。

档差:衣长 1.25 前胸宽 1 后背宽 1 胸围 4 腰围 4 摆围 4 肩宽 1

袖长(长袖 1.3,短袖 0.8) 袖口(长袖 1,短袖 1.5)1 袖肥 1.5 袖窿 2

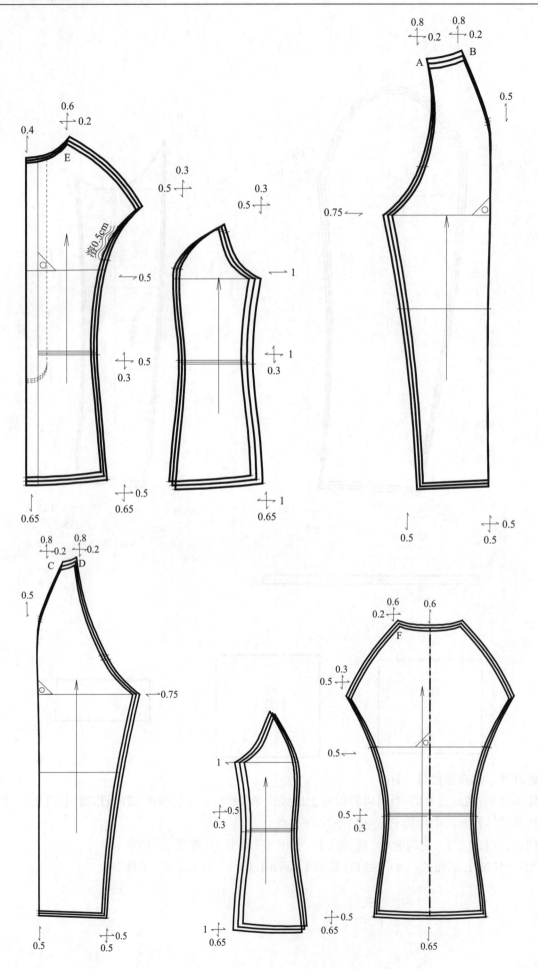

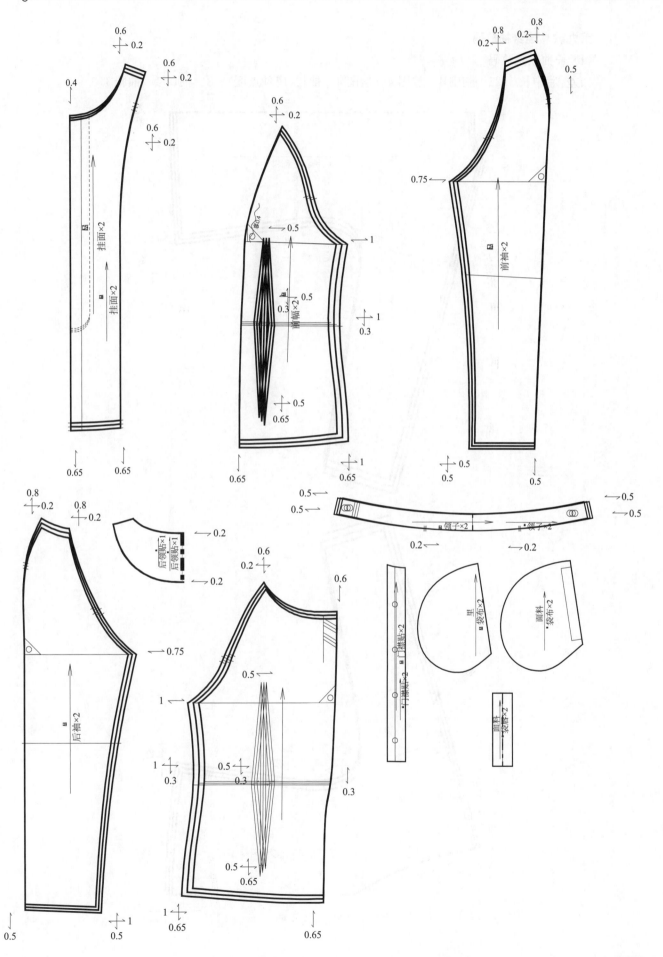

第九款　连身袖放码

（1）长袖款式放码

档差：后中长 1.25　胸围 4　腰围 4　摆围 4　袖长（肩颈点度）1.3　袖口 1　袖肥 1.5

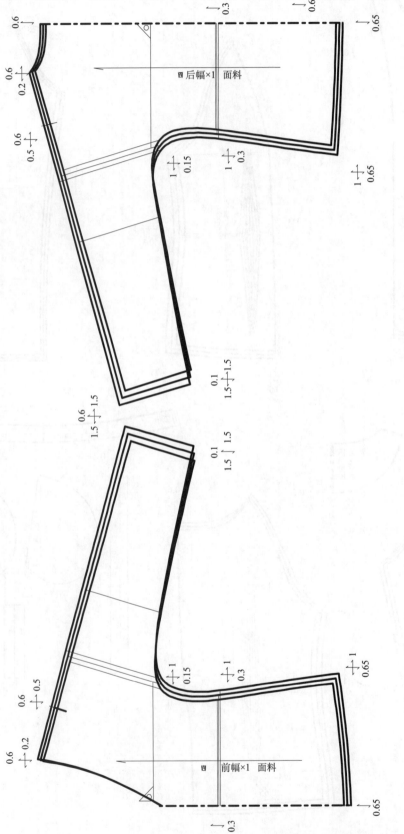

（2）短袖款式放码

档差：后中长 1.5　胸围 4　腰围 4　摆围 4　袖长（肩颈点度）0.8　袖口 1.5　袖肥 1.5

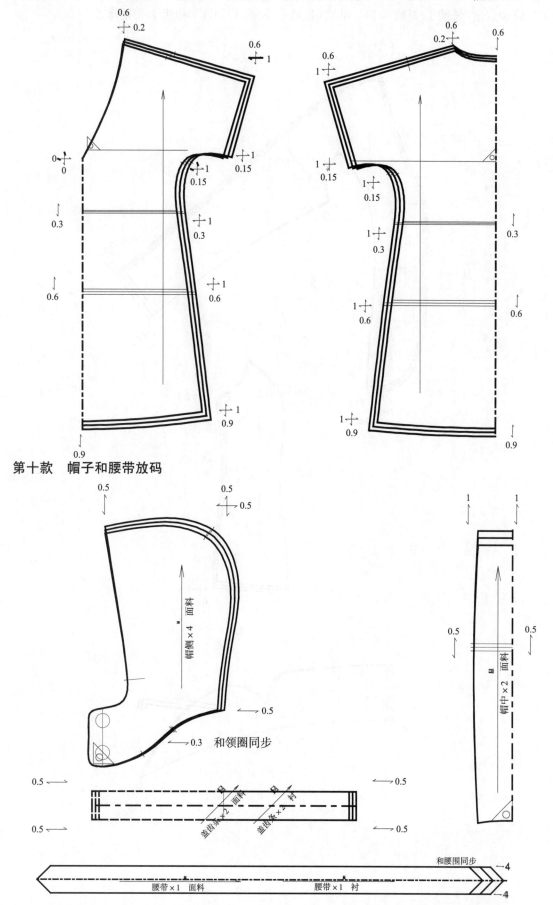

第十款　帽子和腰带放码

第十一款　和公主缝组合的插肩袖放码

档差：衣长 1.25　前胸宽 1　后背宽 1　胸围 4　腰围 4　摆围 4　肩宽 1

袖长 肩颈点度（长袖 1，短袖 0.5）　袖口（长袖 1，短袖 1.5）1　袖肥 1.5 袖窿 2

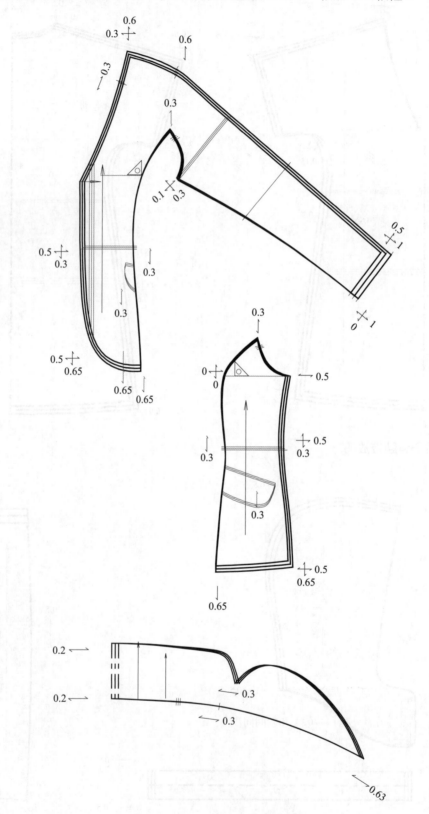

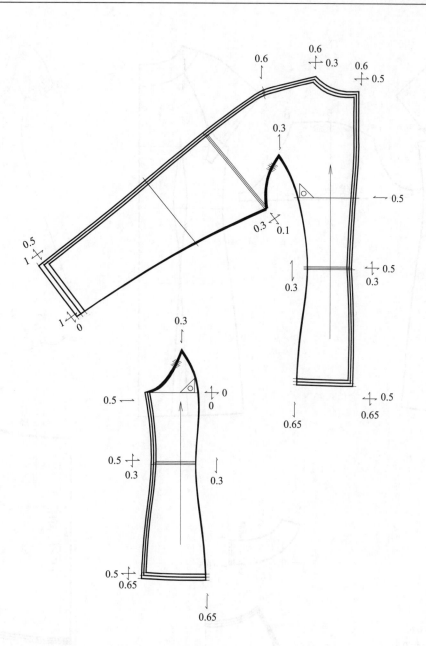

第十二款　断腰节、无袖中缝插肩袖款式放码

档差:衣长1.5　前胸宽1　后背宽1　胸围4　腰围4　摆围4　肩宽1

袖长肩颈点度(长袖1,短袖0.5)　袖口(长袖1,短袖1.5)1　袖肥1.5　袖窿2

提示:

由于肩颈点A和肩端点B的距离很短,所以把这两点当作通码,那么,A就和肩端点的档差完全相同,横方向跳0.5cm。

前领圈上的C点可以看作是前胸宽的点,所以纵方向跳0.3cm,横方向跳0.5cm。

由于后袖D点横向是通码的,所以后领圈上的D点到后肩端点也是通码的,相应的袖子上的D点和E点也是通码的。

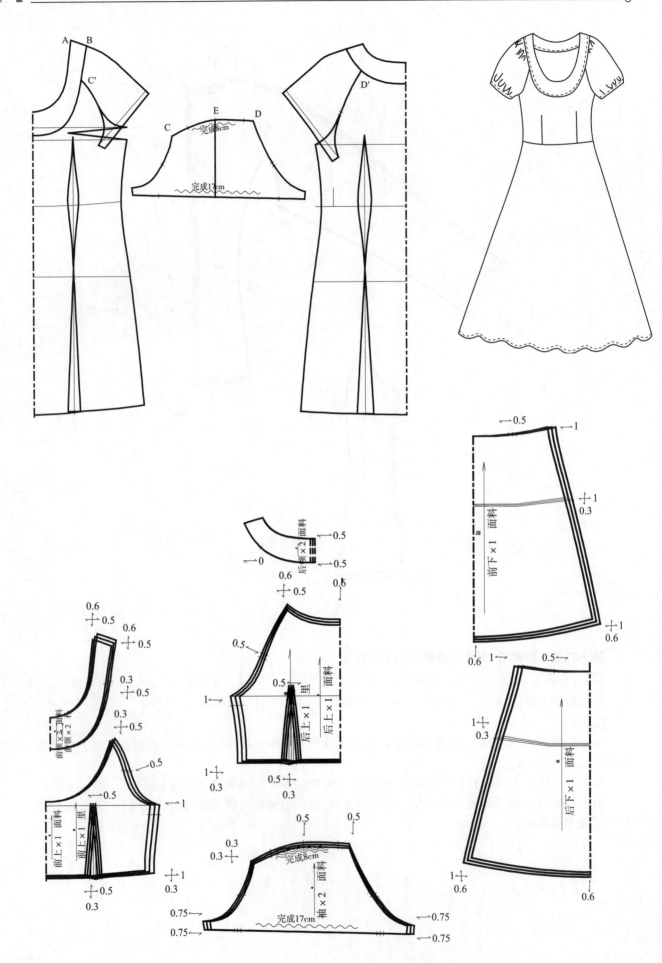

第三节　组合裁片的档差分配

第一款　裙子

档差:侧长 1　腰围 4　臀围 4　摆围 4

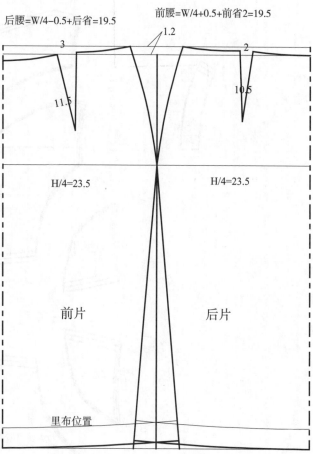

后腰=W/4-0.5+后省=19.5

前腰=W/4+0.5+前省2=19.5

1.2

3

2

11.5

10.5

H/4=23.5

H/4=23.5

前片

后片

里布位置

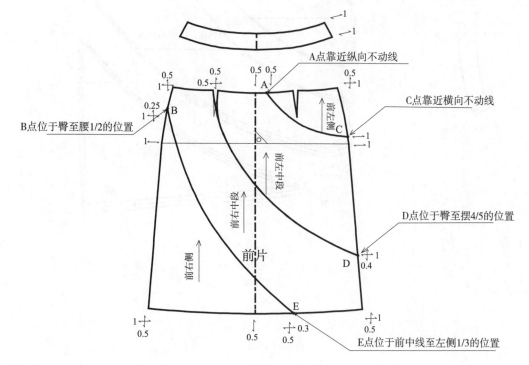

A点靠近纵向不动线

C点靠近横向不动线

B点位于臀至腰1/2的位置

D点位于臀至摆4/5的位置

E点位于前中线至左侧1/3的位置

前左侧

前左中段

前右中段

前右侧

前片

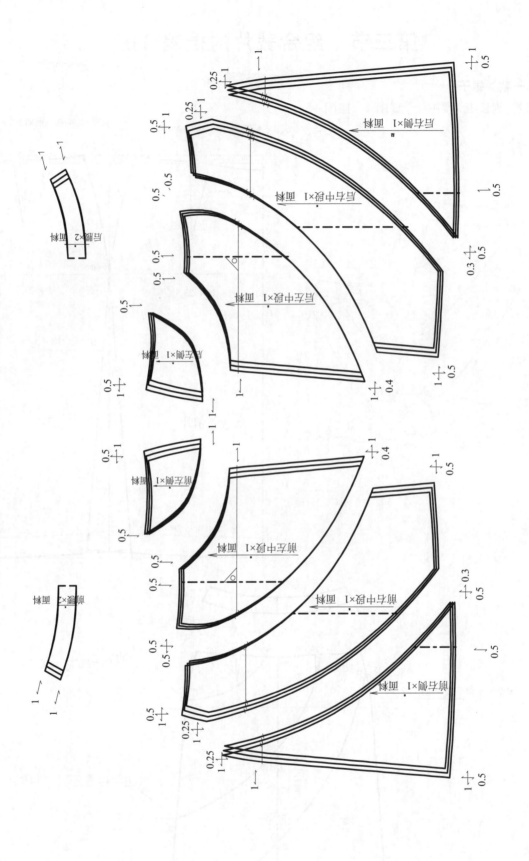

第二款　裤子

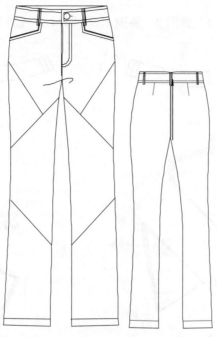

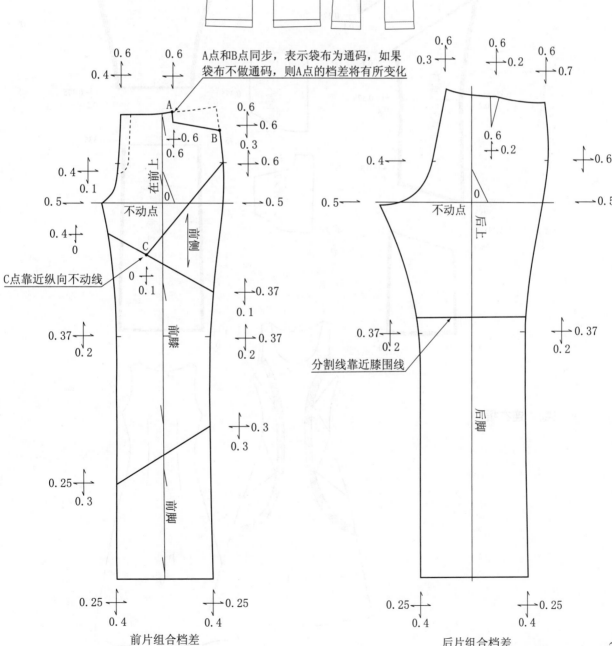

A点和B点同步，表示袋布为通码，如果袋布不做通码，则A点的档差将有所变化

C点靠近纵向不动线

分割线靠近膝围线

前片组合档差　　　　　　　　　后片组合档差

档差:总长1　腰围4　臀围4　腿围2　膝围1.5　脚口1　前裆0.6　后裆0.6　拉链长0.5

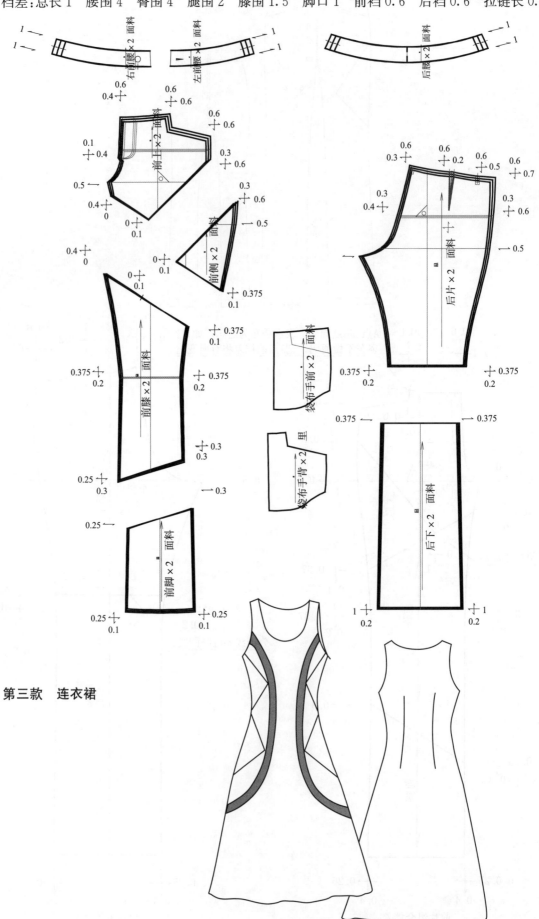

第三款　连衣裙

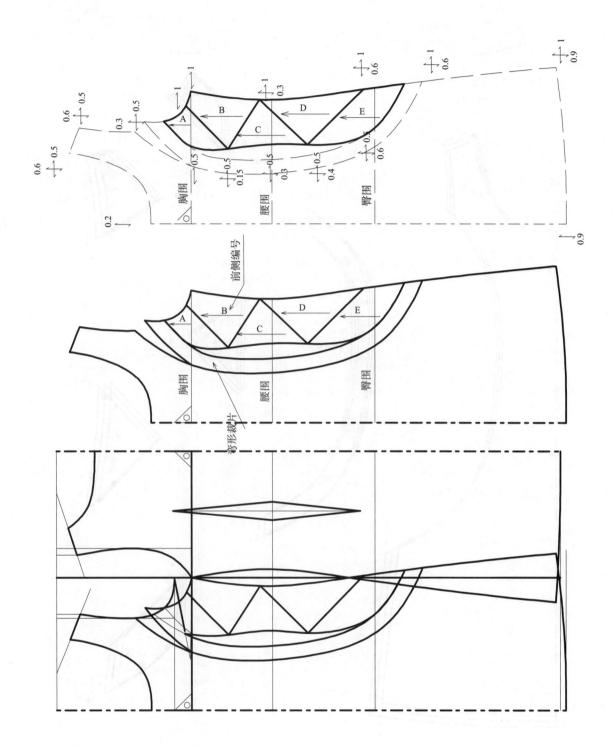

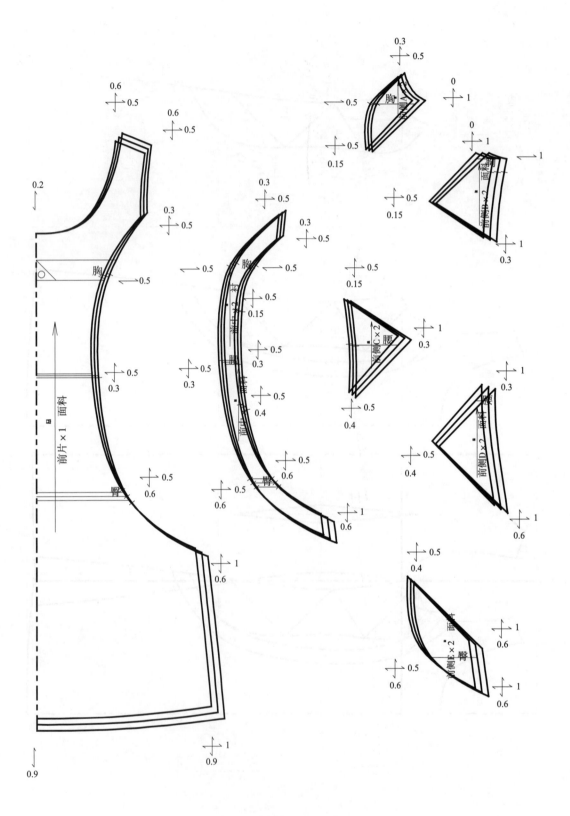

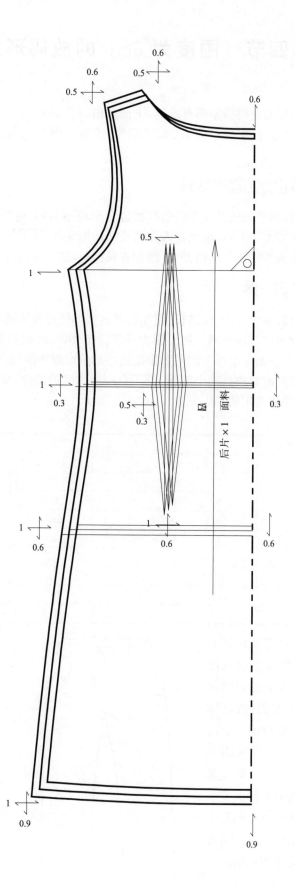

第四节　围度为 5cm 的放码形式

第一款　下装

在实际工作中,每个公司的放码档差都有差别,下面是由台湾某商行提供的两张图稿,分别是上装和下装的图的各码尺寸和档差,这里的三围是 5cm,这种方式和三围为 4 cm 的类型在分配档差时有所不同。

1. 为什么内销品牌也会出现不均码

当内销品牌的服装出现四个码或者五个码的时候也会出现不均码,这种情况主要是从销售部反馈信息来决定的,当人体需要增大一个码,也就是人体的尺寸增加变胖,但不等于人的身高会同时长高,在实际工作中,常常最大一个码只增加三围档差,不增加衣长档差,这样就出现了不均码现象。

2. 为什么要每两个码一跳

当款式为 3 个码的时候,通常口袋、拉链长、钮扣位置这些部位是做成通码的。当款式为 4 个或者 4 个以上的时候,这些部位就可以每两个码一跳。因为在实际工作中,放码完成后的裁片数量越多,生产车间出现错码的概率就越大。而 4 个以上的码如果把这些部位设置为通码,就没有任何变化,显然是不合理的,每两个码一跳可以同时解决这两个问题,既不会产生太多的裁片,又能够产生差数,因此,每两个码一跳在实际工作中是非常有用的。

尺寸表

	度法	S	M	L	XL	档差
外长	连腰	101.4	102	102.6	103.2	0.6
腰围	V 度	73	78	83	88	5
臀围		92	97	102	107	5
肶围		58.5	61	63.5	66	2.5
膝围	裆下 32cm 度	45	46.5	48	49.5	1.5
脚口		45	46	47	48	1
前裆	连腰	21.9	22.5	23.1	23.7	0.6
后裆	连腰	34.9	35.5	36.1	36.7	0.6
拉链长		7.5	8	8.5	9	0.5

在这个裤子款式中,前袋和后袋的档差,有的公司每两个码的深度和宽度都跳码,有的公司只跳宽度不跳口袋深度。袋盖的高度通常都是通码的,具体的做法要根据各公司或者客户的要求而定。在本款中,前侧袋的上端点 S 码跳 0.75cm,表示 S 码和 M 码的袋口宽度是通码的,L 码跳 0.15cm,表示 L 码加宽了 0.6cm,XL 码跳 0.9cm,表示 XL 码和 L 码的袋口也是通码的,前侧袋的下端点都跳 0.6cm,表示袋深度都是通码的。

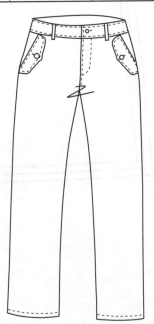
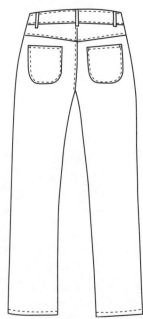

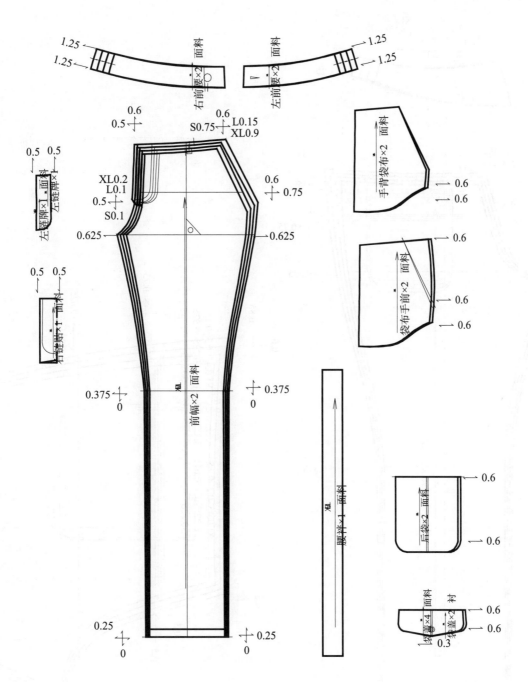

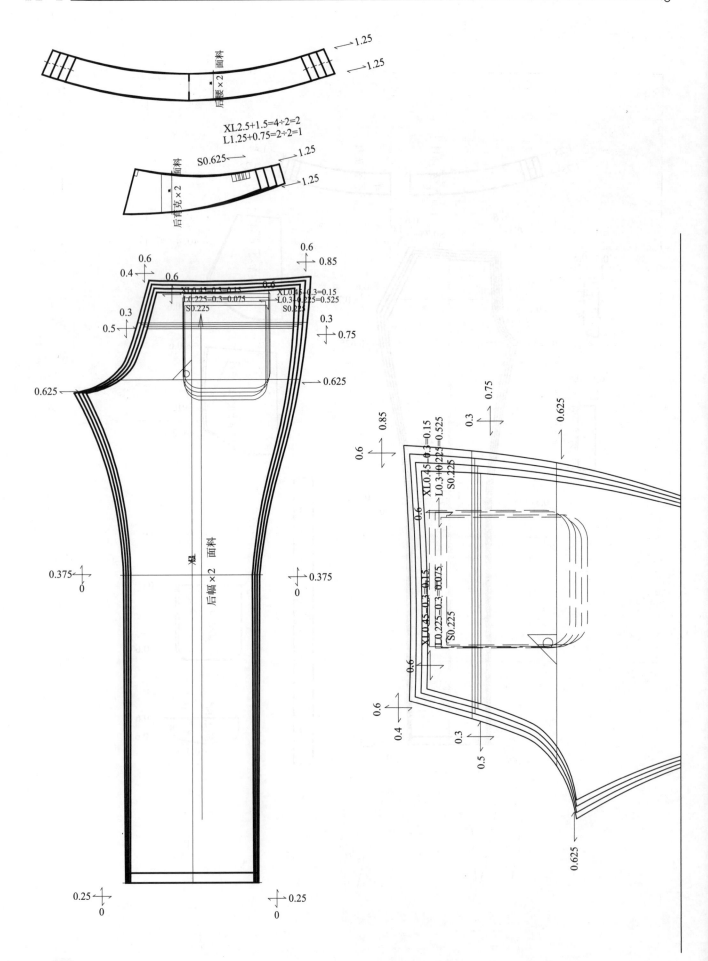

XL2.5+1.5=4÷2=2
L1.25+0.75=2÷2=1

第二款 上衣

尺寸表

	度法	S	M	L	XL	档差
后中长		52.75	54	55.25	56.5	1.25
前胸宽		33.3	34.5	35.8	37	1.2
后背宽		35.2	36.48	37.6	38.8	1.2
胸围	（夹下度）	91	96	101	106	5
腰围		85	90	95	100	5
脚围		95	100	105	110	5
肩宽		36.5	38	39.2	40.4	1.2
袖长		59	60	61	62	1
袖口		21	22	23	24	1
袖肥	（夹下度）	32.5	34.5	36.5	38.5	2
袖窿	（弯度）	44	46	48	50	2

通过围度为 4cm 和 5cm 上衣放码之间的对比，可以看到袖山弧线和袖窿弧线长度变化的条件和规律》

（1）袖山弧线的变化

袖山高	袖肥（1/2 计）	袖山弧线（1/2 计）
0.5	0.75	1
0.4	1	1
0.5	1	1.25
0.5	0.5	0.75

（2）袖窿弧线的变化

肩端点（竖方向）	肩宽（1/2 计）	胸围（1/4 计）	前胸宽，后背宽（1/2 计）	袖窿弧线（1/2 计）
0.6	0.5	1	0.5	1
0.6	0.6	1.25	0.6	1
0.5	0.5	1	0.5	0.75

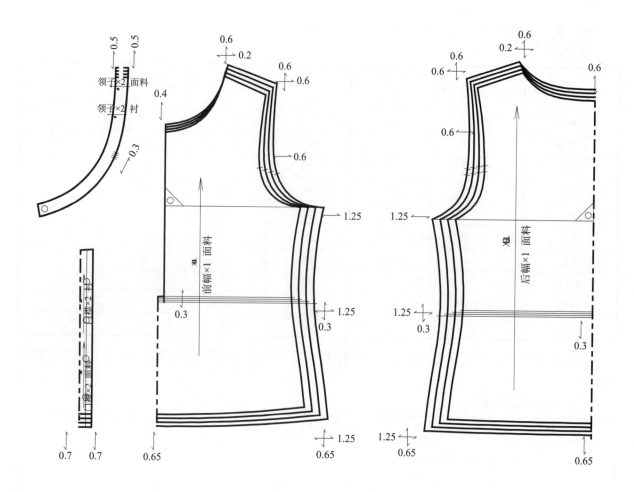

第五节　特殊形状的裁片放码

1. 圆形裁片放码

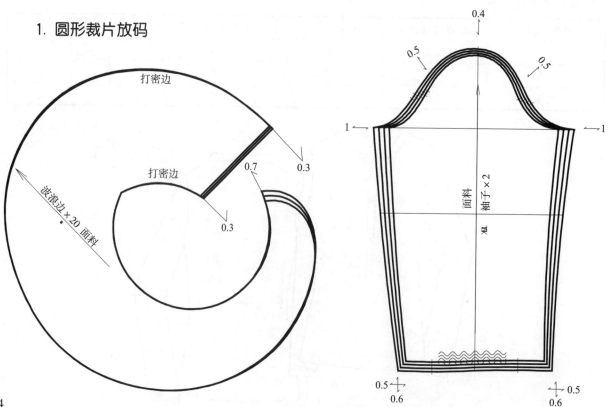

2. 垂坠领放码

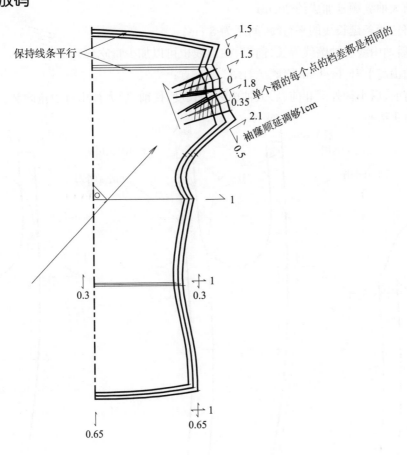

3. 收省袖放码

（1）借肩袖

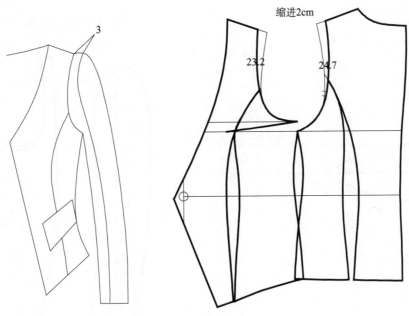

第一步：肩宽缩进 2cm，使前、后袖窿差数为 1.5cm；

第二步：画没有吃势的袖基本型，前、后袖缝的偏移量为 2cm；

第三步:把后袖缝中线顺延加长约20cm;

第四步:把前大袖缝顺延加成约20cm;

第五步:画与这两条延长线的平行线,间距为3 cm;

第六步:前、后袖山线和袖窿线等长(前、后袖山线也可以加少量吃势);

第七步:把袖山高上升3～4cm,连顺 A,B,C 三个点;

第八步:调节前、后小袖外围和前、后大袖山线的长度,使前、后大袖山有少量吃势;

第九步:画肩头垫布。

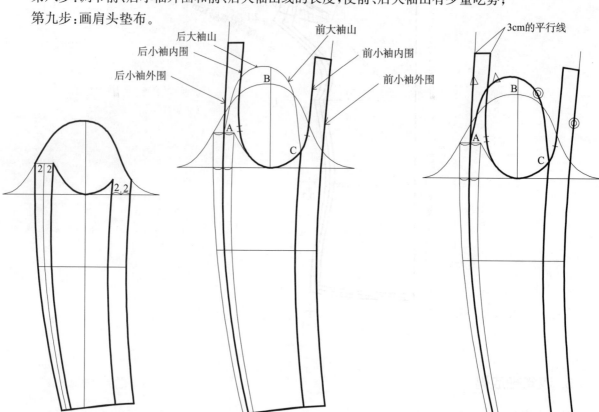

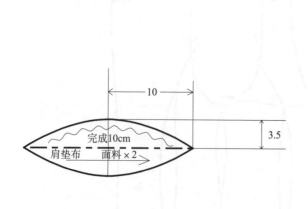

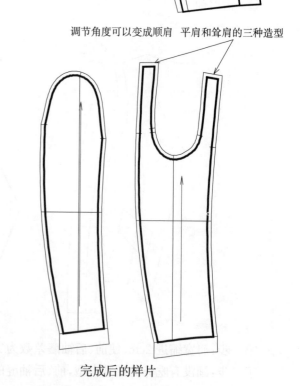

完成后的样片

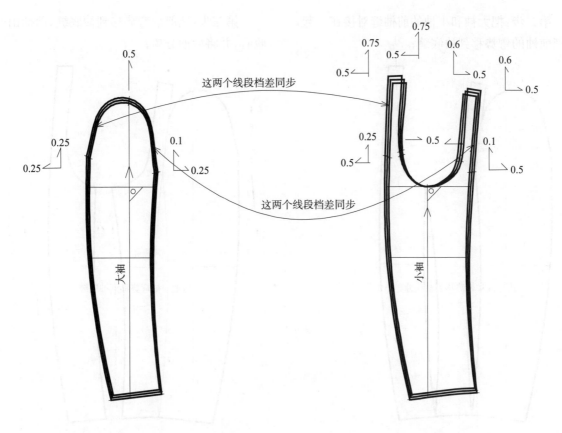

这两个线段档差同步

这两个线段档差同步

在这个袖型基础上演变成另外一种袖型

第一步:把小袖片翻转过来;

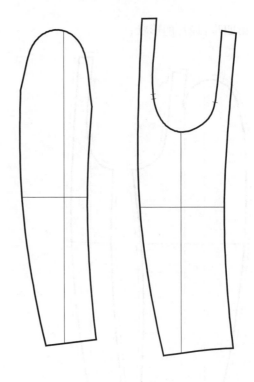

第二步：把大袖和小袖的前袖缝对接在一起，再把前袖的弯势移到袖底缝；

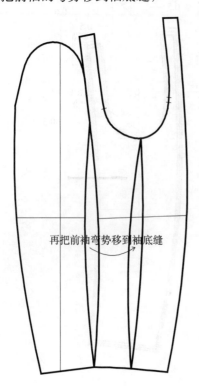

第三步：把前袖弯势移到袖底缝，前袖山改成收省，并将后袖分离；

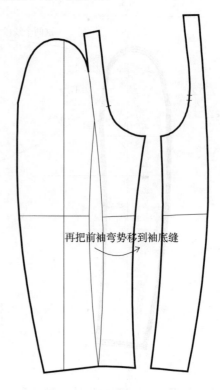

第四步：裁片的形状；

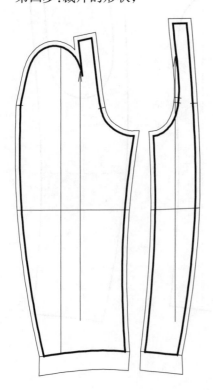

第五步：画袖山垫布。

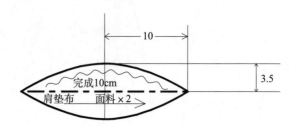

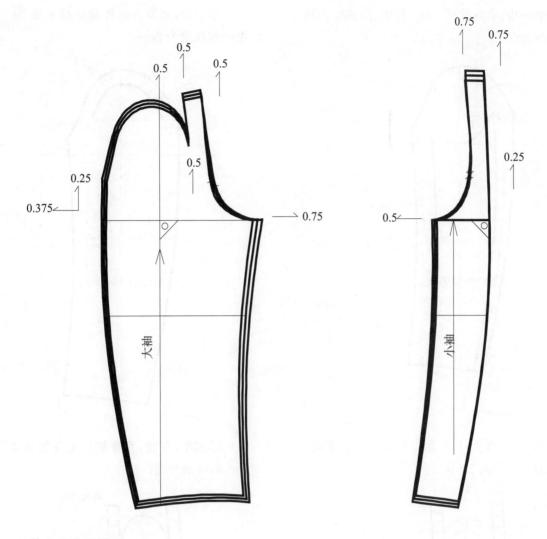

（2）袖山收省的袖型

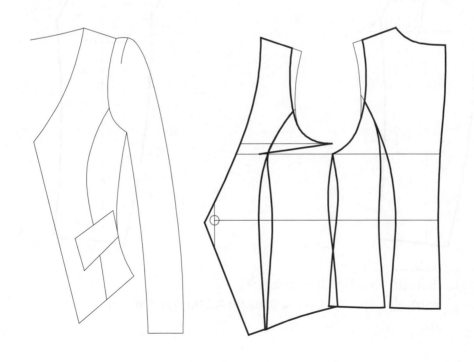

第一步:肩宽缩进 2 cm,使前、后袖窿差数
为 1.5 cm;

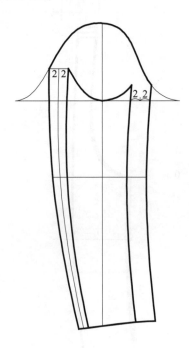

第二步:画没有吃势的袖基本型,前、后袖
缝的偏移量为 2cm;

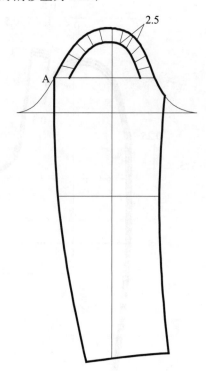

第三步:以大袖后端点 A 画一个水平线,
把袖山平行分割 2.5cm;

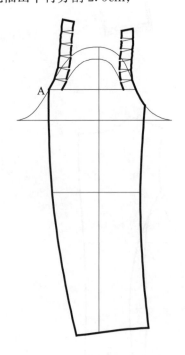

第四步:在前、后分割片上各加入 0.7×5
＝3.5cm 展开量;

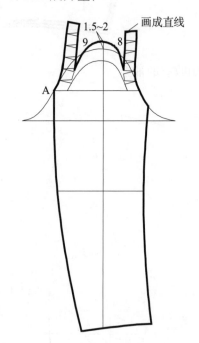

第五步:1. 在前袖山 8cm,后袖山 9cm 处取点。
2. 袖山顶点上升 1.5～2cm,调节和校对各部位的线条和尺寸。

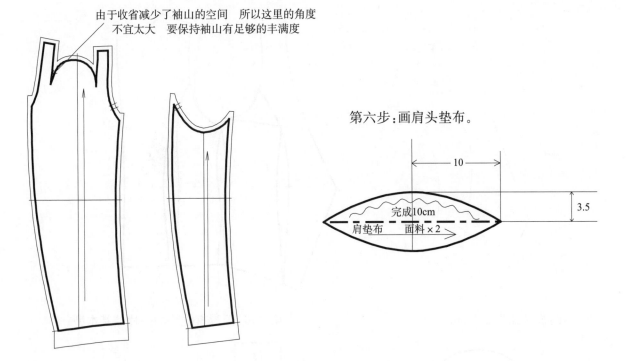

由于收省减少了袖山的空间 所以这里的角度
不宜太大 要保持袖山有足够的丰满度

第六步：画肩头垫布。

完成10cm
肩垫布 面料×2
10
3.5

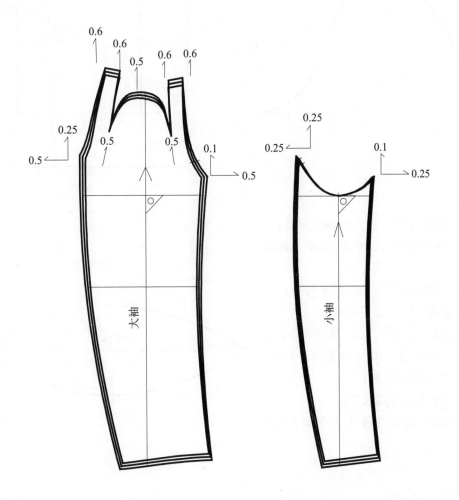

0.6
0.6
0.6
0.6
0.5
0.5
0.5
0.25
0.5
0.1
0.5
大袖

0.25
0.25
0.1
0.25
小袖

（3）袖山收直省

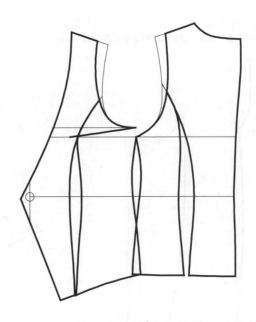

第一步：肩宽缩进 2.5 cm；　　　　　第二步：画没有吃势的一片袖基本型；

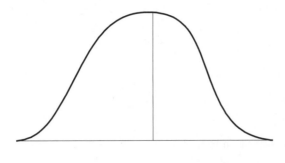

第三步：以袖口长 21~22cm 画水平线；

第四步：分别以点 A 和点 B 向上画垂
直线；

第五步：分别画前后 4.5cm 的平行线；

第六步：画袖口的 5cm 平行线；

第七步：袖山高上升 1.5cm，连顺线条；

第八步：调节前后袖山线和竖线的长度，
使新袖山线保留少量的吃势；

第九步：水平连接顶端线段；

第十步：打好袖山和袖窿刀口，画肩头垫布。

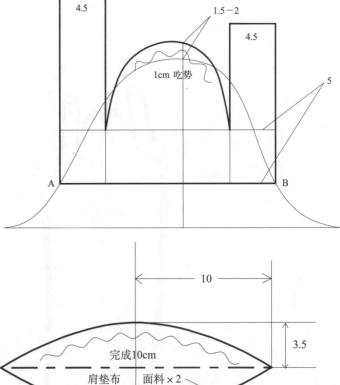

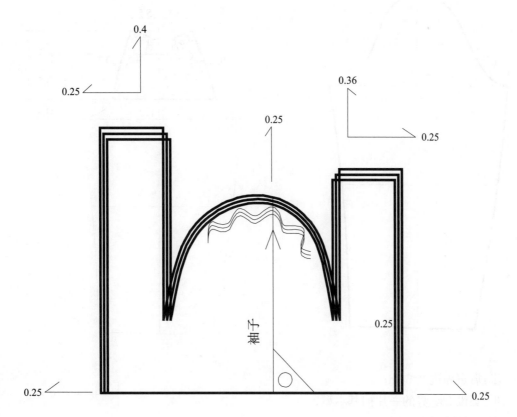

（4）袖山收短省

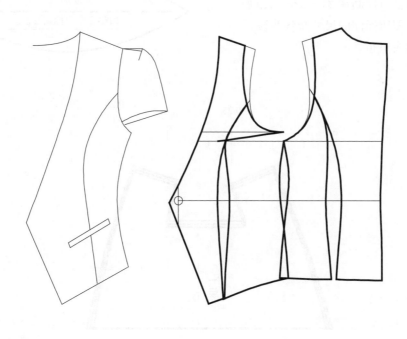

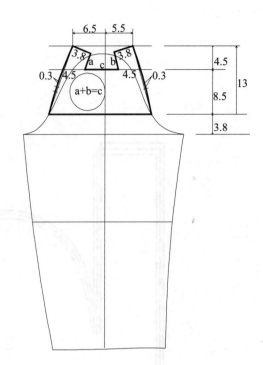

第一步：肩宽缩进 2.5cm；

第二步：画没有吃势的一片袖基本型；

第三步：在袖肥线上，分别画 3.8、8.5 和 4.5 的平行线；

第四步：把短袖口控制在 21～22cm 之间；

第五步：按上图所标注的尺寸画各线段；

第六步：画肩头垫布。

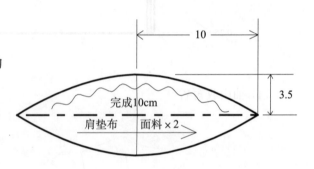

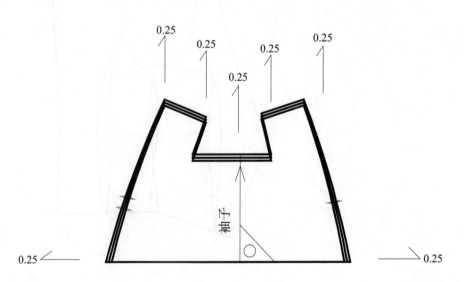

4. 褶裥袖放码

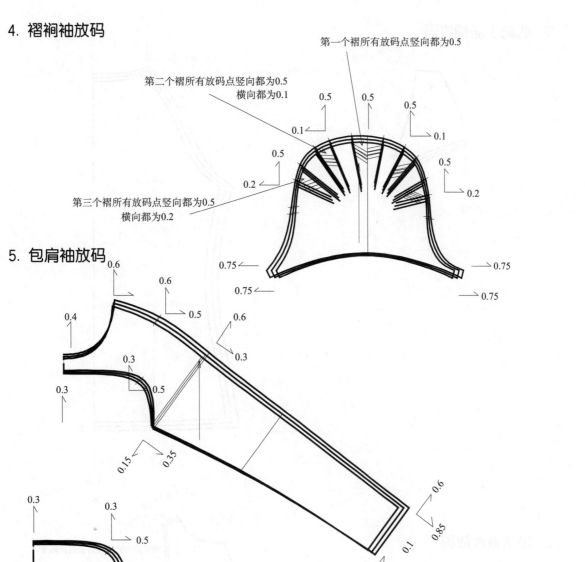

第一个褶所有放码点竖向都为0.5

第二个褶所有放码点竖向都为0.5
横向都为0.1

第三个褶所有放码点竖向都为0.5
横向都为0.2

5. 包肩袖放码

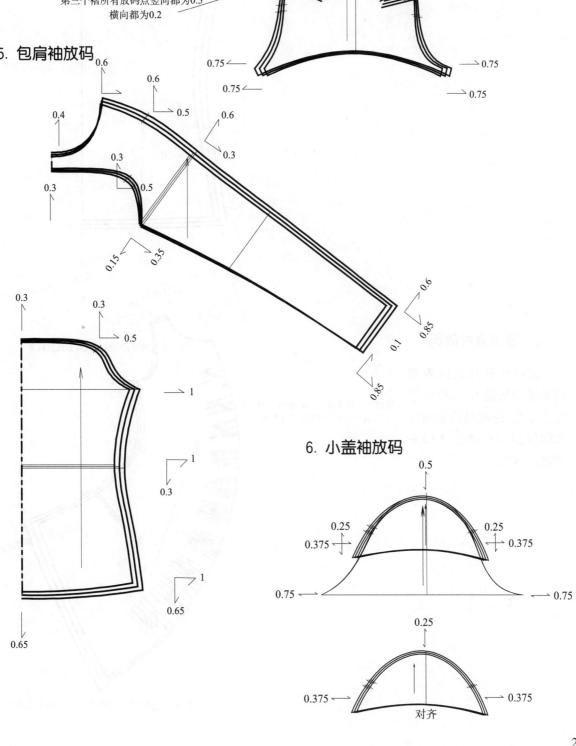

6. 小盖袖放码

对齐

7. 插肩小盖袖放码

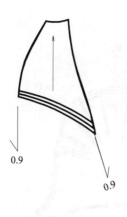

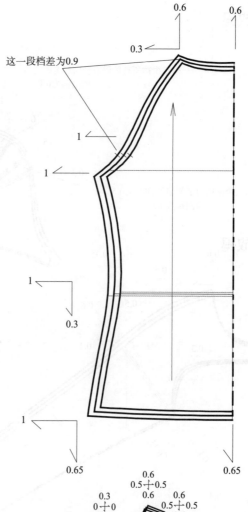

这一段档差为0.9

0.6 0.6
0.3

1

1

1

0.3

1

0.65   0.65

8. 多褶裁片放码

多褶的裁片会因为褶的数量和褶量大小,使档差发生变化,这时仍然要同时兼顾保型和保持总体档差的数值不变。

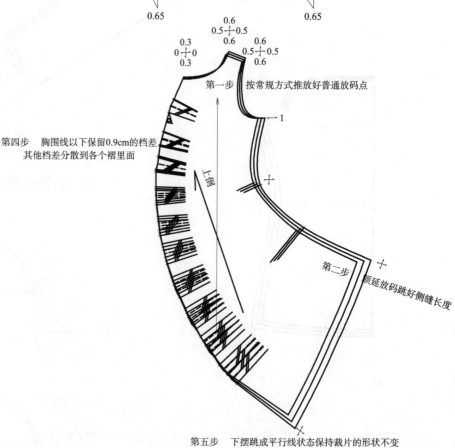

0.6
0.5╬0.5
0.3   0.6
0╬0   0.6
0.3   0.5╬0.5
            0.6

第一步　按常规方式推放好普通放码点

→1

第四步　胸围线以下保留0.9cm的档差
　　　　其他档差分散到各个褶里面

上围

第二步
顺延放码跳好侧缝长度

第五步　下摆跳成平行线状态保持裁片的形状不变

第十六章　时装打板实例

第一款　综合转省实例

单位：cm

制图部位	制图尺寸
后中	56
胸围	95
腰围（放松度）	76
摆围	99
肩宽	38.5
袖长	62
袖口	25
袖肥	34
袖窿	46.5

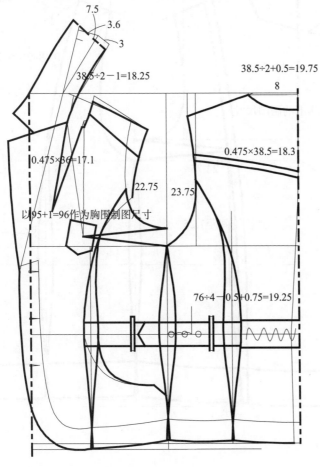

7.5
3.6
3
$38.5 \div 2 - 1 = 18.25$
$38.5 \div 2 + 0.5 = 19.75$
8
$0.475 \times 36 = 17.1$
$0.475 \times 38.5 = 18.3$
22.75
23.75
以95+1=96作为胸围制图尺寸
$76 \div 4 - 0.5 + 0.75 = 19.25$

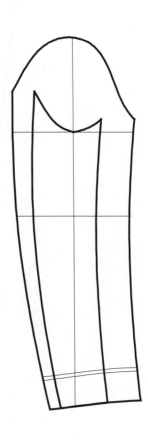

第二款 斜门襟拉链衫

单位:cm

制图部位	制图尺寸
后中	57
胸围	96
腰围	86
摆围	100
肩宽	39.5
袖长	60
袖口	22
袖肥	35
袖窿	47

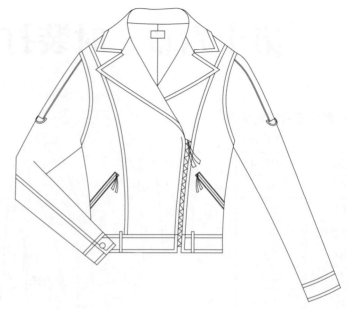

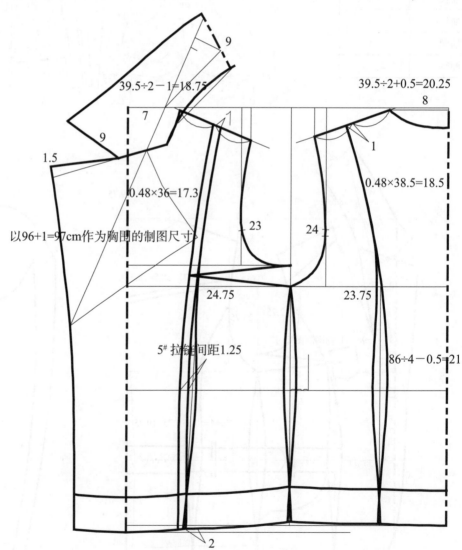

$39.5 \div 2 - 1 = 18.75$

$39.5 \div 2 + 0.5 = 20.25$

9

8

7

1

1

1.5

$0.48 \times 36 = 17.3$

$0.48 \times 38.5 = 18.5$

以96+1=97cm作为胸围的制图尺寸

23

24

24.75

23.75

5#拉链间距1.25

$86 \div 4 - 0.5 = 21$

2

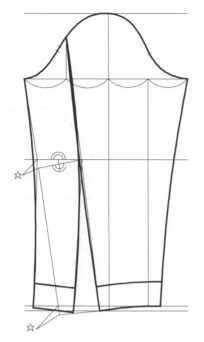 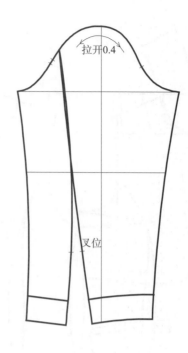

第三款 双层拉链衫

制图尺寸		单位cm
后中		60
胸围		96
腰围	（放松度）	78.5
摆围		101
肩宽		38.5
袖长		62
袖口	（内层）	18
袖肥		35
袖隆		47

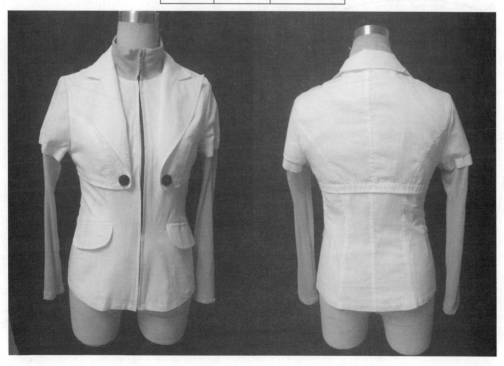

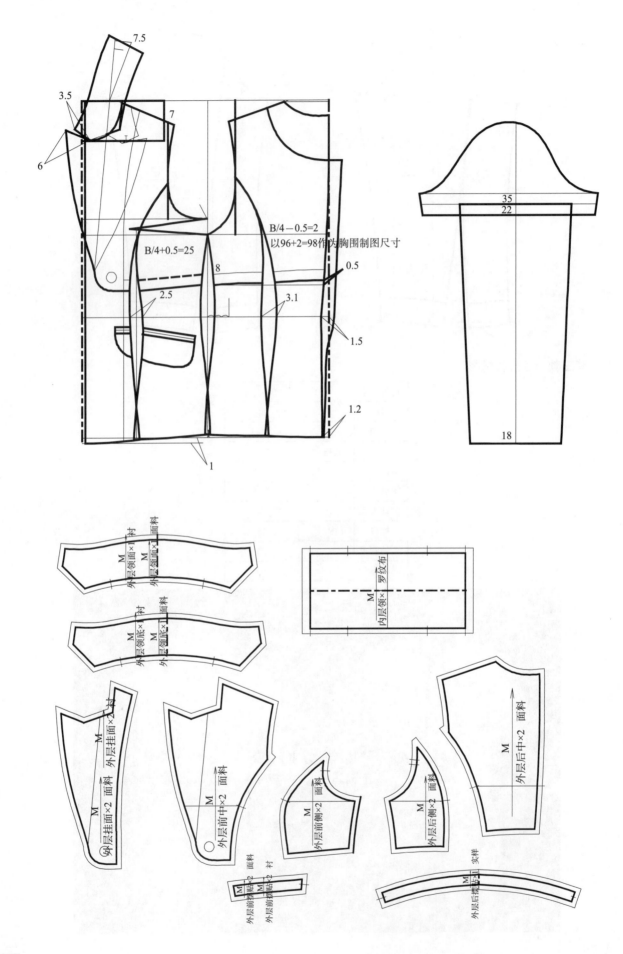

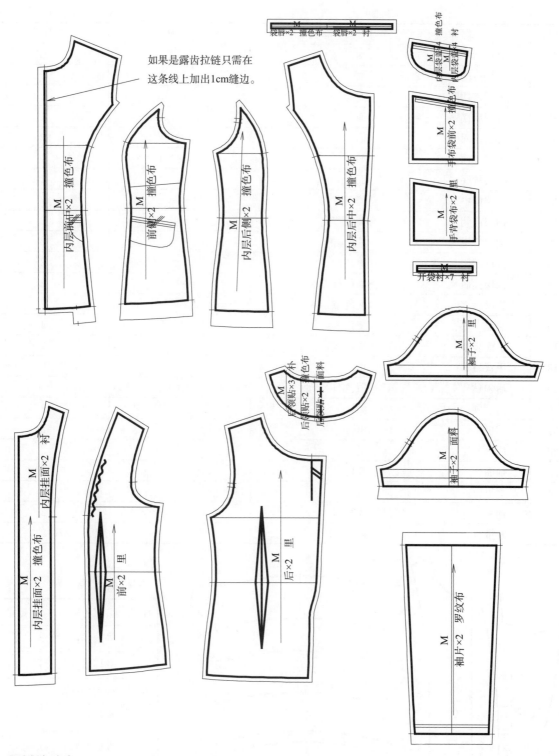

如果是露齿拉链只需在
这条线上加出1cm缝边。

纸样统计表

对于一些样片比较多的款式,需要制作《纸样统计表》和《实样统计表》,这样可以方便于纸样的核对和检查工作

款号:KN‐307　　　　　名称:双层休闲西装

序号	名称	布料	其他	数量
1	外层前中	面		2
2	外层前侧	面		2

续表

序号	名称	布料	其他	数量
3	外层后中	面		2
4	外层后侧	面		2
5	外层前摆贴	面	加衬×2	2
6	外层后摆贴	面	加衬×1	1
7	外层挂面	面	加衬×2	2
8	外层领面	面	加衬×1	1
9	外层领底	面	加衬×1	1
10	内层前中	撞色布		2
11	内层前侧	撞色布		2
12	内层后中	撞色布		2
13	内层后侧	撞色布		2
14	内层挂面	撞色布	加衬×2	2
15	袋唇	撞色布	加衬×2	2
16	袋盖	撞色布	加衬×4	4
17	手前袋布	撞色布		2
18	手背袋布	里		2
19	后领贴	撞色布 X2 面 X1	加衬×3	
20	内层领	罗纹布		1
21	前里	里		2
22	后里	里		2
23	袖面	撞色布		2
24	袖里	里		2
25	袖片	罗纹布		2
26	开带衬	衬		2

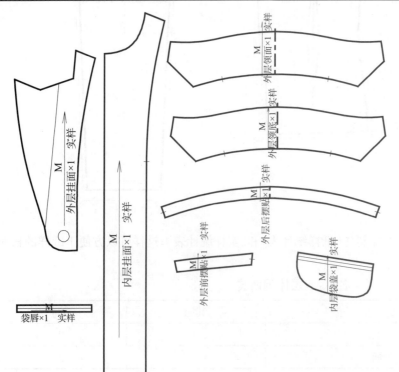

实样统计表

序号	名称	数量
1	外层挂面	1
2	外层前摆贴	1
3	外层后摆贴	1
4	外层领面	1
5	外层领底	1
6	开袋样	1
7	袋盖	1
8	内层挂面	1

合计:纸样26片,实样8片

第四款　立裁晚装实例

晚装的材料除了面料、里料和黏合衬以外,还需要有鱼骨条、钢圈、胸杯棉等材料。

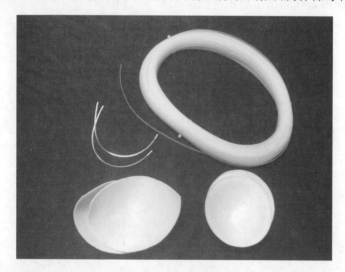

第一步:加胸杯棉,用平面和立裁相结合得到样片的基本形状。

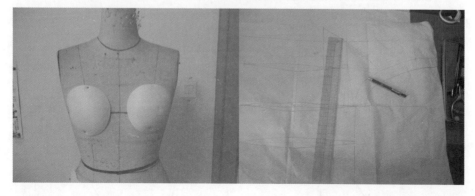

　　第二步:做胸托布,注意胸托布是双层里布＋单层黏合衬,这样可以有效地防止由于加入了黏合衬使上半段和下半段产生色差。

第三步：做压褶布。

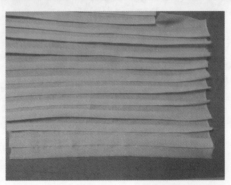

第四步：顺着胸托布的形状画出压褶布造型。

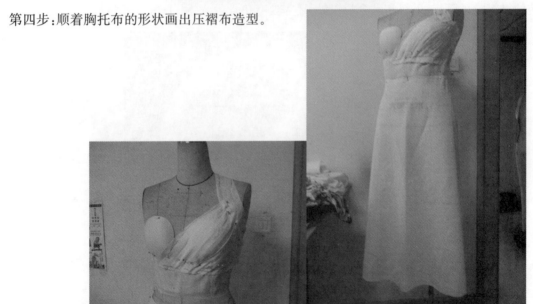

胸杯里布内、外层的差数

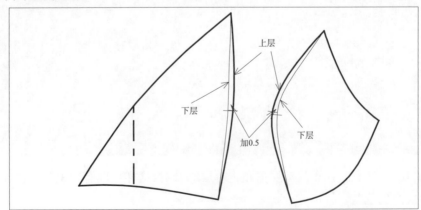

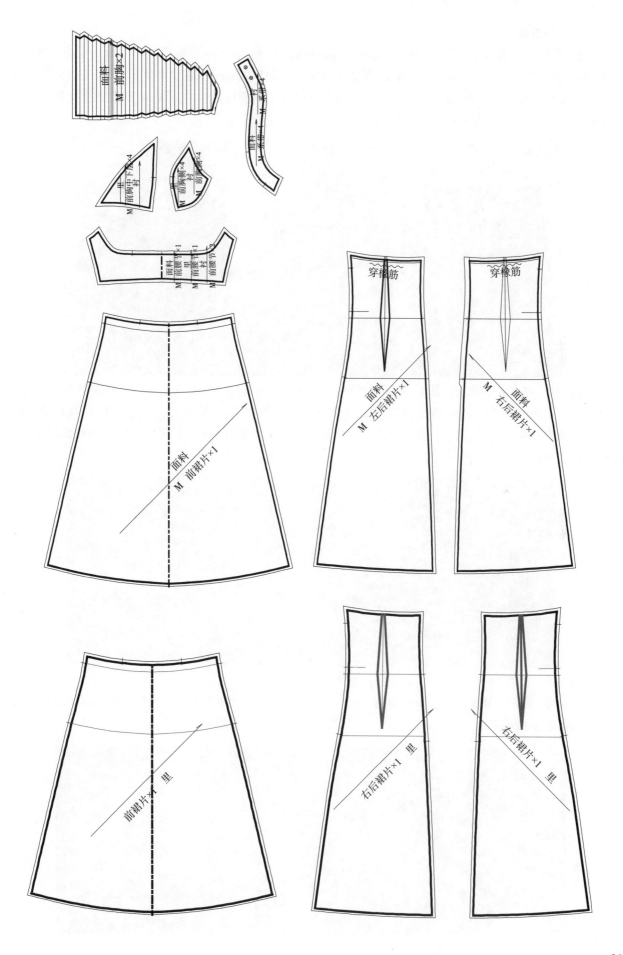

第五款 驳样款式实例

驳样，即看样衣打板。下面这个款式胸围、袖口比较夸张，下摆不需要平齐，前、后片明显褶痕，肩头、袖口和下摆收碎褶，总体表现为宽松、随意。这个宽松如果用合体基本型来制图，就很难得到样衣裁片的实际尺寸和形状。在实际工作中，遇到这种情况可以采取直接拷贝的方法，从样衣上直接把每一个裁片复制到白纸上。具体的制作步骤是：

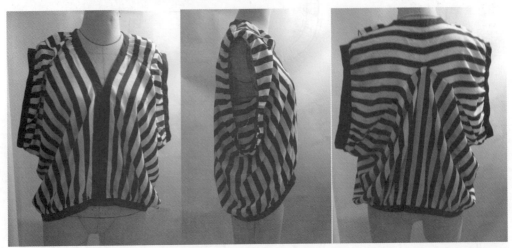

第一步，把样衣平铺在白纸上，按照前片→门襟→下摆→后片→领子→袖子的顺序来拷贝裁片，拷贝时把前中的一片平放，余量推向四周，使这个裁片处于自然状态，然后用大头针扎透样衣，在白纸上扎出裁片的轮廓形状，然后沿着针孔连顺线条。如果是比较大的裁片，可以在裁片中间用划粉做出标记，分两次或三次进行复制。

第二步，用同样的方法拷贝出其它裁片。

第三步，用软尺分段测量收碎褶部位，得到这个部位展开后的近似值，再把需要加入碎褶的部位切展加入所需要的褶量。

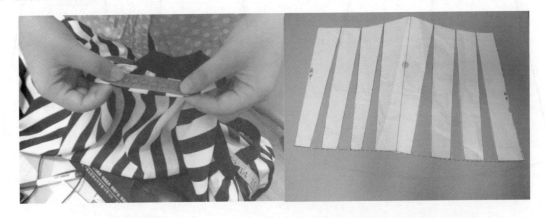

第四步,和样衣校对尺寸,加入由于缝纫和熨烫而产生可能收缩或者伸长的数值。

第五步,校对各线段尺寸。

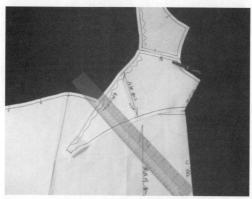

第六步,加放缝份,做出实样。

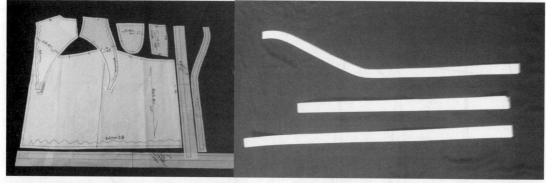

第七步,填写头板表格。

第八步,装袋。

第六款　打条花边衬衣

单位：cm

制图部位	制图尺寸
后中	54.5
胸围	93
腰围	78.5
肩宽	37.5
袖长	47
袖肥	33.5
袖窿	45

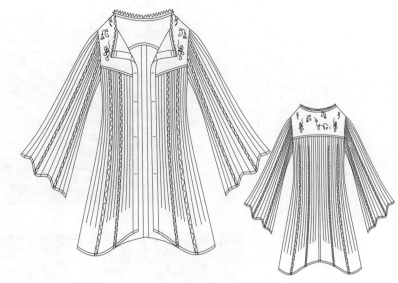

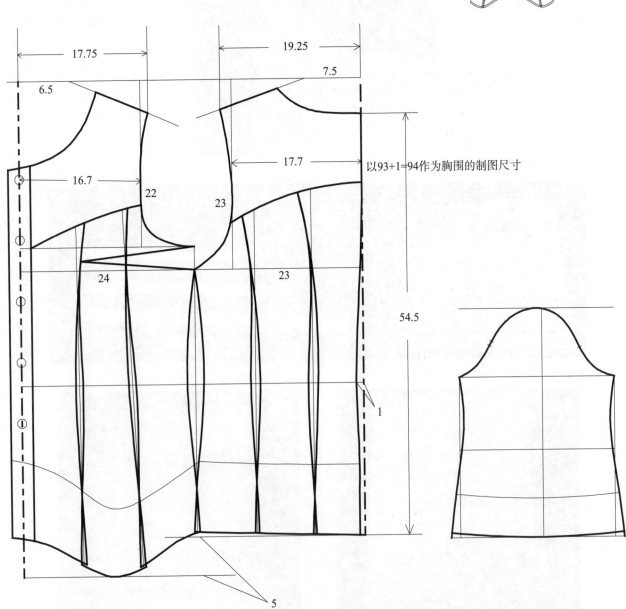

以93+1=94作为胸围的制图尺寸

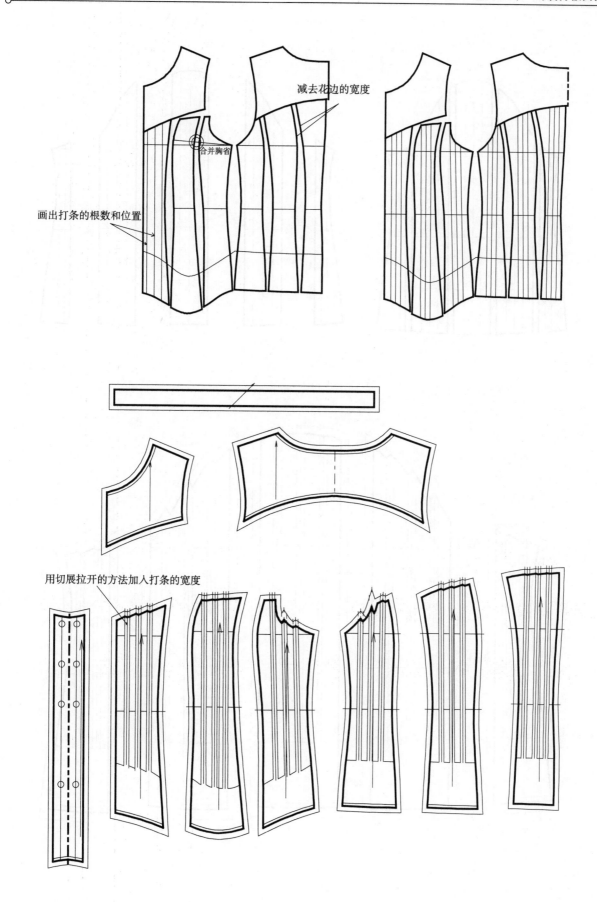

减去花边的宽度

合并胸省

画出打条的根数和位置

用切展拉开的方法加入打条的宽度

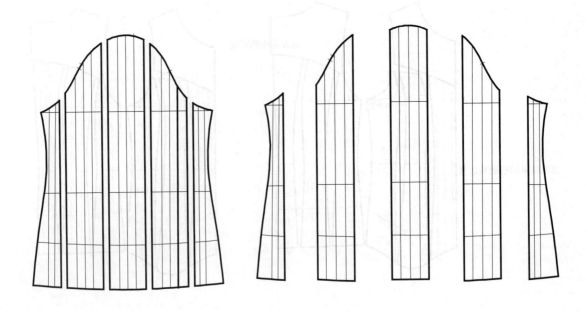

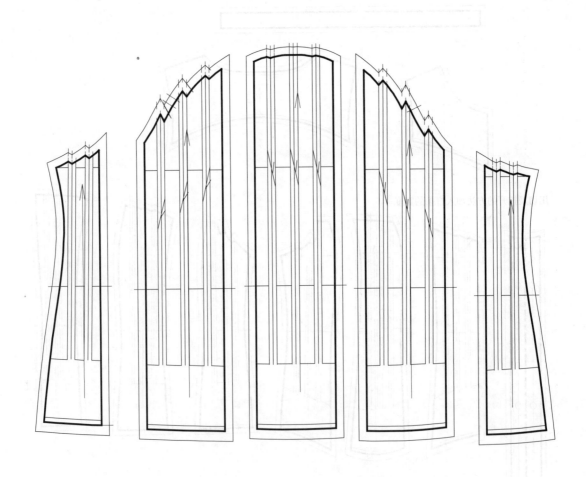

第七款　交叉分割套头衫

单位：cm

制图部位	制图尺寸
后中	53
胸围	93
腰围 （参考尺寸）	
摆围 （参考尺寸）	
肩宽	35.5
袖长	45.5
袖口	26
袖肥	40
袖隆	46.5

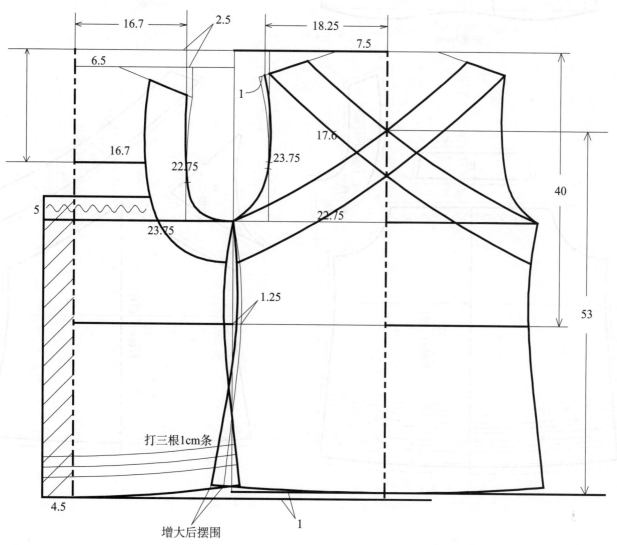

打三根1cm条

增大后摆围

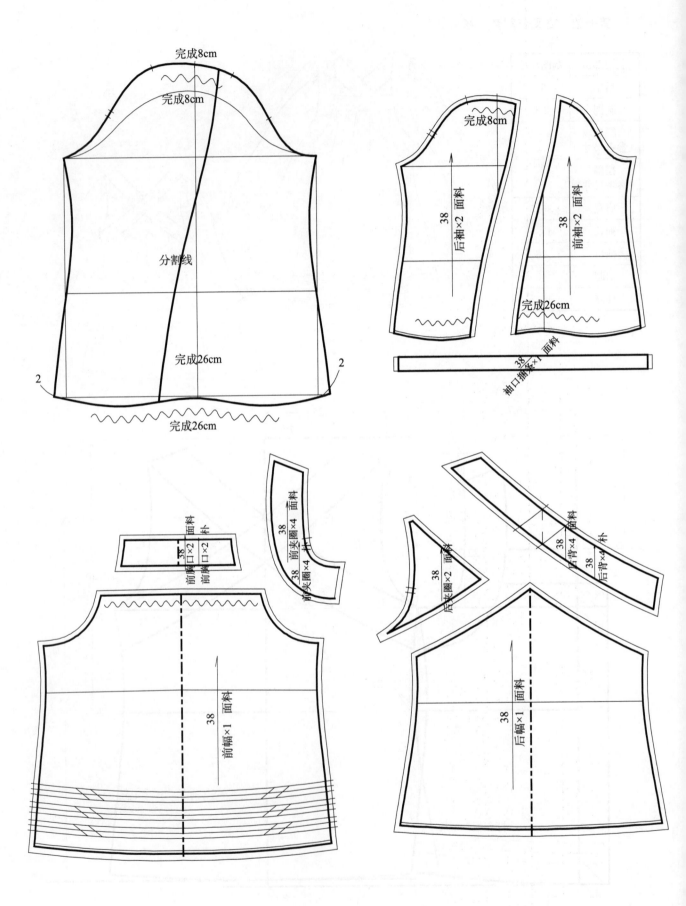

第八款　方形领口波浪袖长裙

单位：cm

制图部位	制图尺寸
后中	80
胸围	93
腰围 （参考尺寸）	
摆围 （参考尺寸）	
肩宽	34.5
袖长	19.5
袖口	60

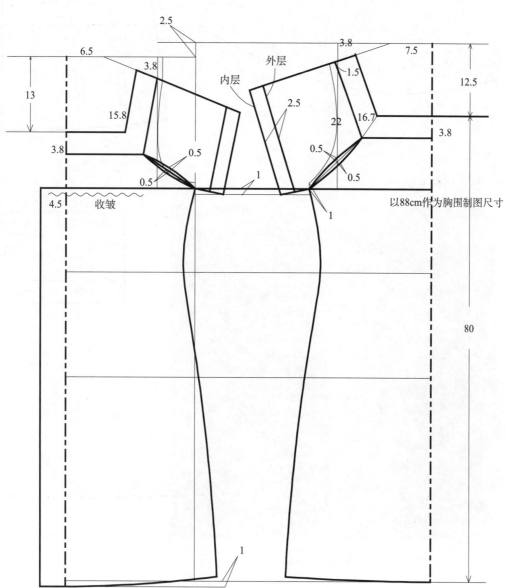

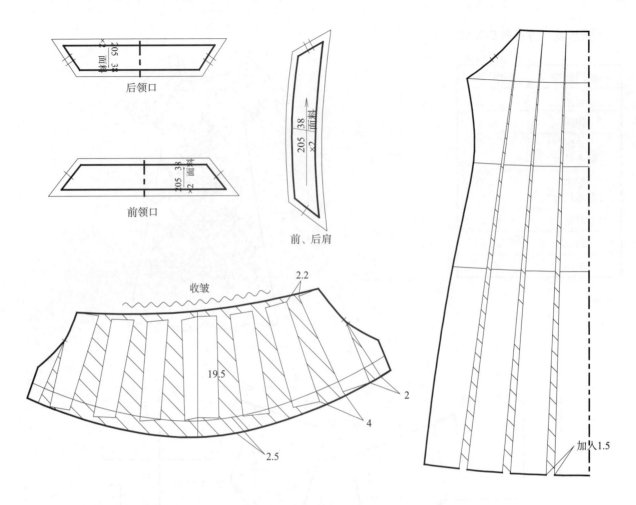

后领口

前领口

前、后肩

收皱

第九款 拼色吊带长裙

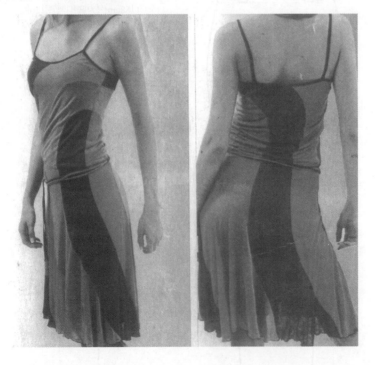

单位:cm

制图部位	制图尺寸
后中	80
胸围	90
腰围	74

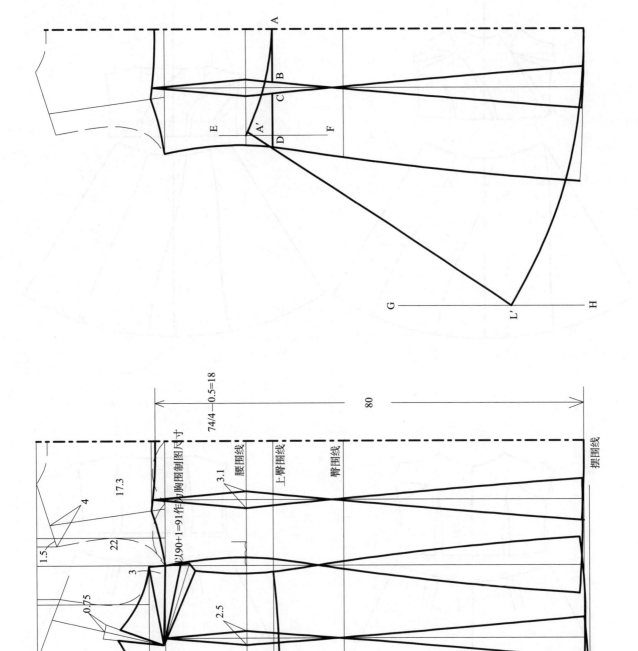

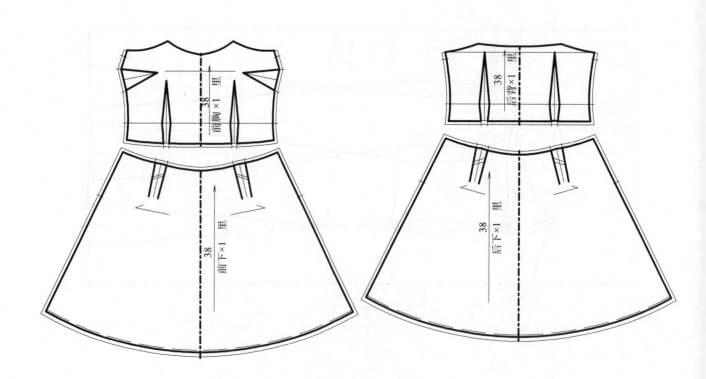

第十款　前圆后插风衣

风衣原是一种户外薄型防风雨的服装。经典的风衣保留了双排扣、肩襻、领襻、袖襻、前搭和后搭等部件,这些部件都是户外活动时防风防雨和保暖的典型特征。其中后披是一种独特的仿生设计,我们在一些昆虫的身上也可以看到这种特征的结构,虽然作为时装化的现代服装中,这种仿生化的功能性会被逐渐退化和少用,但是这些元素仍然会被长期的保留和传承。

这款风衣采用前圆后插的配袖方式,即前袖为圆装袖,后袖为插肩袖,这种袖型同时综合了插肩袖和一片袖的制图方法。

另外,风衣的下摆围比较大,可以在 120～160cm 左右,而大衣的面料一般比较厚,下摆围不可太大,一般在 108～120cm 即可。

单位:cm

制图部位	制图尺寸
后中	85
胸围	96
腰围	79
肩宽	39.5
袖长	60
袖口	28
袖肥	39

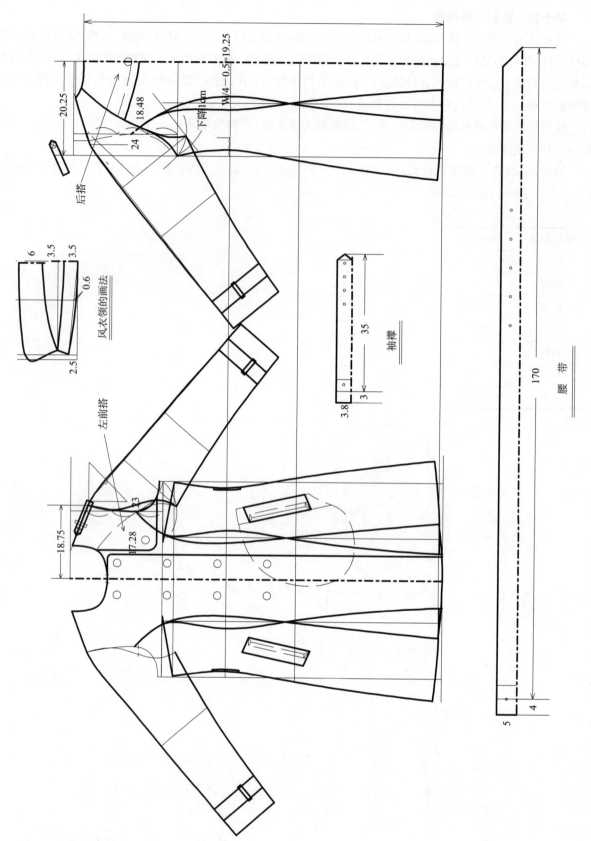

第十一款　弯形省大衣

大衣是用比较厚的呢料裁制成的保暖型服装。大衣款式尺寸设置要合体,肩宽和下摆不宜太大,前中、下摆、挂面、后背、袖山、袖口都要加黏合衬。

单位:cm

制图部位	制图尺寸
后中长	85
胸围	96
腰围	79
摆围	112
肩宽	38.5
袖长	60
袖口	26
袖肥	34
袖窿	47

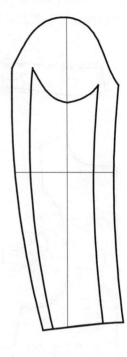
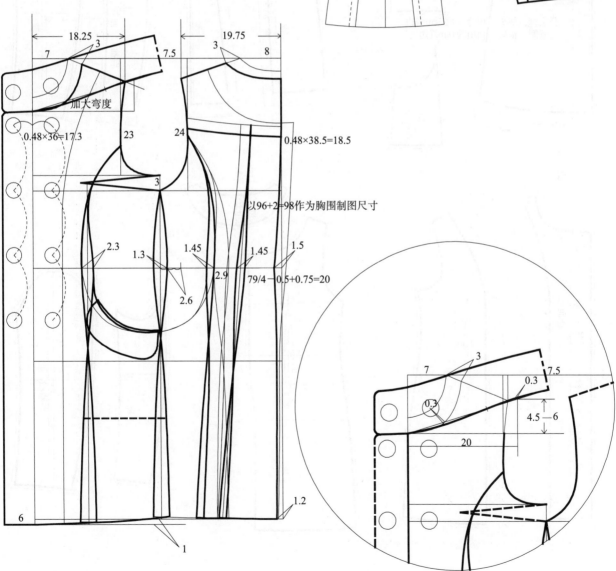

$0.48 \times 36 = 17.3$

$0.48 \times 38.5 = 18.5$

以96+2=98作为胸围制图尺寸

$79/4 - 0.5 + 0.75 = 20$

加大弯度

当领横偏移量为 3cm 时,配领比例为 20：6,就是从前中线向右 20cm,向上 6cm,连线后延长,量出前领圈和后领圈的长度,再把领脚线调成弧形线。

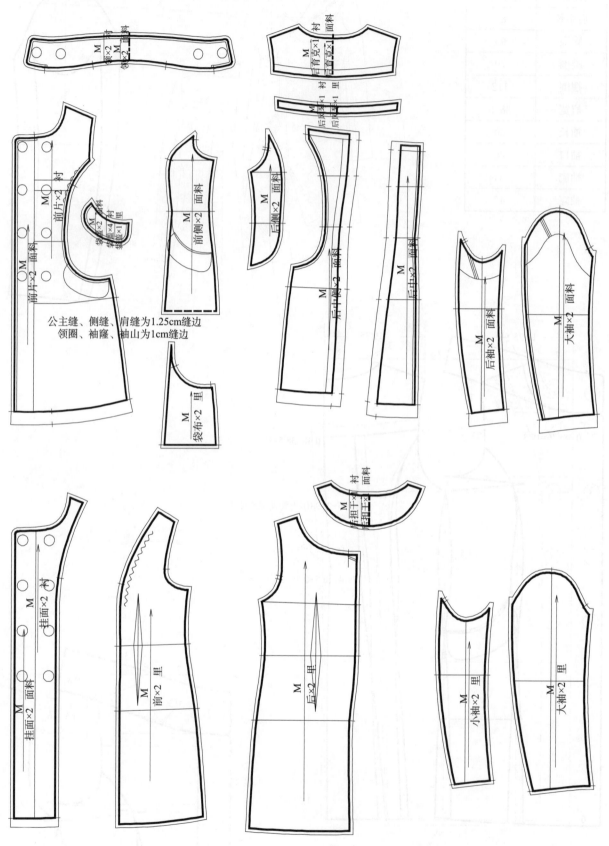

公主缝、侧缝、肩缝为1.25cm缝边
领圈、袖窿、袖山为1cm缝边

第十二款 胯骨分割连身袖款

单位:cm

制图部位	制图尺寸
后中	78
胸围	98
腰围	93
下摆	108
袖长(肩颈点度)	10
袖口	56.5

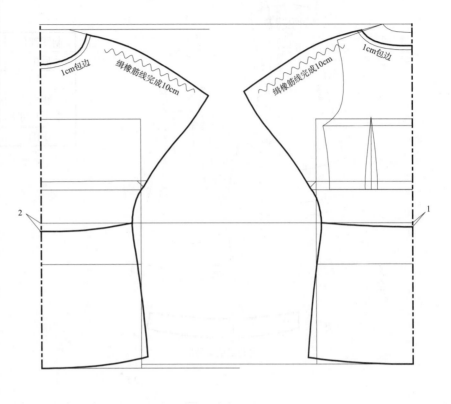

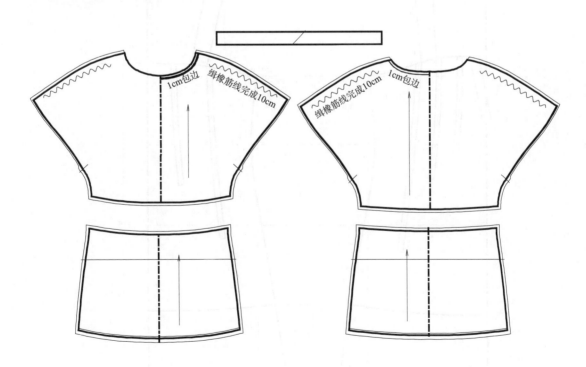

第十三款　宽吊带配色长裙

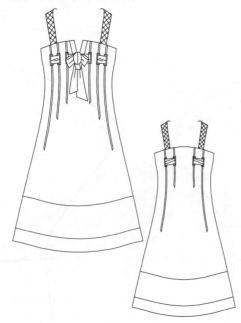

<table>
<tr><td colspan="2" align="right">单位：cm</td></tr>
<tr><td>制图部位</td><td>制图尺寸</td></tr>
<tr><td>后中</td><td>75</td></tr>
<tr><td>胸围</td><td>92</td></tr>
<tr><td>腰围
（参考尺寸）</td><td></td></tr>
<tr><td>摆围</td><td>130</td></tr>
</table>

整理后的宽吊带

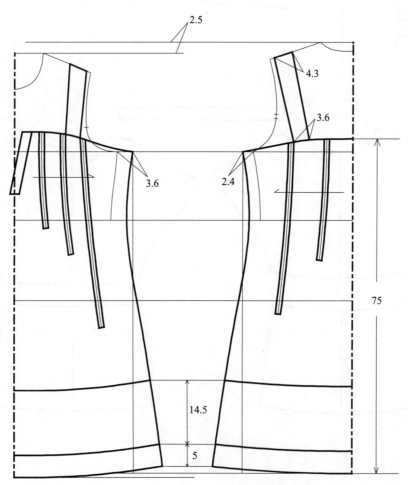

第十四款 ××公司旗袍

××有限公司工艺单			S	M	L	XL	XXL
纽扣	盘扣	后中长		120			
线色	配色	胸围		90			
拉链	隐形拉链	腰围		73			
针距		臀围		95			
朴色	主暗	肩宽		37.5			
主暗		袖长		17.5			
烟洽订于主暗左侧		袖口		30			
洗水暗		袖肥		31			
左脚侧下28cm		袖窿		44			
包装方法		拉链长		34			
单色单码入袋		领围		39			
制表		审核			年 月 日		

客户		款号A-085	裁床比例 1:2:2:1:1
款式	旗袍		
下单日		出货日	纸样号

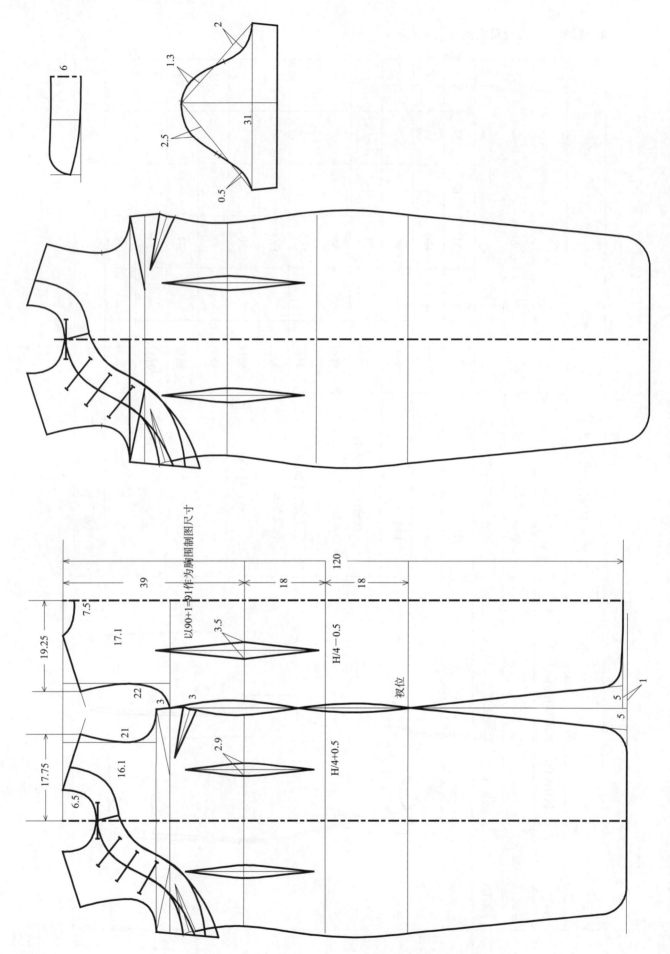

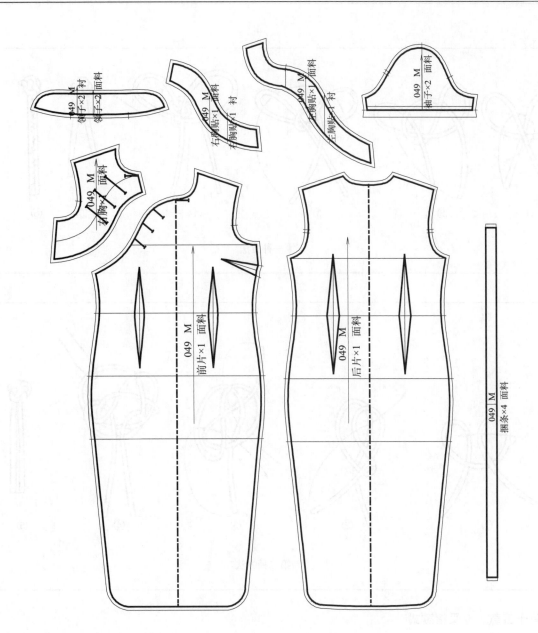

（中国纽盘法）

中国纽是我国民族服饰中最有特色的部分，它是用一根斜布条做成圆绳，再通过不同的方法盘结而成，既可以当作纽扣来使用，也可以作为服装上的装饰品，中国纽的盘法有很多种，这里介绍两种常用的方法。

第一种较为简单，适用于比较厚的面料，如灯芯绒、丝绒等。

第二种稍复杂一点，适用于比较薄的面料，如锦纶缎、软缎等。

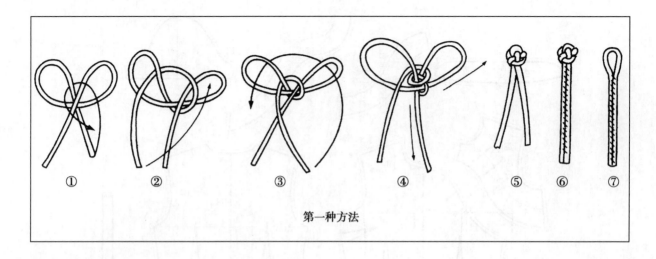

第一种方法

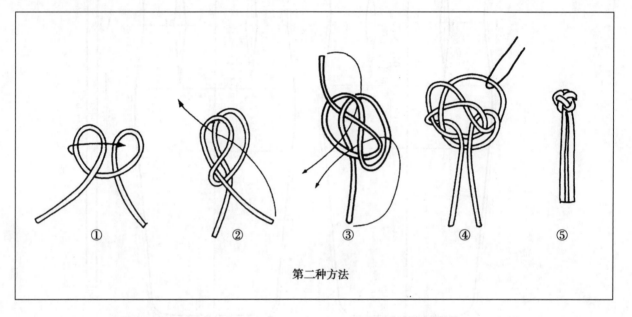

第二种方法

第十五款　交叉褶款式

单位:cm

制图部位	制图尺寸
后中	80
胸围	90
腰围	74
肩宽	36.5
袖窿	43

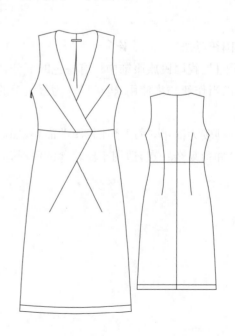

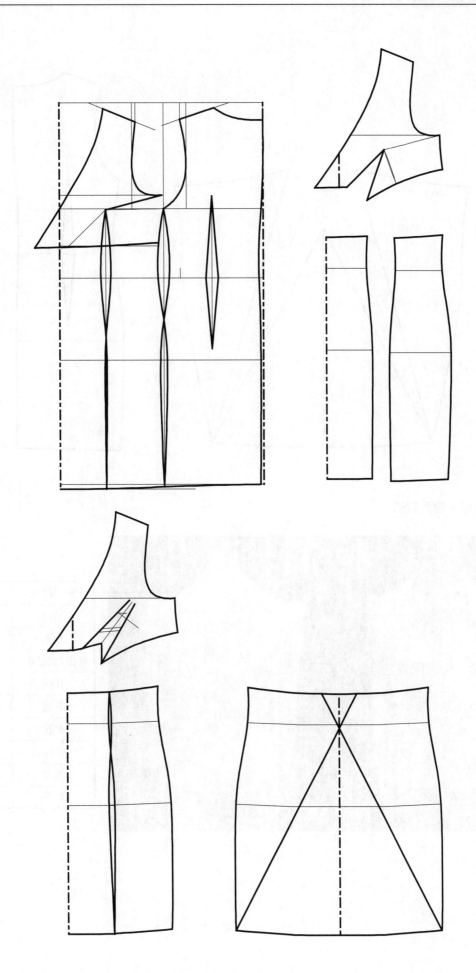

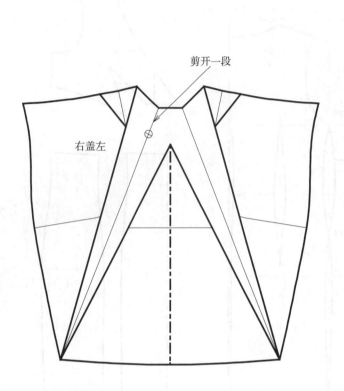

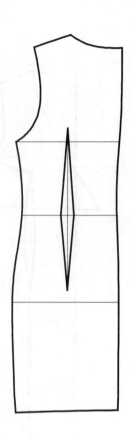

剪开一段

右盖左

第十六款　迪奥款式

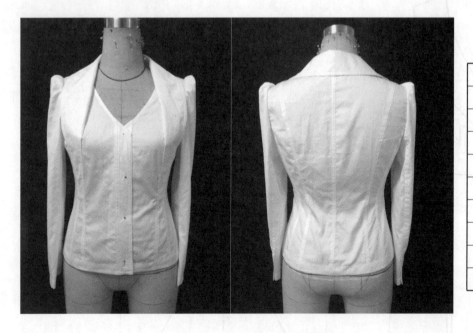

单位:cm

制图部位	制图尺寸
后中	54
胸围	93
腰围(放松度)	74
摆围	98
肩宽	36.5
袖长	62
袖口	25
袖肥	33
袖窿	46.5

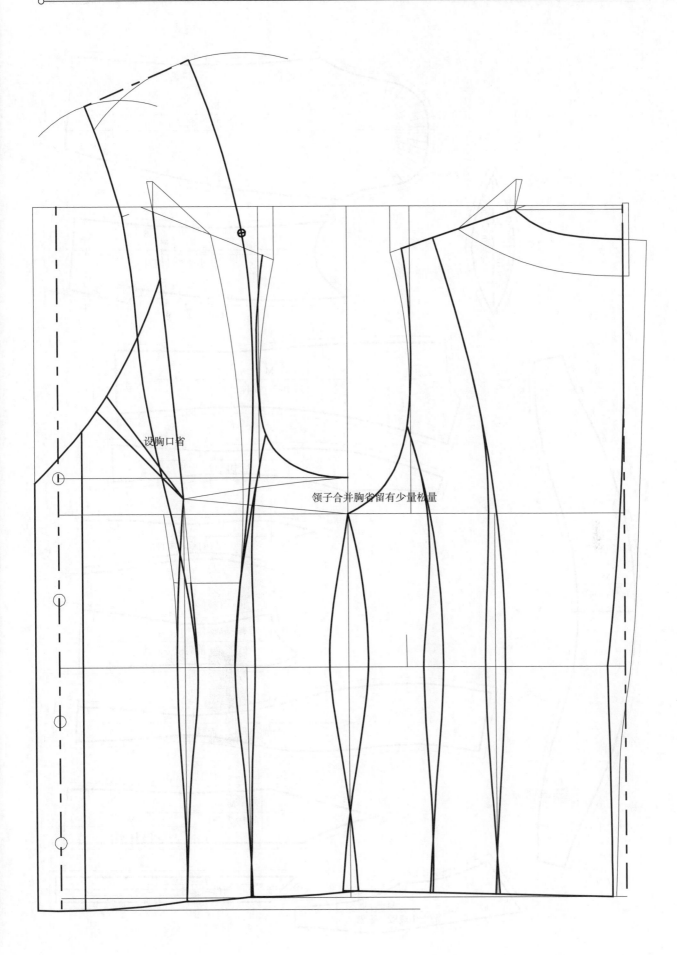

设胸口省

领子合并胸省留有少量松量

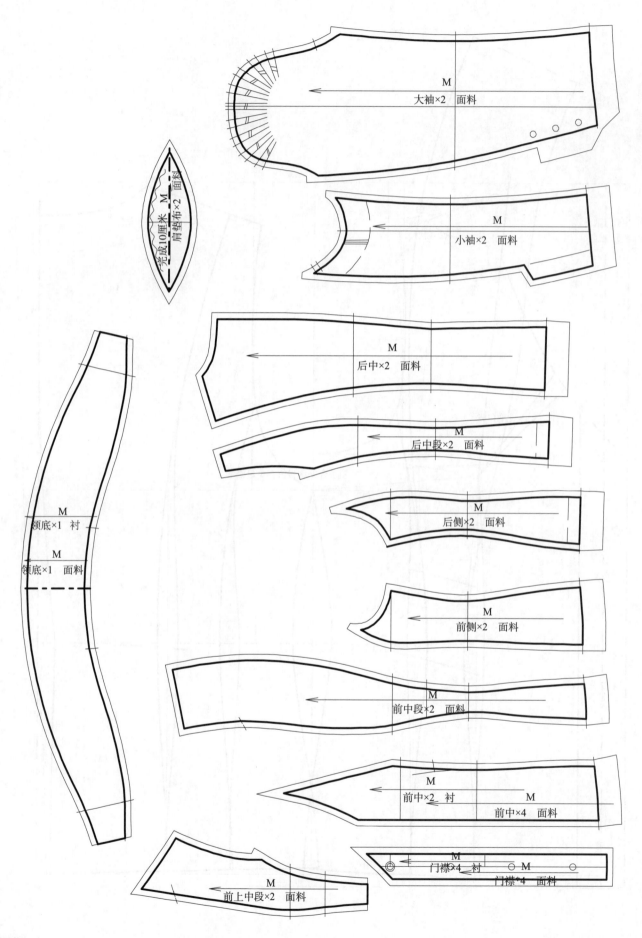

大袖×2　面料

小袖×2　面料

完成10厘米　M　面料
肩垫布×2

后中×2　面料

后中段×2　面料

后侧×2　面料

前侧×2　面料

前中段×2　面料

M
领底×1　衬

M
领底×1　面料

M
前中×2　衬

M
前中×4　面料

M
门襟×4　衬

M
门襟×4　面料

M
前上中段×2　面料

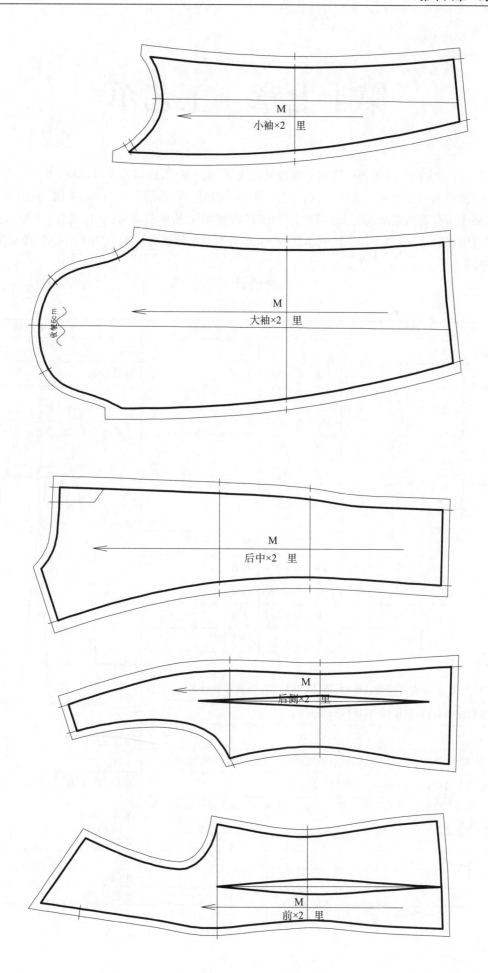

第十七章　工艺单

为了使读者朋友们更直观地熟悉和把握服装厂工艺单的格式、内容和书写风格，本章节收集了不同国家、地区知名公司的工艺单。其中，前部分为内销品牌工艺单，后部分为日本、法国、美国等国家的外单，可以用来作为打板的实战练习，也可以作为制作和填写工艺单的参考。（作者注：本章选用的工艺单，为了保持原单风格，尽量采用工厂制单的原文，对有明显的地区特征的习惯用语和术语未作修改，仅供读者参考。）

××时装设计有限公司
生产工艺单

款号 T—079						面料	下单日期
名称:宽脚九分裤	（单位:cm）						
部位	S	M	L	XL	XXL	1.	落货日期
裤长	93.5	94.5	95.5	96.5	97.5		
腰围	64	68	72	76	80	2.	
坐围	92	96	100	104	108		
肶围	61	63	65	67	69		
膝围							
脚口	54	56	58	60	62	线:	
前浪	24.5	25	25.5	26	26.5	钮扣:	
后浪	33.5	34	34.5	35	35.5	拉链:	
腰高	4	4	4	4	4	主唛:	
拉链长	15	15	15	15	15	洗水唛:	
1.全件针距每寸12针。							
2.前后腰按实样包烫,装腰对齐刀位,线条圆顺,腰内夹里布条或防长朴条。							
3.后片有省,收省左右对称,反面打结,留线头1cm。							
4.前后浪底车双线。							
5.裁床面料大烫缩水,排唛避色差,布次,对准布纹,弹力布提前24小时松布。							
6.大烫平服,按要求归拔,不可有起镜、折痕、水印现象。							朴位:前、后腰,拉链牌,拉链贴。
其它同样衣,请用大货面料做生产板一件。待我司批板、确认后方可裁货。如有不明之处,请及时与板房联系。							绣花:
TEL:							锁钉:
							针工:
							钮门:
							包装:折装

××××服饰有限公司工艺单

尺码表 部位	S	M	L	XL	XXL
衣长					
胸围					
腰围					
脚围					
肩宽					
袖长					
袖口					
袖肥					
领围					
领高					
夹圈					
前胸宽					
后背宽					
裙长、裤长	60	61.5	63	64.5	66
腰围	64	68	72	76	80
坐围	86	90	94	98	102
胸围	97	101	105	109	113
肫围					
膝围					
胸围					
前浪					
后浪					

总计	单件用料	总用料	图样
	工艺要求		
针距	（1）1吋12针，用配色线602#，全件止口根据尺寸来控制，三线级骨。	注意面料的布次及色差，布纹必须准。唛架排好后需报我公司核准后才可开裁，否则后果自负。 注：面料先放松后开裁。	
前片	（2）前片裁片先印花后绣花。	**里布及粘朴** 腰头落朴	
后片	（3）前后片收腰省，需尖顺不可散口		纽扣
拉链	（4）左侧落隐形拉链，留尾1"。		拉链
里布	（6）套里布腰打活褶，倒向两侧。		橡筋
裙腰	（7）装腰，四边压止口线，两侧落丝带。	后道：剪清线头，质检每件工艺、尺码，中温熨烫。	丝带
	（8）主唛、烟洽唛落在后中腰下，洗水唛起落在右侧里腰下4" 1/2，向后倒。		胶袋
			挂牌
			主唛
			尺唛

设计：　　　制版：　　　车版：　　　放码：　　　制单人：

年　　月　　日

××××服饰有限公司工艺单

尺码表

部位	S	M	L	XL	XXL
衣长	54.5	56	57.5	59	60.5
胸围	87	91	95	99	103
腰围	71	75	79	83	87
胸围	92	96	100	104	108
肩宽	37	38	39	40	41
袖长	12.5	13	13.5	14	14.5
袖口	29.5	31	32.5	34	35.5
袖肥	30.5	32	33.5	35	37.5
领围	37	38	39	40	41
领高	3	3	3	3	3
夹圈	43	45	47	49	51
前胸宽					
后背宽					
裙长、裤长					
腰围					
坐围					
胸围					
肬围					
膝围					
胸围					
前浪					
后浪					

总计

	单件用料	总用料	里布及粘朴	图样

工艺要求

- **针距**：针距每吋12针，线迹要求平直均匀，全部用配色线
- **前片**：前中明筒，明筒中"工"字褶，18#扣眼×6个，前夹圈下收胸省，两边收腰省，腰省尖内打结，左前片下绣花。尖内打结，归烫平服。
- **后片**：后片整片，两边收腰省，腰省尖内打结，归烫平服。
- **袖**：短袖，上袖刀口位要对齐，袖山要求圆顺。
- **袖口**：环口车1.2cm单明线，均匀平直。
- **领**：衬衣领，用夹样包烫，装领对三刀眼，右下领打平眼一个。
- **胸口**：环口车1.6cm单明线，宽度一致。
- **粘朴位**：领，明筒。
- **特别提示**

里布及粘朴

- **裁床**：松料、抽丝、污渍等差，拉布要均匀，刀口位置要标清，分色分码。
- **后道**：清剪线头，质检每件工艺，尺码，中温烫平。

图样

- 钮扣
- 拉链
- 橡筋
- 丝带
- 胶袋
- 挂牌
- 主唛
- 尺唛
- 洗水唛

设计：　　制版：　　车板：　　放码：　　制单人：　　年　月　日

××××股份有限公司制衣三厂生产规格

客户： 爱娃（JC）

单号：

款号： 25360.160　　款式： 吊带背心

面料： 印花化纤　　数量： 184件

生产单位： 三厂

针距： 明线1cm/5针、暗线1cm/5针

规格 名称	34	36	38	40	42	44	46	cm
胸围 ±1.2	90	94	98	102	106	111	116	
脚围 ±1.2	115	119	123	127	131	136	141	
吊带长 ±0.3	36	36	36	36	36	38	38	
后中长 ±0.3	47	47	47	50	50	53	53	
丈根	74	78	82	86	90	95	100	

款式正视图：

特别指示：

<1> 先做一件生产板，待客户批后方可生产大货。

<2> 按国家出口服装检验标准汇编的内容要求为准。

产品图解：

后　中

主暖

尺码和成分洗水唛

15cm

主暖用手工钉二针，位于后中直条下。

××××有限公司制衣三厂生产工艺指示

1. 暖位：主暖用手工针钉二针，位于后中滚条下。

2. 朴位：前后幅胸口内按纸样位置落0.5cm宽8012#朴条，要求粘牢不脱落。

3. 省位：前后幅左右夹下按纸样位各收一个胸省，省缝朝下倒，要求收省顺直，左右对称，省尾留线打结。

4. 骨位：全件1cm，左右侧骨车三线级骨，缝朝后倒，要求骨位三线平服不起波浪。

5. 荷叶边：前后胸口处车一原身布荷叶边，荷叶边左右骨级骨开缝，下边拷0.2cm细边，注意荷叶边溶位要均匀，宽度为8.5cm。

6. 拉直条：前后幅按纸样位各装一条0.4cm原身布吊带，吊带平车夹翻，内缝均匀，吊带拼缝朝中，前后胸口处车拉0.7cm宽原身布直条，直条拼缝在左右侧骨处，内穿0.3cm宽丈根，要求丈根拉匀，吊带下留5cm以作调节，下端做光。

7. 下脚：衣服打烫后挂一天，按衣长修剪准确，下脚打0.2cm细边。

工艺填写

工艺审核：　　　　编写日期：

表格编号： CSFM09020

××公司
生产制单

Calculated Measurement（1）

Design

Banana_Republic
womens
shirts
summer 2008

Style#: wsu8sh57	Description Jemmalyn Carm
pattern#: wsp8sh63 Orient Craft	Date Created: Jun 14-2007
NY Design # wsu8sh57	Date Modified: Jun 14-2007
Delivery:	

sketch: ens/Shirts/summer2008/Design/WSU8sh57.ti Sketch:ens/Shirts/Summer 2008/Design/WSU8SH57B.ti Sketch:

Size Class: Banana Republic Women's Alpha　　**Sample Size**　M
Size Range: XXS-XXL　　**UOM:**　Inch
Product Type: BR Woven Tops　　**Measurement Type:**　Finished Garment Measurements

POW	DESCRIPTION	TOL(+)	TOL(-)	XXS	XS	S	M	L	XL	XXL
D004NC	Front Neck Along Edge FM　前领沿边	1/4	1/4	16 1/4	16 1/2	16 7/8	17 1/4	17 5/8	18	
D005NC	Back Neck Along Edge FM　后领沿边	1/4	1/4	3 3/8	3 1/2	3 5/8	3 3/4	3 7/8	4	
D020 ①	*Frt Nk drop:Imag Line to edge	1/4	1/4	3/8	3/8	3/8	3/8	3/8	3/8	
D058	NK Trim Ht at CB　领饰边离于后中	0	0	3/8	3/8	3/8	3/8	3/8	3/8	
D170 ②	*Chest 1 Below Armhole relaxed	1/2	1/2	32	34	36	38	41	44	
D230	Bottom Sweep Straight　脚围直度	1/2	1/2	54	56	58	60	63	66	
D404 ③	*Frt A/H from SS to Strap Edge Along Curve	1/4	1/4	4 3/4	5	5 1/4	5 1/2	6	6 1/2	
D406 ④	*Strap Lgth-front to join　w/2" loop	1/4	1/4				18			
D407	Strap Width　带宽	0	0	3/8	3/8	3/8	3/8	3/8	3/8	
D409	Dist Btwn front Straps　前带间距	1/4	1/4	8 1/2	9	9 1/2	10	10 1/2	10 7/8	
D409a	Dist Btwn front straps　后带间距	1/4	1/4	3 1/2	4	4 1/2	5	5 1/2	5 7/8	
D500	*Center Front lengthHP　前中长	1/2	1/2	13	13	13	14	14 5/8	15 1/4	
D501	*Center back lengthHP　后中长	1/2	1/2	13	13	13	14	14 5/8	15 1/4	

××××加工指示书（布帛）

REVISED

SUPPLIER:
納入業者

BLT:
DELIVERY: 納入日：

Instruction NO.油票NO.	Catalog/カタログ NO.	Catalog/カタログ(BRAND/ブランド)	Year 年	Season シーズン	EFF カタログ欄付	Style No./スタイ ル No.	Page Block/ ページブロック	Style/商品名	Material/素材
		Otto	0 8 1	A 1					

QUALITY/組成表示

表地：絹　100%
裏地：アセテート

ArticleNumber /商品番号	Color/カラー
1	
2	
3	
4	
5	
6	
7	

Woven label,Care label & Hang Tag

ITEM/アイテム	MATERIAL/材料	USAGE PORTION/使用個所	SIZE/サイズ/TY/数量
Lining/裏地			
InterLining 芯地			
Button 釦			
Zipper ファスナー			

168
A25.C3B.C31.G105

| Culting/裁断 |
| Pattern Matchin g 柄合せ |
| Collar Fix/衿 |
| Zipper Fix/ ファスナー付け |

Additional Sentence/付記用語

With lining belt

Hang belt locks

Loop
15
14
33
18
91
Vent 12
113
74
90
2.5

All Kinds of Needles mixing are strictly forbidden./針混入严禁

POINT	SIZE	34	36	38	40	42	44	46
Full length 着丈		88	89	90	91	92	93	94
Bust 胸囲		85	88	91	94	97	100	103
Shoulder width 肩巾		32	33	34	35	36	37	38
Neok tosleeve								
Hem 裾回								
Sle eve length 袖丈								
Armhole(straight)		107	110	113	116	119	121	124
SLeeve hem 袖口回リ								
Waist		73	76	79	82	85	88	91
Hip		91	94	97	100	103	106	109
Ftont neck drop		14	14	14	14	14.5	14.5	15
Belr length		87	90	93	96	99	102	105
Belr hole		71	74	77	80	83	86	89
Upper hip								
Heigtht of waist bond								
Seat height								
Front tise								
Back rise								
Inside length								

×× INTERNATIONAL LTD.
××国际有限公司
生产工艺单(一)

客户:	美国	类别:	☑ Ladies'	□ Men's	□ Kid's

客人款号: 34759/01　　字轨: SV—2920

品名: 女装有里长袖西装　　分类: Y—Trend

样办类型: □ 1st Approval Smpl.　　☑ 2nd Approval Smpl.　　□ 3rd Approval Smpl.　　□ P. P. Smpl.

尺寸表

度量(cm)		SIZE					
		34	36	38	40	42	
A. 胸阔(夹下2.5cm度)		92	96	100	104	108	cm
B. 腰阔		80	84	88	92	96	
C. 脚阔		97	101	105	109	113	
D. 肩阔		11.9	12.2	12.5	12.8	13.1	
E. 袖长		61	61	61	61	61	
F. 袖口阔		25.5	26	26.5	27	27.5	
G. 袖臂阔		34	35	36	37	38	
H. 后中长		60	60	60	62	62	
I. 上级领高		6	6	6	6	6	
J. 下级领高		2.5	2.5	2.5	2.5	2.5	
K. 腰带长		160	160	165	165	170	
L. 腰带阔		5	5	5	5	5	

注解:

主身布质量: ☑ Correct　□ Substitute

主身布颜色: ☑ Correct　□ Substitute

里布质量: ☑ Correct　□ Substitute

里布颜色: ☑ Correct　□ Substitute

物料款式: ☑ Correct　□ Substitute

物料质量: ☑ Correct　□ Substitute

物料颜色: ☑ Correct　□ Substitute

缩图:

×× INTERNATIONAL LTD.
××国际有限公司
生产工艺单(二)

款号:J039(有里长袖西装褛)　　　客人编号:34759101

面料:100％ Linen Twill（全麻斜纹布）——申昊提供

里布:100％ Polyester Satin 配色化纤色丁布（色丁做面、新发提供）

产前板:于开裁后先做 2 件 36 码产前板给客户批核。

客户对尺码板 Size:34 码,基本 OK,请跟 SV－2921 款配套裁大货。

　　(1)请依尺码板的纸样和大货尺寸表,测试面料缩水率,修正纸样,可以放码裁大货。

　　(2)请排避色差唛架裁大货,留意布纹要顺直,不可倒插。

　　(3)留意大货尺寸不可有太大差异,后中长 34 和 38 码为 60cm,40～42 码为 62cm。

　　(4)西装领上级领高 6cm,下级领高 2.5cm,下级领面撞配色化纤色丁里,沿领边、前襟边延伸到衫脚,缉 0.6cm 阔单线。（做法跟样衣）。

　　留意大货领嘴和襟嘴左右对称,不可有长短。

　　(5)襟脚要直,不可翘起,面缉线不可太紧或驳线。

　　(6)钮,前中钉 36 号化纤色丁包 2 孔平眼钮扣（色丁包钮布要粘朴×1,另外加土啤）,钮 1 粒,打横尾凤眼,留意钉钮要坚固,要绕钮脚。

　　(7)留意前襟边要顺直,不可歪曲,前中扣好钮要平服,不可谷起,衫脚不可有长短。

　　(8)前幅每边各有公主骨,从夹圈延伸到衫脚,面缉 0.6cm 阔单线。

　　留意面线不可太紧。

　　(9)前幅胸骨边各有圆角明袋,原身布做半圆形袋盖,底托配色化纤色丁里,沿边缉 0.6cm 阔单线,袋盖对折,钉 36 号化纤色丁包 2 孔平眼钮。（色丁包钮布要粘朴×1,留意袋左右对称,不可高低,大货要跳码。）

　　(10)前幅腰节横剖骨（跟客户纸样）,面缉 1/8 英寸单线,每边公主骨加摄原身布三尖耳仔,边缉 0.6cm 阔单线,耳仔完成后长 9cm,三尖位加钉 36 号化纤色丁包 2 孔平眼钮。

　　留意大货腰节横剖骨位置扣好要左右对称,不可有高低,大货横剖骨要跳码。

　　(11)后中剖骨,骨边各有公主骨,面缉 0.6cm 阔单线,后腰节同前腰节做法。

××　**INTERNATIONAL LTD.**

××国际有限公司

生产工艺单（三）

（12）腰加穿原身布斜角腰带，沿边缉 0.6cm 阔单线，腰带做好后宽度为 5cm。（做法跟客来原板），长度尺寸为：

34	36	38	40	42
160	160	165	165	170cm

（13）2 片式西装长袖，后袖骨面缉 0.6cm 阔单线，袖口落 6cm 阔原身布贴，面缉 5cm 阔单线。留意袖口底贴不可外露。

（14）留意装袖溶位要均匀，一定要对剪口位装袖，避免起纽，袖内色丁里布要熨平服，并预留 1cm 风琴位。

（15）衫脚落原身贴布，底层缉暗止口线，面缉 1.5cm 阔单线。

（16）全件落配色 100% Polyester Satin Lining 色丁里布（新发）。

（17）肩棉：184#

　　　弹袖棉：60 克洗水棉（请自行裁）。

（18）主唛："Y Trend"平唛，车于后中下 3cm，四边车牢。

　　　烟治唛：摄于主唛中下位置。

（19）朴：大同×5309#粘纸朴；

　　　下级色丁领用大同 7005#针织朴。

（20）面线：配色 604#粗线，1 英寸 9 针

　　　底线：配色 180#细线。

×× INTERNATIONAL LTD.
××国际有限公司
生产工艺单(四)

物料单

主唛:Y-trend(SCHO-602)  	唛头位置: 主唛:车于下级领中3cm,四边车牢 烟治唛:撮车于主唛下中间 洗水唛+款号唛:车于左侧骨衫脚对上10cm(穿起计)。 士备钮:入士备钮袋,用行李索穿于尺码标签内	
烟治唛: 34-42　尺码唛	计算机价钱牌:1个	包装物料: 1.PE04环保挂装胶袋 2.士备袋 3.行李索 4.三坑纸箱 5.胶袋贴纸 6.外箱贴纸
成份/洗水唛+款号唛: 胶带印唛款号唛,如下图所示: 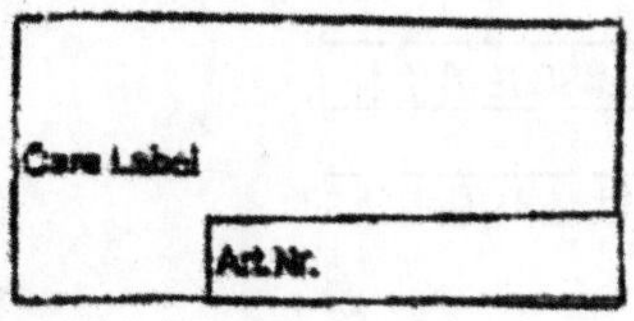 	100%LINEN挂牌:1个 Y-Trend挂牌:1个 价钱牌在面,Y-Trend挂牌在中间,100%LINEN挂牌在Y-Trend挂牌下,士啤钮袋在底,用行李索穿在一起并穿过尺码唛。  	
线: 面线:配色604#线粗线 低线:配色180#细线		
钮扣: 36号化纤色丁包2孔平眼钮 前中×2,袋盖×2,三尖耳×4+士啤1粒		
肩棉:184# 弹袖棉:60克洗水棉		

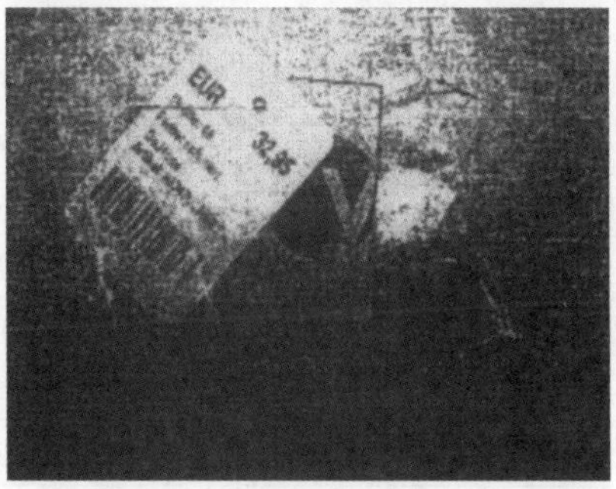

×××有限公司
×××COMPANY LIMITED

生 产 制 造 单

工厂	龚生	日期	2008-4-24
字轨	E/0-5478	款号	75-002（KLINGEL客）
货期	2008-5-5	走货方式	走船
货品名	女装长裤	制表人	彭玲
布料成分	64%化纤34%人棉2%弹力		

颜色及系数分配表

颜色/尺码	ART NO	合同号	36	38	40	42	44	46		合计(计)
人字纹	56 308/0	3498422	21	42	53	42	31	21		210
人字纹	78 075/9	3498428	16	42	53	42	37	22		210
										420

面布　封度　　寸,每件　　码(连损耗计).　　64%化纤34%人棉2%弹力人字纹
里布　封度　　寸,每件　　码(连损耗计).　　190T黑色
丝里　封度　　寸,每件　　码(连损耗计).　　无
朴封　封度　　寸,每件　　码(连损耗计).　　#DS93-9的黑色朴,#8001黑色朴。

收齐大货物料后一星期内做出#38码各1件作船头办用,因船头办未批是不能走货的。
走货后要留办两件,次品也可。（大货包装）

布办：　　　　　　　　　　　　　　　　　参考图样：

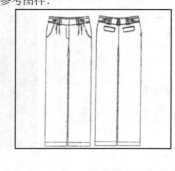

尺 寸 表 （一）

合同编号：E/0-5478　　　　款号　75-002　　　　龚生

	部位	36	38	40	42	44	46			
W	腰围	74	78	82	86	90	94			
HP	坐围	96	100	104	108	112	116			
IS	内长	82.5	82	81.5	81	80.5	80			
OSI	外长	108	108	108	108	108	108			
UHP	上坐围	84	88	92	96	100	104			
TO	脚围	49.5	50	50.5	51	51.5	52			
K	膝围	46.5	48	49.5	51	52.5	54			
FRI	前浪	24	24.5	25	25.5	26	26.5			
BRI	后浪	38.5	40	41.5	43	44.5	46			
WB	腰头高	8	8	8	8	8	8			

×××有限公司
×××COMPANY LIMITED
辅　料　表

合同编号：E/O-5478	款号：75-002	厂名：龚生

<table>
<tr>
<td rowspan="3">唛头</td>
<td>1. 主唛：标有AMYVWEMONT标志的主唛(HK供)

（AMY VERMONT DESIGN 图样）

2. 烟治唛：白底克字丝带印唛(SZ供)

3. 洗水唛：白底克字丝带印唛(SZ供)</td>
<td>主唛：配色线两边车牢于后中腰头

烟治：摄车于主唛下

洗水唛摄车于穿起计左侧骨腰下10cm</td>
</tr>
</table>

辅料	1. 线：面/底/拼缝线：配黑色120PP线。(厂自供)。 2. 纽扣：#38L4H黑色胶纽共5粒=侧腰带4粒+备用纽1粒(SZ供)。 　　　24L2H透明纽共2粒=腰头内纽1粒+备用纽1粒(SZ供)。 3. 拉链：#3号尼龙牙单骨拉链黑色1条(SZ供)。 4. 西裤扣：2对力色。 5. 丝里挂耳所有码4根挂耳，挂耳完成长：露出腰头7cm。 #36-#40码，#18-#20码A38衣架挂耳内距30cm，#42-#46码，#21-#23码用A43衣架耳内距32cm。

包装物料	1. 纸箱：三坑纸箱，每箱毛重不超过15kgs(厂自供)尺寸根据衣服自定。 2. 胶袋：PE04环保斜挂装胶袋1个(请见后附图样/厂自供)。 3. 胶针：75mm胶针(厂自供)。 4. 备用钮袋1个(厂自供)。 5. 衣架：#36-#40码，#18-#20码用A38的衣架，#42-#46码，#21-#23码以上用A43衣架(SZ供)。 6. 贴纸：胶袋贴纸/外箱贴纸/尾箱贴纸(SZ供/厂自供/SZ供)。

KLINGEL	Salson	Modell	Fertigmaße
	HW 08	56 308/0	Sollmaße sind Fertigmaße
Anne-Grit.Mueller@Klingel.de	Agentur	Lieferant	Verpackung
Anne-Grit Müller	OIA HongKong	Elate	Hanqond/hanging
Qualltätsslcherung	Einkaufsbereich	Lief.Art.Nr.	Artikel/Bezelchnung
Tel:07231/90 12 57	575 Hallhuber	720-04-5019(75-002)	

Fax:07231/905 12 57　　　Verpackungsat:　Bügelgr./hanger A38 bis Gr.40.A43.Gr.42-54 T47 ab Gr.56

Falls wlr eln neues Größensatzmuster benötlgen,senden Sle uns dles bitte innerhalb 14 Tagen/If we need a new slze-set sample please send wit

Bezeichnung			36	38	40	42	44	46		
W-Taillenweite- waist measurement	edge		74.0	78.0	82.0	86.0	90.0	94.0		
HP-Hüftweite- hip width			96.0	100.0	104.0	108.0	112.0	116.0		
IS-Schrittlänge- Inside leg seam			82.5	82.0	81.5	81.0	80.5	80.0		
OS1-Seitenlänge- side seam			108.0	108.0	108.0	108.0	108.0	108.0		
UHP-obere Hüftw.- upper hlp width	new		84.0	88.0	92.0	96.0	100.0	104.0		
TO-Fußweite foot width			49.5	50.0	50.5	51.0	51.5	52.0		
K-Knieweite- knee width			46.5	48.0	49.5	51.0	52.5	54.0		
FR1-Leibnaht- front rise	Flchtmaß/ Index		24.0	24.5	25.0	25.5	26.0	26.5		
BR1-Gesäßnaht- back rise	flchtmaß/ index new		38.5	40.0	41.5	43.0	44.5	46.0		
WB-Bundbreite- waistband helght	yoke		8.0	8.0	8.0	8.0	8.0	8.0		
				FINAL MEASUREMENT CHART FOR PRODUCTION						

Bemerkungen/Remarks:　short size is 78 075/9

AMT654　　　　　　　　　　LEAN FASHION
PRODUCTION WINTER 07/08

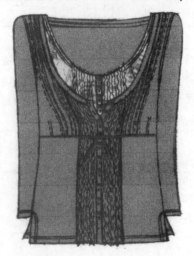

1/ See the spec measurements and compare with your sample.

SIZE 44	NEW MEASURE	SPEC MEASURE	YOUR SAMPLE	DIFF	
1/2 BUST	52	53	51	−2	
1/2 WAIST	51	48	51	3	
1/2 BOTOM		57	55	−2	
TOTAL LENGHT		72	65.5	−6.5	
SHOULDER		9.7	9	−0.7	
BACK NECKLINE		21	21	0	
SLEEVE LENGHT		59	57.5	−1.5	
1/2 BOTTOM SLEEVE		10	10	0	
1/2 TOP SLEEVE		18.1	17.5	0.6	
HEIGHT ARMHOLE	22	0		0	
FRONT SHOULDER BREADTH	17	0	0	0	
BACK SHOULDER BREADTH	18	0	0	0	

Please，respect the new specification for the bulk production

ALAIN WEIZ

STYLE　AMT654 GROUP　PICASSO

××公司

生产制单

SEASO　HIVER 0708
PRODUCT
FACTORY　A.W.

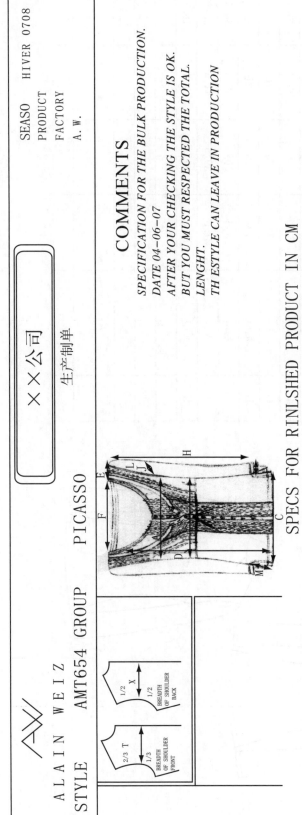

1/2 X
BREADTH OF SHOULDER BACK
2/3 T
1/3
BREADTH OF SHOULDER FRONT

COMMENTS

SPECIFICATION FOR THE BULK PRODUCTION.
DATE 04–06–07
AFTER YOUR CHECKING THE STYLE IS OK.
BUT YOU MUST RESPECTED THE TOTAL.
LENGHT.
TH ESTYLE CAN LEAVE IN PRODUCTION

SPECS FOR RINLSHED PRODUCT IN CM

		FR SIZE	38	40	42	44	46	48	50	52	54	56	58	60
		US SIZE				12	14	16	18	20	22	24		
		EUR SIZE				42	44	46	48	50	52	54		
1/2 bust	A		42.0	44.0	50.0	52.0	54.0	56.0	59.0	62.0	65.0	68.0	71.0	75.0
1/2 waist	B		41.0	43.0	49.0	51.0	53.0	55.0	58.0	61.0	64.0	67.0	70.0	74.0
1/2 bottom	C		47.0	49.0	55.0	57.0	59.0	61.0	64.0	67.0	70.0	73.0	76.0	80.0
total length	D		61.5	66.5	71.5	72.0	72.5	73.0	73.5	74.0	74.5	75.0	75.5	76.0
shoulder	E		9.3	9.3	9.3	9.7	10.0	10.5	10.9	11.3	11.7	12.1	12.5	13.0
back neckline	F		21.0	21.0	21.0	21.0	21.0	21.0	21.0	21.0	21.0	21.0	21.0	21.0
sleeve lenght	H		58.5	58.5	58.5	59.0	59.5	60.0	60.5	61.0	61.5	62.0	62.5	63.0
bottoms of long sleeve	I		8.5	9.0	9.5	10.0	10.5	11.0	11.5	12.0	12.5	13.0	13.5	14.0
1/2 top sleeve	J		15.3	16.0	17.4	18.1	18.8	19.5	20.4	21.3	22.2	23.1	24.0	25.2
height armhole	L		20.5	21.0	21.5	22.0	22.5	23.0	23.5	24.0	24.5	25.0	25.5	26.0
height slit	M		9.0	9.0	9.0	9.0	9.0	9.0	9.0	9.0	9.0	9.0	9.0	9.0
breadth of shoulder front	T		15.5	16.0	16.5	17.0	17.5	18.0	18.7	19.5	20.2	21.0	21.7	22.7

User: SA-PRINT　　Print date: 06–04/2007　　Print time: 16:41:17　　*Copyright©2006–alain weiz A/S*

縫 製 仕 樣 書

品番：7120
品名：

出荷日：
日付：

登注工場：
登注日：

××株式會社 NO:71220

工場名：
担当： ヒトクワタ

表示	名　　稱	量産指示寸法			
		S	M	L	XL
A	着丈	59.5	60.5	61.5	62.5
B	バスト	8186	91	96	91
C	ウェスト	76	81	86	91
D	ヒップ				
E	裾巾	86.5	91.5	96.5	101.5
F	肩巾	32.7	4	35.3	36.6
G	丈	74	75	76	77
H	袖口	19	20	21	22
I	袖巾	28.5	30.5	32.5	34.5
J	AH	37.5	39.5	41.5	43.5
K	天巾	16.6	17	17.4	18.8

measurement del sheet 2

ESPRIT

season	delivery	division	story	pg	pc	fab/yarn code	fab/yarn name	GG / weight	init	style created
L-2008	December	01	Main line	woven	N1B	LBSHSTW	METROPOLITAN STRETCH	135 gsm	CHT	28/Apr/08
styleno.	usa / can code		style desc.	block name		length				
L1C254			Pants	nico stretch 04.08.08		32 inch				

L1C254, metropolitan twill w/decostitching, HKG

composition
98%Co, 2%El

yarn count	32/2`s x 16`s +	**weight**	135,00 gsm
GG count		**width**	57,80 "

30/07/2008 SHO

→ fit changed to nico stretch (ex lucy)l
→ no changes in upper part, just adjust leg shape!

06/08/2008 SHO

→ revised msm due to updated block

block

meas. description		38	pilot	sup	E	fa I	sup	E	fa II	sup	E	fa III	sup	E	p.p	sup	E
BPWB	back pocket width at bottom	12,0	12,0		12,0			ok							12,0		0,3
BPL	back pocket length	14,5	17,0		-0,3/	17,0		+0,2							15,0		
BP5	bk. pkt. pos. fr. back rise at top	4,0	4,0		0,3/	4,0		-0,3							4,0		0,3
BP7	bk. pkt. pos. bel. seam - inside	2,5	2,5		0,3/	2,5		+0,3							2,5		
BP8	bk. pkt. pos. bel. seam - outside	2,5	2,5		0,5/0,5	2,5		+0,5							2,5		
BY1	back yoke height at CB	5,0	5,5		-0,2	5,5		+0,3							5,5		-0,3
BYS	back yoke height at side	2,5	2,0		0,3	2,0		+0,5							2,0		0,2

Version measurement_del2 04/Dec/2006   Report printed at: 07/10/2008

measurement del sheet 2

season	delivery	division	story		init	style created
L-2008	December	01	Main line		CHT	ESPRIT

	pg	pc	fab/yarn name	GG / weight
	woven	N1B	METROPOLITAN STRETCH	135 gsm

styleno.	usa / can code	style desc.	fab/yarn code
L1C254		Pants	LBSHSTW

block name: nico stretch 04.08.08

L1C254, metropolitan twill widecoatstitching, HKG

composition
98%Co, 2%El

yarn count	32/2's x 16's +	weight	135,00 gsm
GG count		width	57,80 "
		length	32 inch

30/07/2008 SHO

→ fit changed to nico stretch (ex lucy)!
→ no changes in upper part, just adjust leg shape!

06/08/2008 SHO

→ revised msm due to updated block

	meas. description	block 38	pilot	pc sup	E	fa I	sup	E	fa II	sup	E	fa III	sup	E	pp	sup	E
WT	waist at top edge (curved)	81,0	81,0			83,4		+0,6							83,4		0,6
WA	waist at attachment seam	86,0				88,0		+1,0							88,0		1,0
WB	waistband height	4,5	3,8		-0,1	3,8		ok							3,8		
HH	hip position below top edge at side seam	18,0	18,0			13,3		ok							13,3		
HT	hip at HH below top edge	98,5	98,5			98,2		ok							98,2		
TI	thigh 1,5cm below crotch	60,0	60,0		-0,4	60,4		ok							60,4		
K	knee 34cm below crotch	42,0	42,0		1,0	42,0		+0,5							42,0		
BO	bottom hem opening	41,5	57,0			41,5		+0,5							41,5		0,5
FR	front rise (incl. WB)	22,4	22,4			20,9		-0,4							20,9		0,4
BR	back rise (incl. WB)	34,5	34,5		0,7	32,9		+0,3							32,9		0,3
I	inseam (inch) B=30 C=32 D=34	32,0	32,0		1/4	32,0		+1/4"							32,0		1/4
FLL	fly stitching length	8,5	8,5			8,5		-0,5							8,5		
FLW	fly stitching width	3,5	3,5			3,5		ok							3,5		
Z	zipper length	7,5	7,5		-0,3	7,5		-0,5							7,5		-0,2
BLL	belt loop length	5,5	5,5			5,5		ok							5,5		
BLW	belt loop width	1,2	1,5			1,5		ok							1,5		
FPT	front pocket position at top	10,5	10,5		-0,5/-0,	10,5		+0,3							10,5		0,3/
FPS	front pocket position at side seam	7,0	7,0		/0,2	7,0		+0,4							7,0		/0,4
CIW	coin pocket width at top (visible)	6,0	7,0			7,0		+0,3							7,0		0,3
BPW	back pocket width at top	15,5	15,5		/0,3	15,5		+0,2							15,5		

Version measurement_del2 04/Dec/2006   Report printed at: 07/10/2008

GRIPS COMPRESSION SHORT 001

FALT MEASUREMENTS	S	M	L	XL		+/- CM
Ⓐ 1/2WAIST WIDTH (STRAIGHT)	29	31	33	35		1
Ⓑ 1/2HIP	41	43	45	47		1
Ⓒ LEG WIDTH (CROTCH)	23	24	25	26		0.5
Ⓓ 1/2BOTTOM WIDTH	16	16.5	17	17.5		0.5
Ⓔ OUTSIDE LEG LENGTH	44	46	45	50		1
Ⓕ INSEAM LENGTH	23	24.5	26	27.5		0.5
Ⓖ FRONT RISE	19.5	20	20.5	21		0.5
Ⓗ BACK RISE	26	26.5	27	27.5		0.5
Ⓘ WAIST HEIGHT	4	4	4	4		0

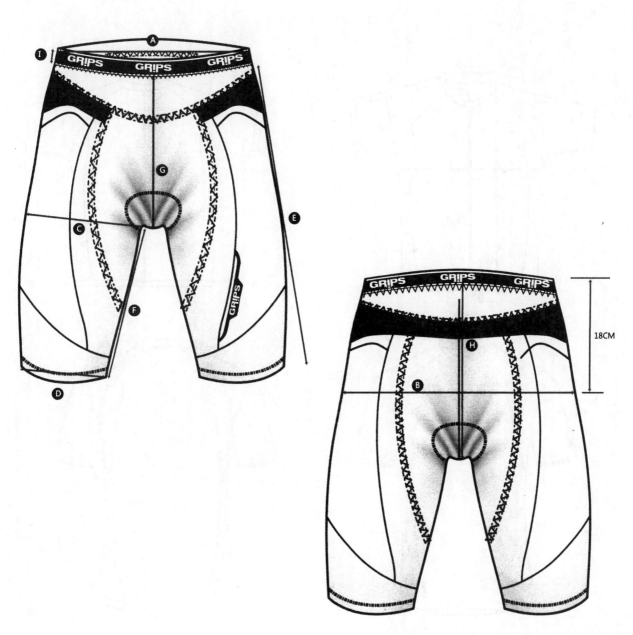

18CM

GRIPS RASHGUARDS

FALT MEASUREMENTS			S	M	L	XL		+/- CM
1/2CHEST2.5CM BELOW ARMHOLE（胸阔）		C	45	47.5	50	52.5		1
1/2BOTTOM （底摆）		B	38	40.5	43	45.5		1
FRONT LENGTH FM HPS （前衣长）		FH	64	66.5	69	71.5		0.5
BACK LENGTH FM CB （后中长）		MBH	61	63.5	66	68.5		1
FRONT MIDDLE LENGTH （前中长）		FML	57	59	61	63		1
SLEEVE LENGHT FM A/H （袖长）		SL	31	32.5	34	35.5		0.5
1/2ARMHOLE （袖肥）		A	16	17	18	19		1.5
1/2CUFF OPENING （袖口阔）		SO	12	12.5	13	13.5		1.5
NECK WIDTH （领宽缝至缝）		NS	16	17	18.0	19		0.5
FRONT NECK DROP FM HPS （领深缝至缝）		FND	8	8.5	9	9.5		0.5

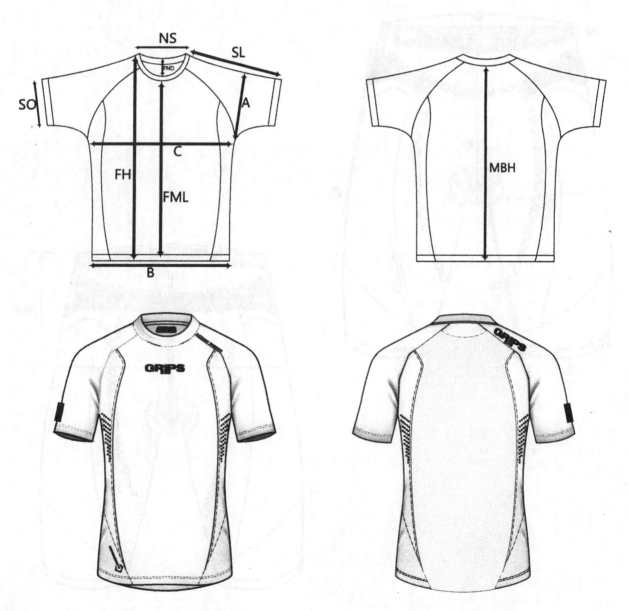

××公司
生产制单

CLIENT:	JASPER CONRAN	STYLE:	JC435 DEPT NO: KERRY 57
FABRIC:	D97-17	SEASON:	A/W 06
DESCRIPTION:	GATHERED WRAR DRESS	DATE:	2005/4/27
STORY:	WRAP DRESSES	SAMPLE DUE:	9-May
TARGET EX. DATE		TGT PRICE:	

MEASUREMENTS:	SIZE 12
SAMPLE IN SIZE 12	PATTERN
CB LENGTH	109
BUST CIRC 2.5cm FROM U/ARM	92
WAIST 40cm FROM CB NECK	86
HIGH HIP 10cm FROM WAIST	90
LOW HIP 20cm FROM WAIST	103
HEM CIRC NOT INCLD OVERWRAP	130
FND ON EDGE TO WRAP OVER	25
BACK NECK DROP	2
ACROSS SHOULDER	41.5
SHOULDER LENGTH	13
BACK NECK WIDTH	15.5
SLEEVE LENGTH	45
ARMHOLE CIRC	46
BICEP CIRC 2.5cm FROM U/ARM	30
CUFF WIDTH FLAT	13
BELT LENGTH EACH	100
BELT WIDTH	4
FRONT HEM OVERWRAP WIDTH	53
HEM DEPTHS	2

SADDLE SHOULDER WITH TUCKS STITCHED INTO THIS SEAM ON BODY.

TIES AT SIDE SEAM TO FASTEN. BELT TO WRAP AROUND BACK ALSO

FRONT GATHERING AT WRAP EDGE TO FOLLOW AS DETAILED SKETCH ON SEPEARTE SHEET

OVER LOCK

STITCH

OVERWRAP HEM WIDTH TO BE 53CM FROM SIDE SEAM

MAKE DETAILS:

	Body	Shoulder	Front neck		Back neck		Cuff		Hem
Seam allowance	ALL FRENCH SEAM WHERE NESSESARY								
	NARROW BINDING WHERE NECESSARY								

MEASUREMENTS:	BUST	WAIST	HIP	TROU/SKT WAIST	NECK-WAIST	INLEG	OUTLEG
STANDARD BODY	92	73	96	82	40	80	103
MODEL MEASUREMENTS							
BIAS CUT:	NO						
STRAIGHT CUT:	YES						
PRINT:	NO	STRIPED:	NO				
SAMPLE COLOUR:	AVAILABLE YARDAGE						
LINING:	NONE						
INTERLINING:	USE VILENE INTERLINING						
SAME METHOD OF FUSING CONDITIONS AND MEHTOD AS-/3202/03							
FASTENING:	TIE FASTENING AT SIDE SEAM.						
TRIMS:	NONE						
SUGGESTED CARE LABEL:	HAND WASH/DRYCLEAN						
BEADS:	NONE						
SEQUINS:	NONE						
COMMENTS:	FUNCTIONAL WRAP AT SIDE SEAM, TIE TO THREAD THROUGH HOLE IN SIDE SEAM AND WARP AROUND						
	THE BACK TO FASTEN AT SIDE SEAM						
	SADDLE SHOULDER SITYLE ON FRONT AND BACK						
	TUCKS INTO SHIOULDER SADDLE SEAM, 2cm DEEP AND 3cm APART						
	FRONT OVERWRAP EDGE TO HAVE GATHERING COMING FROM CURVED PANEL AT WRAP CORNER.						
	PLEASE SEE THE DETAILED SKETCH ATTACHED						
	TIES TO BE BAGGED OUT						
	FRONT NECK TO BE FACED WITH BINDING						

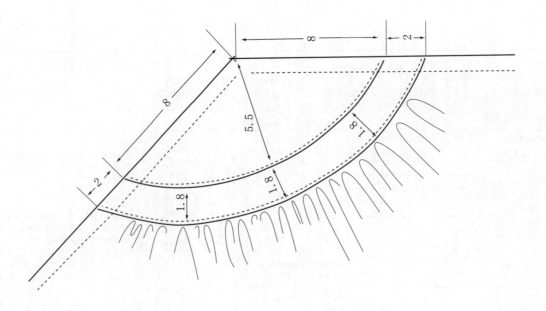

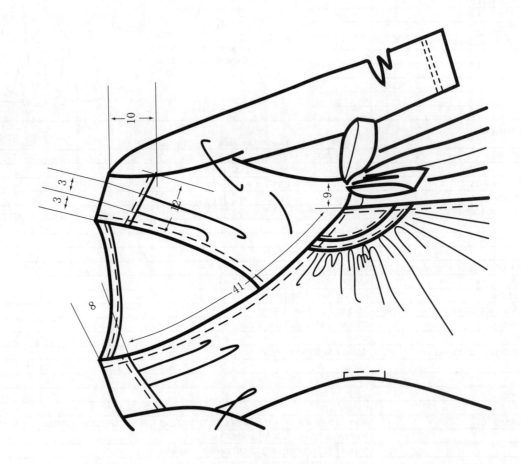

后 记

　　本书经过近三年的构思和撰稿,初稿完成于 2007 年 4 月 6 日;第二次修改又花费了近二年的时间,这期间对所有的款式进行重新的绘制和检查;第三次对部分款式结构图进行了修正;这次又对部分内容进行了修正,在正式完稿之际,作者想说的是:作者希望呈现在读者面前的是一部能够摒弃了虚名和浮华,真正务实地解决大家在工作和学习中所遇到的难题的一本专业、实用的书。

QQ:1261561924

电子邮箱:baoweibing88@163.com

感谢大家对我的关注,祝安好,诸事顺利!

编者